KB186765

프랑스 아이처럼

BRINGING UP BÉBÉ

프랑스 아이처럼

아이, 엄마, 가족이 모두 행복한 프랑스식 긍정 육아

파멜라 드러커맨 지음 | 이주혜 옮김

북하이브
BookHive

일러두기

이 책의 원서에는 방대한 양의 참고도서와 관련자료 목록이 포함되어 있습니다. 한국에 소개되지 않은 자료가 다수여서 번역서에는 싣지 않았습니다. 자료가 필요한 독자께서는 timebooks@t-ime.com으로 요청하시면 전달토록 하겠습니다.

⚜

이 모든 것에 가치를 부여해 준,
사이먼을 위해

차례

추천사: Josephine M. Kim 하버드 대학교 교육대학원 교수 008

시작하며 **도대체 왜?** 010

식사 자리에서 소란을 피우지 않는 프랑스 아이들

01 **아이를 기다리나요?** 021

결혼과 출산, 그리고 신경쇠약 직전의 여자

02 **편하게 통증 없이** 039

출산은 스포츠도, 종교행위도, 숭고한 고통도 아니다

03 **밤새 잘 자는 아기들** 059

생후 4개월이면 통잠을 잔다

04 **기다려!** 085

조르거나 보챈다고 원하는 것을 가질 수는 없다

05 **작고 어린 인간** 111

아이는 2등급 인간도, 부모의 소유물도 아니다

06 **탁아소?** 133

프랑스 아이는 부모가 아니라, 온 나라가 함께 키운다

07 **분유 먹는 아기들** 155

모유가 좋다는 건 안다, 그러나 엄마 인생이 더 소중하다

08 **완벽한 엄마는 없다** 173

모든 것을 헌신하는 엄마는 불행한 아이를 만들 뿐이다

09 **똥 덩어리** 189

극단적 자유와 독재적 제한이 공존하는 프랑스의 습관 교육

10 **두 번째 경험** 211

전혀 낭만적이지 못했던 쌍둥이 출산

11 **죽지 못해 산다?** 225

프랑스 여자들은 왜 남편 욕을 하지 않을까

12 **한 입만 먹으면 돼** 241

패스트푸드보다 채소 샐러드를 더 좋아하는 아이들

13 **내가 대장** 265

프랑스 부모는 소리치지 않고도 권위를 확립한다

14 **네 길을 가라** 295

4세부터 부모와 떨어져 여행 가는 아이들

마치며 **프랑스에서의 내일** 314

잠재적 성공보다 현재의 행복을 만끽하는 사람들

부록 | 인터뷰: 로빈, 메간, 엘로디가 들려주는 '프랑스 아이' 이야기 322

⚜ 추천사 ⚜

최근 인터넷에서 접한 말 중 좌절을 느꼈던 문구가 바로 "사람은 고쳐 쓰는 거 아니다."였다. 상대방의 변화 가능성을 부정함도 모자라 철저하게 차단해 버리는 이 말에서 나는 변화에 대한 요즘 사람들의 보수적인 태도를 읽는 동시에, 사람의 자존감을 세우며 변화를 끌어내고자 하는 나의 삶과 연구에 엄청난 도전 정신이 발동되는 것을 느낀다. 그리하여 다시금 자문해 본다. 과연 사람은 고쳐 쓸 수 있는 존재인가?

기존에 형성된 생각과 익숙해진 행동에 변화를 주기 위해서는 자기 안에 형성된 가치를 새로운 것으로 다시 쓰는re-authoring 과정이 필요하다. 이 여정을 통과해야만 변화는 비로소 자기 것이 된다.

《프랑스 아이처럼》에서 저자 파멜라는 자신을 둘러싼 육아에 대한 오해와 기존의 가치를 해체해 나가는 여정을 보여준다. 여기서 돋보이는 건 그녀의 경험이나 프랑스 사람들의 육아법을 진지하게 고찰하되, 그것만이 정답이라고 말하지 않는 태도이다. 파멜라는 변화를 인정하고 긍정한다. 그래서 더욱 그녀의 이야기가 나를 웃게 했고 그녀가 처한 상황들이 내 마음속에서 공명했다. 우리는 정답이 정해진 시대를 살고 있지 않다. 때와 상황에 따라 그 정답은 달라지게 마련이다. 각자 삶의 자리에서 이미 익숙해져 있던 가치들이 새롭게 발견된 지혜로 다시 쓰이는 경험이야말로 우리의 자존감이 바로 세워지는 과정이 될 것이다.

10년 전 만났던 《프랑스 아이처럼》은 이렇게 아이의 변화, 더 나아가 인간의 변화를 긍정한다는 점에서 여전히 바로 지금 우리의 이야기이며, 오랜 시간이 흐른 뒤에도 진정한 변화를 바라는 이들에게 언제나 지금의 이야기로 남으리라 생각한다.

Josephine M. Kim, Ph.D., LMHC, NCC

-하버드 대학교 교육대학원 교수,

《교실 속 자존감》, 《우리 아이 자존감의 비밀》, 《아버지 이펙트》, 《0.1%의 비밀》 저자

도대체 왜?

식사 자리에서 소란을 피우지 않는 프랑스 아이들

딸아이 빈[Bean]이 생후 18개월이던 때, 남편과 나는 아이를 데리고 짧은 여름휴가를 떠나기로 했다. 미국인인 나와 영국인인 남편은 당시 파리에 살고 있었다. 우린 파리에서 기차로 두어 시간 떨어진 바닷가 마을을 휴가지로 고르고, 아기침대가 딸린 호텔방을 예약했다. 당시 우린 딸아이 하나밖에 없었으므로, 안일하게 생각한 것이다.

'까짓것, 뭐 얼마나 힘들겠어?'

조식은 호텔에서 제공했지만, 점심과 저녁은 오래된 항구 근처 해산물 레스토랑에서 해결해야 했다. 우리는 얼마 안 가 아기를 데리고 하루 두 번이나 레스토랑에 가는 게 지옥과도 같은 일임을 깨달았다. 빈은 아주 잠깐 음식에 관심을 보일 뿐, 이내 소금 통을 넘어뜨리고 설탕 봉지를 찢어댔다. 유아의자에서 내려달라고 떼를 쓰더니, 식당 안을 우당탕 내달리다 부두 쪽으로 뛰어나갈 기세였다.

우리는 결국 초고속으로 밥을 먹는 쪽을 택했다. 자리에 앉자마자 주문을 하고는, 빵과 전채, 메인 요리를 한꺼번에 갖다달라고 부탁했다. 남편이 식사를 하는 동안, 나는 빈을 돌봤다. 혹시라도 웨이터의 발에 걸려 넘어지거나 바닷가로 뛰쳐나가지 않도록 말이다. 남편이 식사를 끝내면 재빨리 교대했다. 전쟁 같은 식사가 끝난 후에는, 테이블 위에 엉망으로 흐트러진 냅킨이나 음식 찌꺼기에 대한 보상으로 팁을 두둑이 놓고 나와야 했다.

호텔로 돌아가던 어느 날, 우리는 두 가지를 결심했다. 당분간 휴가여행의 즐거움은 포기하자는 것, 그리고 둘째를 갖는 계획을 재고하자는 것. 이 고난의 휴가를 계기로 우리는 18개월 전까지 너무나 당연했던 우리의 삶 따위는 공식적으로 종지부를 찍었다는 사실을 똑똑히 깨달았다. 그리 놀랄 일도 아니었다.

남은 기간, 한두 번 더 그 식당에 갔더니 어느새 익숙해졌는지 주변 풍경이 눈에 들어오기 시작했다. 그런데 이상한 점이 있었다. 우리 주변의 프랑스 가족들은 전혀 힘들어 보이지 않는다는 사실이다. 그들은 아기가 있느냐 없느냐와 무관하게 누구보다 휴가를 만끽하고 있었다. 빈 또래의 프랑스 아이들은 흡족한 얼굴로 유아의자에 앉아 차분히 자기 음식이 나오길 기다릴 뿐 아니라, 빈은 거들떠보지도 않는 생선과 채소까지 얌전히 먹고 있었다. 소리를 질러대는 아이도, 울며 떼쓰는 아이도 없었다. 아기에게 맞춰 이것저것 골라낸 요리가 나오지도 않았다. 아기들은 모두 어른들처럼 한 번에 한 가지씩 코스 요리를 즐기고 있었다. 테이블 주위엔 음식 부스러기 하나 떨어져 있지 않았다.

프랑스에 체류한 지 족히 2~3년은 됐지만, 이런 차이를 주목했던 적은 한 번도 없었다. 파리의 레스토랑에선 아기들을 찾아보기 힘들기 때문이다. 아니, 있었다 해도 유심히 보지 않았을 것이다. 아기가 없었을 땐 다른 아기들에게 관심이 가질 않았고, 아기가 생긴 후론 내 아이만 쳐다봤다. 벽에 부딪히고 나서야 '다른 길이 있을지 모른다'는 데 생각이 미쳤다. 의문이 꼬리를 물고 피어올랐다.

'이게 뭐지? 프랑스 아이들은 유전적으로 더 침착한 건가? 순종과 억압을 교육받는 것일까? 이 아이들은 어른들 틈에서 끽 소리조차 내선 안 된다는 전근대적 훈육의 희생자들인가?'

그러나 그건 아닌 듯했다. 아이들은 전혀 주눅 들어 보이지 않았다. 아이들답게 쾌활하고 수다스럽고 호기심도 왕성했다. 부모들 역시 세심하고 다정했다. 하지만 그들의 식탁에는 '보이지 않는 문명의 힘'이 존재하는 듯했다. 우리에겐 없고 그들에게 있는 것이 무엇일까? 의문은 점점 강해졌다.

프랑스 육아법에 관심을 갖고 보니, 달라 보이는 건 식사 예절만이 아니었다. 그동안 건성 보았던 풍경들이 주마등처럼 스쳤다. 프랑스 놀이터에서 수백 시간을 보내는 동안 단 한 번도 악을 지르며 떼를 쓰는 아이를 본 적이 없다. 프랑스 친구들은 통화 중에 아이가 칭얼대거나 운다는 이유로 전화를 끊고 달려가지 않았다. 프랑스 거실은 우리 집과 달리 아기용 텐트나 미끄럼틀, 장난감으로 점거당하지 않았다. 미국 아이들은 파스타나 흰쌀이 포함된 소위 '어린이 메뉴'만 먹는데, 프랑스 아이들은 마치 어른처럼 생선이나 채소를 포함해 사실상 거의 모든 것을 가리지 않고 먹는다. 프랑스 아이들은 정해진 시간을 제외하곤 간식을 입에 달고 지내지 않는다. 다시 생각해 보니 그랬다. 모든 게 달랐다!

내가 프랑스 육아법의 극렬 팬이 될 줄은 꿈에도 몰랐다. 프랑스 육아법은 프랑스 패션이나 치즈, 와인 같은 게 아니다. 육아를 배우러 프랑스에 오는 사람은 없다. 오히려 정반대다. 파리에 사는 미국인들은 프랑스 여자들이 모유수유를 하지 않고 다 큰 애가 공갈 젖꼭지를 물고 다니게 놔둔다는 데 경악한다. 하지만 그들은 고작 생후 2~3개월의 프랑스 아기들이 밤새 단 한 번도 깨지 않고 잔다는 사실이나 프랑스 아이들이 어른의 관심을 얻으려 졸라대지도 않고 "안 돼!"라는 과격한 금지의 말에도 좌절하지 않는다는 사실에는 그다지 주목하지 않는다.

그런 이유로 나는 요란을 떨며 아기를 키우는 고충을 토로하는 프랑스 사람들을 거의 보지 못했다. 아무리 생각해도 이 프랑스 부모들은 다른 곳과는 전혀 다른 혁명적인 가정생활을 조용히, 그것도 집단적으로 성취해 내고 있는 게 틀림없다. 미국인 가족이 우리 집에 놀러 왔을 때의 풍경은 대체로 이렇다. 부모는 아이들 싸움을 말리거나 아기들 뒤를 졸졸 쫓아다니며 뒤치다꺼리를 하거나 거실 바닥에 앉아 레고 놀이를 해주며 시간을 보낸다. 누군가 울음을 터뜨리고 그걸 달래는 상황이 최소 몇 번은 어김없이 이어진다.

하지만 프랑스 가족들이 놀러 왔을 때의 풍경은 전혀 달랐다. 어른들은 모여 앉아 커피를 마시고, 아이들은 자기들끼리 즐겁고 평화롭게 논다. 물론 프랑스 부모들도 아이 문제로 고민이 없는 게 아니다. 소아성애 범죄자, 알레르기, 질식이나 추락의 위험을 경계한다. 하지만 그런 문제들에 대한 합리적인 예방책을 강구하지, 무작정 패닉이 되진 않는다. 아이들에게 경계를 세워주는 것과 자율을 허락하는 것 모두를 차분히 잘해 낸다.

물론 오늘날 미국 중산층의 육아법에 뭔가 문제가 있다는 걸 지적한 사람은 많았다. 과잉보호, 과도한 교육열, 헬리콥터 부모, 아이 지배현상 같은 용어가 등장하는 책들이 수백 권을 넘는다. 혹독하고 불행하기까지 한 미국식 속도전 양육법을 좋아하는 사람은 거의 없는 듯하다. 누구보다 부모들 스스로부터 그렇다.

그런데도 우리는 왜 여전히 이러고 있는 걸까? 우리처럼 젊은 세대, 심지어 나처럼 외국에서 사는 사람조차 왜 이 틀에서 한 치도 벗어나지 못할까? 최근 수십 년간 수많은 대중매체는 '유아기에 자극이 충분하지 않은 것이 미국 아이들의 학업성취도 부진 원인'이라고 주장해 왔다. 부모들은 가능한 모든 자원과 노력을 동원해 자녀에게 더 많은 자극과 기회를 주어야 한다는 강박에 시달린다. 내 아이를 엘리트로 키워야 한다, 일찍부터 또래보다 앞서게 만들어야 한다는 과제가 점점 더 시급한 일로 부상했다.

경쟁적 양육패턴과 더불어 '아이들은 심리적으로 깨지기 쉬운 존재'라는 믿음도 동반해서 커져왔다. 어느 세대보다 정신분석을 맹신하는 우리는 자녀에게 해를 끼칠 수 있는 요인들에 병적으로 집착한다. 급증해온 부모의 이혼을 체험하면서, 우리 부모보다는 더 헌신적인 부모가 되겠다는 강박도 심해졌다.

범죄율은 1990년대 초를 피크로 하락세이긴 하지만,[1] 우리 아이

---

1 대체로 코로나19 팬데믹 이전까지의 추세이다. (편집자)

들이 그 어느 때보다 더 큰 물리적 위험에 직면해 있다는 걸 고발하는 기사들이 잇따른다. 우리는 '이 위험한 세상에서 아이를 기르려면 단 한 순간도 경계를 게을리해선 안 된다'는 압박감에 시달린다. 이 모든 원인이 작용하여, 우리는 늘 스트레스와 긴장 속에서 아이를 키운다.

그런데 프랑스에서 전혀 다른 방식을 목격한 것이다. 저널리스트로서의 호기심과 엄마로서의 절박함이 동시에 나를 사로잡았다. 엉망진창이었던 휴가에서 돌아온 후, '프랑스 부모들은 도대체 뭘 어떻게 하는지' 세밀히 캐보기로 마음먹었다. 필요하다면 깊은 연구와 조사 작업도 불사하기로 했다. 저널리스트의 근성이 발동하기 시작한 것이다.

프랑스 아이들은 왜 식사시간에 음식을 던지지 않을까? 프랑스 부모들은 왜 아이에게 고함을 지르지 않을까? 프랑스 사람들이 가진 이 보이지 않는 문명의 힘은 대체 뭐란 말인가? 이걸 과연, 뼛속까지 밴 육아나 양육과 관련된 나의 생각과 행동에 적용할 수 있을까?

조사 도중 프린스턴 대학교 경제학자가 주도한 연구사례 하나를 발견하고 나는 무릎을 쳤다. 연구에 의하면, '육아가 전혀 즐겁지 않다'고 답변한 미국 엄마들이 프랑스 엄마들보다 두 배나 더 많았다. 그동안 목격한 장면들이 옳았다는 걸 증명해 주는 결과였다. 프랑스 육아법엔 고통은 반이 되고 기쁨은 배가 되게 하는 뭔가가 있다는 뜻이다.

그 비결은 평범한 모습 안에 숨어있을 것이라는 확신이 들었다.

다만 누구도 그 비결을 차분히 채록하지 않았을 따름이다. 기저귀 가방에 수첩을 넣고 다니기 시작했다. 병원엘 가거나 가족파티, 놀이그룹, 인형극장 따위에서 프랑스 부모들이 어떻게 행동하며 어떤 무언의 규칙을 따르는지 면밀히 관찰했다.

처음에는 별 차이를 발견하기 힘들었다. 프랑스 부모들은 극단적일 만큼 엄격한 모습과 충격적일 만큼 관대한 모습 사이에서 갈팡질팡하는 것처럼 보였다. 자세히 물어도 속 시원한 대답을 들을 수 없었다. 부모들은 하나같이 '특별한 비결 따윈 없다'고 대답했다. 오히려 '요즘 부모들은 권위를 잃고 아이를 앙팡 루아enfant roi(왕 아이)처럼 모시고 있다'며 개탄했다. 나는 말해주었다. '정말 왕인 아이를 보고 싶다면 뉴욕에 가보시라'고.

그렇게 몇 년이 흘렀다. 그 사이 나는 아이를 둘이나 더 낳았지만 계속해서 실마리를 추적했고, 프랑스에도 '닥터 스포크'[2]가 있다는 걸 알게 되었다. 프랑스에선 모르는 사람을 찾기 힘들지만, 영어권에선 그의 책이 출간된 적이 없었다. 나는 그 책을 포함해 프랑스의 육아서를 숱하게 찾아 읽었고, 수십 명의 부모들과 전문가들을 만나 인터뷰를 진행했다. 아이들을 유아원에 데려다주는 길에, 슈퍼마켓 계산대 앞에서, 나는 부끄러운 줄도 모르고 다른 사람들의 이야기를 엿들었다.

그리고 마침내, 프랑스 부모들의 다른 점을 발견한 듯했다. 물론

---

2 Dr. Spoke, 미국의 소아과 의사로 베이비붐 세대 부모들에게 큰 영향을 미친 양육전문가. (옮긴이)

이 '프랑스 부모'란 그저 일반명사일 뿐이다. 같은 프랑스 사람이라 해도 천차만별이게 마련이다. 물론 내가 만난 대다수의 프랑스 부모는 파리 시내나 근교에 살며 대졸자에 전문직 종사자이고, 프랑스 평균보다 소득수준도 높았다. 그렇다고 해서 어마어마한 부자나 엘리트들도 아니었다. 그저 교육받은 중산층이라고 해야 할까? 내가 비교대상으로 삼은 미국 부모들 역시 비슷한 범주의 이들이었으므로 별 문제는 되지 않을 터였다.

중요한 것은 프랑스식 양육법이 이들 고등교육을 받은 중산층 부모들만의 전유물이 아니라는 사실이다. 프랑스 전역을 두루 여행해 본 결과, 흥미롭게도 파리에 거주하는 중산층 부모들의 육아철학과 지방에 사는 다양한 직업군 부모들의 육아철학은 거의 비슷하게 들렸다. 자신들이 무엇을 어떻게 하는지 정확히 설명할 순 없어도, 모두가 유사한 사고와 행위를 하는 듯 보였다. 부유한 변호사든 탁아소의 보모든 공립학교 교사든, 하다못해 공원에서 나를 책망한 노부인조차 모두 똑같은 기본원칙을 도도하게 말해주었다. 프랑스 육아서나 관련 잡지들도 같은 말을 하고 있었다. 결국 내가 결론지은 바는 프랑스에서는 아이를 낳고 기르는 다양한 육아법들 간에 충돌이 별로 없다는 것이었다. 모두가 공유하고 상당 부분 동의하는 기본원칙이 존재했으며, 그런 이유로 육아는 한결 편안하고 협력적인 양상을 보인다.

그렇다면 왜 유독 프랑스의 육아가 이런 모습일까? 나는 프랑스 제라면 사족을 못 쓰는 타입은 아니다. 심지어 프랑스에 사는 게 왜 좋은지조차 잘 모르겠다. 내 아이들이 콧대 높은 파리지앵이 되는 것도 달갑지 않다. 하지만 적어도 육아와 교육에 있어서 프랑스는 여타의 문제 많은 선진국들과는 판이한 모습을 보인다는 데에 토를 달기 힘들다. 그들의 철학 중 일부는 내게도 매우 익숙하다. 아이와 이야기를 나누고 자연을 많이 보여주고 책도 열심히 읽어준다. 자녀에게 테니스와 미술 수업을 듣게 하고 자연사박물관에도 부지런히 데려간다.

다만 프랑스 사람들은 이런 모든 일에 강박을 갖지 않는다는 차이가 있다. 아무리 좋은 부모라 해도 자신의 일상을 자녀를 위해 송두리째 바치지 않으며, 그런 이유로 죄책감을 느끼지도 않는다.

“저녁시간은 우리 부부만을 위한 거예요.” 한 엄마는 말해주었다. “딸아이가 원한다면 데려가지만, 어른을 위한 시간이라는 것엔 변함이 없지요.”

프랑스 부모들 역시 아이들은 성장하는 동안 충분한 자극을 받아야 한다고 믿는다. 하지만 늘 그렇지는 않다. 미국에서 유아에게 중국어 조기과외나 영재교육을 강요하는 동안, 프랑스 유아들은 그들 ‘스스로’ 잘 정비된 교육과정에 참여한다. 프랑스 부모들은 아이도 많이 낳는다. 이웃 국가들은 인구 감소로 고심하지만, 프랑스는 EU 국가 중에서 최상위권의 출산율을 자랑한다.[3]

프랑스에는 아이를 낳고 기르는 즐거움은 배가하고 스트레스는 줄여주는 온갖 공공서비스가 준비돼 있다. 보육기관은 무료이고 건강보험도 걱정할 필요가 없으며, 대학에 보내기 위해 목돈을 마련

3 유럽연합(EU) 통계국 Eurostat의 2021년 자료 기준 합계출산율이 가장 높은 국가는 프랑스(1.84명)이다. (편집자)

해 둘 필요도 없다. 오히려 많은 이들이 단지 아이를 가졌다는 이유만으로 묻지도 따지지도 않고 매달 은행계좌로 꼬박꼬박 현금수당을 받는다.

물론 공공서비스만으로 프랑스 육아를 설명할 순 없다. 프랑스는 아이를 키운다는 개념 자체가 완전히 다른 것 같다. 프랑스 부모들에게 '자녀를 어떻게 훈육discipline하느냐'고 물어보면, 그들은 무슨 의미인지 알아듣지 못하고 반문한다.

"아, 어떻게 에뒤카시옹éducation(교육)하냐고요?"

나는 이내 프랑스에서 '훈육'이라는 개념이 처벌과 관련된 사문화된 협소한 범주로만 통용된다는 것을 깨달았다. 반면 '교육'은 학교만이 아니라 언제 어디에나 존재하는 자연스러운 과정으로 받아들여진다.

내가 프랑스에서 발견한 것은 흔하디흔한 육아이론이나 기법이 아니었다. 잘 먹고 잘 자는 아이들, 합리적이며 느긋한 부모들이 꾸려가는 여유로운 사회가 내 눈앞에 펼쳐져 있었다. 도대체 프랑스 사람들이 왜 이런 철학과 방법론을 갖게 되었는지, 결과로부터 원인을 추론해 보는 과정을 밟았다. 알고 보니 특별한 부모가 되기 위한 육아철학 따위는 없었다. 그들은 그저 '아이란 어떤 존재인가'에 대해 다르게 생각할 뿐이었다.

프랑스 육아 용어 풀이

enfant roi 앙팡 루아: 왕 아이. 지속적으로 부모의 관심을 독차지하고 조금의 좌절도 참아내지 못하는, 지나치게 요구가 많은 아이.

éducation 에뒤카시옹: 교육. 프랑스 부모들이 자녀를 기르는 방식.

01

아이를 기다리나요?

결혼과 출산, 그리고 신경쇠약
직전의 여자

01

오전 10시. 호출을 받아 편집국장 방으로 갔더니, 서둘러 치과에 가서 스케일링을 받으란다. 신문사를 그만두면 치과보험도 만료되니까. 남은 기한은 5주 남짓. 그날 나를 포함해 200명 이상이 정리해고됐다. 소문이 퍼지면서 모회사의 주가가 올랐다. 갖고 있던 주식을 팔아버릴까 잠시 생각도 해보았다. 해고되자마자 회사 주식을 파는 행위는 어쩌면 돈이 필요해서가 아니라 소심한 저항의 표현일지도 모르겠다.

모진 결심을 품은 것도 잠시, 어느새 나는 터덜터덜 맨해튼 거리를 걷고 있다. 때마침 비까지 뿌려준다. 어느 처마 밑에서 저녁에 만나기로 한 친구에게 전화를 건다.

"나 방금 해고당했어."

"괜찮아? 오늘 저녁 약속 취소할까?"

그러나 솔직히 나는 안도했다. 거의 6년을 붙들려 있던 일에서 풀려나 마침내 자유의 몸이 된 것이다. 그동안 거기 머문 건 오로지 그만둘 배짱이 없었기 때문이었다. 뉴욕의 신문사 국제부 기자로서, 나는 주로 남아메리카 선거나 경제위기 따위를 취재했다. 한두 시간 전에 콜을 받고 출장을 가는 일이 다반사라, 내겐 호텔이 집이나 다름없었다. 한때 회사는 나에게 대단한 미래를 기대했다. 편집장 후보 운운하기도 했고 포르투갈어를 배워두라고 비용을 대주기도 했다.

그러던 어느 날 갑자기 내게서 기대를 싹 거두어간 것이다. 그런데 그것이 이상하리만치 아무렇지 않았다. 영화 속에서라면 몰라도, 실제 특파원으로 살아가는 일은 그다지 흥미진진한 게 못 된다. 늘 혼자고, 끝도 없는 기사의 족쇄에 묶여 있었으며, 항상 '조금 더'를 외치는 데스크의 압박에 시달렸다. 기자라는 직업은 마치 로데오 기계 위에 올라타 있는 것과 비슷하다. 내 옆에서 삐걱대며 함께 달리던 남자들은 퇴근길에 코스타리카나 컬럼비아 출신의 젊은 아내를 태우고 집으로 돌아갔다. 적어도 그들은 젖은 솜뭉치가 된 몸을 끌고 돌아가 저녁이라도 얻어먹을 집이 있었다. 반면에 나는 잦은 출장 탓에 데이트는 꿈도 꾸지 못했다. 한 도시에 오래 체류하는 일도 별로 없었기에, 한 남자와 세 번 이상 만날 기회도 없었다.

마침내 그런 직장을 그만두게 되어 다행이었지만, 어느 날 갑자기 사회로부터 유독성 폐기물 취급을 받는 일에는 전혀 준비가 돼 있지 않았다. 해고 발표 후 일주일 남짓 되었을까? 벌써부터 사무실 동료들은 날 전염병 환자 대하듯 했다. 몇 년을 함께 일했는데도, 누구도 내게 말을 걸어오지도, 내 책상 근처에 얼씬대지도 않았다. 환송의 뜻으로 점심을 대접한 동료조차 돌아오는 길에는 나와 나란히 사무실로 들어오려 하지 않았다. 책상을 치운지 한참이 지났는데도, 나는 여전히 사무실에 나가 업무 인계를 해줘야 했다. 편집장은 충고랍시고, 급이 좀 떨어지는 일자리라도 하루 빨리 알아보는 게 현명할 거라고 말해주었다. 그러고는 점심 약속이 있다며 꽁무니를 뺐다.

그때부터 내 뇌리에는 두 가지 생각이 떠나질 않았다.

첫째, 더 이상 '정치'니 '돈'이니 하는 기사 나부랭이는 쓰고 싶지 않다.

둘째, 남자친구가 필요하다. 그것도 매우 절실하게.

폭 1미터도 안 되는 부엌 싱크대에 선 채, '남은 인생은 뭘 하며 살아야 하나?' 생각하던 중이었다. 전화벨이 울렸다. 사이먼이다. 6개월 전 부에노스아이레스의 한 바에서 처음 만난 남자다. 동료가 특파원 모임에 데려온 것이다. 영국 기자인 그는 축구 기사를 쓰기 위해 며칠 전 아르헨티나에 왔다고 했다. 나는 아르헨티나의 경제위기를 취재하러 파견된 참이었고. 우리는 같은 비행기로 뉴욕을 출발했다고 한다. 그는 나를 '짜증스러운 여자'로 기억하고 있었다. 비행기 트랩에 오른 후에야 면세점에서 산 물건을 공항라운지에 두고 온 걸 알아차린 내가, 다시 문을 열어달라고 스튜어디스에게 생떼를 쓰고 있더라는 것이다.

사실 사이먼은 완벽한 나의 이상형이었다. 가무잡잡한 데다 체격이 다부지고 똑똑한 남자. 바에서 만난 지 몇 시간도 안 되어, 나는 '첫눈에 반하는 상대'란 오히려 나를 극도로 침착하게 만든다는 사실을 깨달았다. 술에 취해서 실수로 잠자리를 같이 하는 일 따위는 절대로 생겨선 안 된다. 그와 함께 술을 마신 나는, 실은 그에게 푹 빠져 있었음에도 한 걸음 떨어져 경계를 늦추지 않았다.

사이먼은 이제 막 런던에 있던 어마어마한 고가의 아파트를 처분하고 파리에 집을 샀다고 했다. 나는 남미와 뉴욕을 오가는 처지였고, 무려 세 대륙에 걸친 장거리연애는 상상하기 힘들다. 그래도 나는 그와의 끈을 놓지 않았다. 아르헨티나에서 처음 만난 뒤, 우리는 가끔 이메일을 주고받는 사이로 발전했다. 하지만 동시에 나는 진지한 관계로 나아가지 않으려 애썼다. 언젠간 나와 같은 표준시간대를 살아줄 가무잡잡하고 영리한 남자가 나타나기를 바라며.

그렇게 7개월이 흘렀다. 나는 불쑥 국제전화를 걸어온 사이먼에게 해고 소식을 전했다. 사이먼은 호들갑을 떨며 위로하려 하지도, 나를 하자 있는 상품으로 취급하며 조롱하지도 않았다. 오히려 내게 갑작스런 자유시간이 생긴 걸 기뻐하는 눈치였다. 우리 사이에 '아직 끝맺지 못한 일'이 있는 것 같으니 직접 뉴욕으로 오겠단다.

"별로 좋은 생각이 아닌 것 같은데?" 나는 그를 말렸다.

그가 뉴욕에 온들 뭐가 바뀌겠는가? 여전히 유럽 축구를 취재 중인 그는 미국으로 이사 올 수 없다. 나는 프랑스어라곤 한마디도 못하고 파리에서 사는 건 꿈도 꿔본 적이 없다. 갑자기 자유를 선물받긴 했지만, 이렇게 약해진 상황에서 그의 페이스에 말려들게 될까 봐 걱정도 됐다.

그러나 아르헨티나에서도 봤던 예의 그 낡은 가죽재킷을 입고 내 아파트 근처의 테이크아웃 식당에서 베이글과 훈제연어를 사든 채, 사이먼은 우리 집 현관에 나타났다. 그리고 한 달 뒤 우리는 런던으로 가서 그의 부모님을 만났다. 6개월 뒤에는 내 물건 대부분을 처분했고 나머지는 프랑스로 부쳤다.

친구들은 입을 모아 너무 성급하다고 걱정했다. 하지만 나는 친구들의 말을 깡그리 무시한 채, 커다란 트렁크 세 개와 남미 여행 때 모은 주화가 담긴 통을 들고 정든 내 아파트를 나섰다. 주화 통은 공항까지 데려다준 파키스탄인 택시 운전사에게 선물로 주었다.

그렇게 한 방에, 나는 파리지앵이 되었다. 나는 한때 목공예지구였던 파리 동부의 방 두 개짜리 사이먼의 아파트에 들어갔다. 아직 실업수당을 받던 터라 생계 걱정이 덜했던 나는 기자가 아니라 저자로서의 새 인생을 시작하기 위해 집필에 관련된 자료조사를 시작했다. 함께 집에 있는 날이면 사이먼은 한 방에서 기사를 쓰고, 나는 다른 방에서 자료를 찾았다. 어정쩡한 동거가 시작된 것이다.

그렇게 갓 피어오르던 우리의 로맨스는 곧 빛이 바래기 시작했다. 대부분 아주 사소한 문제 때문이었다. 언젠가 풍수에 대한 책을 읽다가 '물건을 마구 쌓아두는 습관이 우울증의 징후'라는 구절을 본 적이 있다. 하지만 사이먼의 경우는 그저 서랍 혐오증일 뿐이다. 그는 거실에 커다란 원목 탁자를 들여놓거나 온수도 잘 나오지 않는 가스난방기 따위를 사는 데 돈을 쓸 뿐 수납에는 영 관심이 없었다. 가장 거슬리는 일은 주머니에 있던 잔돈을 꺼내 바닥에 아무렇게나 늘어놓는 습관이었다. 방 귀퉁이마다 동전이 쌓여있었다.

"제발 동전들 좀 치워." 나는 수시로 그에게 잔소리를 퍼부었다.

아파트 밖의 생활도 불편하기는 마찬가지였다. 세계 미식가들의 수도에 살고 있지만, 정작 뭘 먹어야 할지 알 수가 없었다. 대다수의 뉴요커들처럼 나 역시 선호하는 음식이 분명하다. 탄수화물을 멀리하는 채식 애호가. 그런데 주위를 둘러보면 온통 빵과 육류뿐이다. 한동안 오믈렛과 고트 치즈 샐러드만 먹었다. 웨이터에게 "드레싱은 접시 한쪽에 따로 담아 주세요."라고 하면 다들 나를 정신 나간 여자 보듯 했다. 왜 프랑스 슈퍼마켓에는 내가 좋아하는 견과류 시리얼이 없는지, 카페에선 왜 저지방 우유를 취급하지 않는지 납득할 수가 없었다.

나는 선천적으로 파리와 어울리지 않았다. 특정 도시를 낭만적이라고 칭송하는 게 천박하게 느껴졌다. 내가 사랑한 도시들은 모두 뭐랄까, 파리보다 좀 더 가무잡잡했다. 상파울루나 멕시코시티, 뉴욕 같은. 그런 도시들은 뒤로 거만하게 기대어 앉아 칭송을 강요하지 않는다.

게다가 내가 사는 동네는 그다지 아름답지도 않았다. 일상은 소소한 실망거리로 빼곡히 채워졌다. 사람들이 '파리의 봄날'을 그토록 찬양하는 이유는 장장 7개월간의 흐리고 얼어붙을 듯 을씨년스러운 날씨 탓일 게다. 그러나 아무도 내게 그런 걸 알려주지 않았다. 게다가 나는 그 7개월이 막 시작될 무렵 파리에 도착했다. 중2 때 마지막으로 배운 프랑스어를 기억할 수 있을 거라고 믿었지만, 파리 사람들은 내가 하는 말을 다르게 알아들었다. 스페인어냐고.

물론 파리는 매력적인 면도 많다. 전동차가 멈추기도 전에 문이 열리는 건 마음에 든다. 이 도시가 시민들을 어른으로 대한다는 뜻 아니겠는가. 또 하나, 파리에 도착하고 6개월 내에 미국에서 알던 거의 모든 사람들, 심지어 페이스북 친구까지 우리 집에 놀러 왔다. 결국 사이먼과 나는 집에 들일 손님에 대한 엄격한 허가요건과 등급체계를 정했다. 일례로 일주일 머무르려면 그에 상응하는 선물을 가져와야 한다.

그 유명한 파리지앵의 무례함 따위는 크게 신경 쓰이지 않았다. 적어도 무례함은 관심의 표현이라도 되니까. 내가 극도로 짜증났던 건 그들의 지독한 무관심이었다. 사이먼을 제외하고 그 누구도 내 존재에 관심이 없었다. 사이먼도 꽤나 기대치를 낮추고 사는 듯했다. 내가 아는 한 그는 흔한 박물관에도 한 번 가지 않았다. 카페에 앉아 신문을 읽는 아주 단순한 일에서도 희열을 느끼는 것처럼 말했다. 어느 날 저녁 동네 레스토랑에서 웨이터가 치즈 접시를 내려놓았을 때, 사이먼은 황홀한 표정으로 중얼거렸다.

"내가 이 맛에 파리에 산다니까!"

치즈와 사랑의 이 이율배반적인 공통점대로라면, 나 역시 이 맛으로 파리에 살고 있는 게 틀림없다.

물론 객관적으로 보면 문제는 파리가 아니라 나 자신인지도 모르겠다. 뉴욕에선 약간 신경과민 스타일의 여자들이 먹힌다. 약간의 소란을 촉발하는 영리하고 사랑스럽고 갈등을 빚는 캐릭터. 영화 〈해리가 샐리를 만났을 때〉의 메그 라이언이나 〈애니 홀〉의 다이앤 키튼을 보면 알 수 있다. 남자문제 말고는 딱히 심각한 일도 없으면서 뉴욕의 내 친구들은 집세보다 정신과 상담에 더 많은 돈을 쓴다.

그러나 파리는 그런 인물을 알아주지 않는다. 프랑스 사람들은 우디 앨런의 영화에 열광하면서도 현실에는 침착하고 신중하고 인간관계가 심플하고 결단력 넘치는 여자들 일색이다. 그녀들은 메뉴에 있는 것만 주문하며 어린 시절이나 다이어트 같은 주제로 잡담을 늘어놓지도 않는다. 뉴욕 여자들이 과거의 실수를 반추하며 열심히 자아를 찾아가는 동안, 파리 여자들은 노래 가사처럼 '아무것도 후회하지 않는 듯' 보인다. 프랑스에서 '신경과민'이란 자기비하도, 은근한 자랑거리도 아닌 그저 질병일 뿐이다.

영국인인 사이먼마저도 내가 자꾸만 자기회의에 빠져서 우리 관계에 대해 상의하자고 나설 때면 적잖이 당황했다.

"지금 무슨 생각해?" 나는 신문에 열중해 있는 그에게 묻곤 했다.

"응, 네덜란드 축구." 그의 한결 같은 대답이다.

농담인 건지 진담인 건지…. 사이먼이 위선적으로 느껴졌다. "사랑해."를 포함한 모든 말을 건넬 때, 그의 표정엔 미세한 억지웃음이 담겨있다. 심지어 내가 웃긴 얘길 해도 진짜로 웃지 않는다. 그래서 그의 가까운 친구들조차 그에게 보조개가 있다는 걸 잘 모른다. 사이먼의 말에 의하면, 크게 웃지 않는 게 영국인의 습성이란다. 하지만 나는 활짝 웃는 영국남자를 수도 없이 봐왔다. 극도의 무관심에서 벗어나 마침내 누군가와 영어로 대화를 나눌 수 있게 되어 기분 좋아 죽겠는데, 정작 그는 내 말에 귀를 기울이는 것 같지 않아 속이 상했다.

웃지 않는다는 건 우리 사이의 문화적 간극이 크다는 뜻이리라. 미국인인 나는 모든 걸 분명하게 말로 표현해야 직성이 풀린다. 사이먼의 부모님을 뵙고 돌아오던 어느 주말, 기차 안에서 나는 물었다.

"자기 부모님이 나를 마음에 들어 하셔?"

"당연히 마음에 들어 하시지. 보면 모르겠어?"

"정말? 뭔가 말로 표현하신 적이 있어?"

나는 정말로 알고 싶었을 뿐이다.

어딘가 동지가 있을지도 모른다는 생각에 친구의 친구들을 소개

받아 여러 도시를 돌아다녔다. 상대는 대부분 나처럼 이방인들이었다. 하지만 그들 역시 쥐뿔도 모르는 신참의 얘기를 들어주는 걸 별로 달가워하지 않았다. 대다수는 현지인이 다 됐다는 걸 증명이라도 하듯 약속에 늦게 나타났다. 나중에 알아보니 진짜 프랑스 사람들은 단둘이 만나는 약속시간은 잘 지킨다고 한다. 파티처럼 여럿이 모이는 행사에만 유행처럼 늦게 온단다.

프랑스 친구를 사귀려는 초창기 시도는 대개 수포로 돌아갔다. 한 파티에서 내 또래에다 영어까지 잘하는 미술사학자를 만나 죽이 잘 맞은 적이 있다. 그런데 나중에 그녀 집에 초대받아 차를 마시면서, 우리 각자가 생각하는 여성들 간의 유대에 대한 정의가 매우 다른 것이었음을 깨달았다. 마음을 달래주는 이야기와 "나도 그랬어." 하는 맞장구, 자기고백과 공감이 이어지길 기대했는데, 그녀는 우아하게 빵쪼가리를 뜯으며 미술이론을 주제로 토론을 벌였다. 나는 심지어 그녀에게 남자친구가 있는지조차 알지 못한 채, 허기진 배를 안고 그 집을 나왔다.

내가 파리에서 공감을 접한 유일한 순간은 1980년대에 프랑스에 살았던 미국작가 에드먼드 화이트Edmund White가 쓴 책의 한 구절을 만났을 때였다. 그는 파리의 이방인으로서 우울함과 이질감을 인정한 최초의 인간이었다. "생애 내내 저 코너를 돌면 행복이 있을 거라 믿으며 낙천적으로 살아왔다고 여겼는데, 실은 자신이 우울함에 사로잡혀 살아왔다는 것을 죽기 직전 깨닫게 됐다고 상상해 보라. 파리에서 지낸 수년, 아니 수십 년의 삶은 이렇게 요약된다. 파리는 천국을 닮은 편안하고 포근한 지옥이다."

수많은 의문에도 불구하고 사이먼에 대해서는 점점 더 확신을 품게 되었다. '가무잡잡한' 사람들은 필연적으로 어느 정도의 혼돈을 동반한다는 사실 말이다. 시간이 흐르면서 그의 미세 표현법을 간파하는 법도 배우게 되었다. 순간적으로 스치는 미소는 그가 농담을 알아들었다는 의미다. 어쩌다 보여주는 환한 미소는 그야말로 엄청난 칭찬이다. 심지어 아주 건조한 어투로 "거 참 재밌네."라고 감탄하기도 한다.

그런 인색한 표현법에도 불구하고 사이먼에게는 꽤 오랜 벗들이 많다. 그것 역시 조금은 위안이 되었다. 이 여러 겹의 모순 뒤에 매력적이고 부드러운 그의 본모습이 숨어있을지도 모를 일이다. 사이먼은 운전을 할 줄 모르고 풍선도 불 줄 모르며 치아까지 동원하지 않고서는 빨래를 잘 개지도 못한다. 뜯지도 않은 통조림을 냉장고에 보관하기도 한다. 그리고 모든 요리를 강불에서만 한다. 나중에 그의 대학시절 친구들에게 들으니, 겉은 타고 속은 언 닭다리 요리가 주특기였다고 한다. 비니거 드레싱 만드는 법을 알려주었더니, 그 후로도 수년째 매번 만들 때마다 조리법을 적어둔 메모를 꺼내든다.

그런 사이먼은 신기하게도 프랑스의 그 어떤 점도 거북하게 여기지 않았다. 외국인으로 살아가는 데 도가 튼 모양이다. 인류학자 부모님을 둔 탓에 어려서부터 세계 각지를 떠돌며 살았고, 어떤 지역의 관습에도 적응하도록 교육받았다. 열 살 이전에 이미 6대륙에 살아본 전적을 보유하고 있었다. 미국에서도 1년을 살았고, 내가 구두를 사는 것처럼 쉽사리 언어를 습득했다.

나는 그런 사이먼을 위해서라도 프랑스와 한번 원만히 지내보기로 결심했다. 우리는 해자로 둘러싸인 파리 외곽의 13세기 성에서 결혼식을 올렸다. 그리고 공동명의로 더 큰 아파트를 빌렸다. 이케아에서 책꽂이를 샀고, 방마다 잔돈을 모으는 그릇을 비치해 두었다. 그리고 나는 신경과민 대신 내면의 실용주의를 개척하고자 노력했다. 식당에 가서도 메뉴에 있는 음식만 주문하기 시작했고 가끔 푸아그라 조각을 갉아먹기도 했다. 훌륭한 스페인어처럼 들렸던 프랑스어 실력은 점점 더 형편없는 현지어에 가까워졌다. 안정이 찾아왔다. 집에 작업실을 마련했고 쓰고 있던 책의 마감일이 잡혔고, 심지어 새로운 프랑스 친구도 몇 명 생겼다.

사이먼과 나는 아기에 대해서도 얘기를 나눴다. 둘 다 아이를 원했다. 나는 셋을 낳고 싶었고, 모두 파리에서 키우고 싶었다. 그러면 별 노력없이 2개 국어를 할 수 있을 테고, 진정한 세계인이 될 것 같았다. 행여 아이들이 괴짜로 자라더라도 "나 파리에서 자랐어."라는 한 마디면 금세 멋져 보일 게 분명하다.

하지만 임신을 할 수 있을지 걱정이 되었다. 성인기의 상당시간 피임을 해왔기 때문에 거꾸로도 잘해 낼 수 있을지 확신이 없었다. 하지만 결혼이 그랬듯 임신도 눈 깜짝할 사이에 찾아왔다. 인터넷에서 '임신 잘하는 법'을 검색한 바로 다음 날, 진단키트에 분홍색 줄 두 개가 나타났다.

나는 무아지경에 빠졌다. 한편으론 기쁨이 요동치고, 한편으론 불안감이 솟구쳤다. 캐리 브래드쇼(드라마 〈섹스 앤드 더 시티〉의 주인공)보다는 카트린느 드뇌브가 되겠다는 결심은 곧바로 무너졌다. 지금은 현지인이 될 타이밍이 아닌 것 같았다. 임신 기간 동안 나를 잘 돌봐야 한다는 생각이 앞섰다. 사이먼에게 희소식을 알린 지 몇 시간도 안 돼, 나는 미국 웹사이트에서 임신 관련 정보를 뒤졌고 영어서점으로 달려가 임신 관련 책을 몇 권 샀다. 뭘 어떻게 해야 하는지 정확한 영어로 알고 싶었기 때문이다.

곧바로 나는 파리의 미국 임신부가 되어버렸다. 임부용 종합비타민을 복용하기 시작했고 육아정보 사이트 〈베이비센터〉의 '안전할까요 Is it safe?' 게시판에 중독되었다. '임신 중에 유기농이 아닌 일반 제품을 먹어도 안전할까요?', '하루 종일 컴퓨터 근처에 있어도 안전할까요?', '하이힐을 신어도 안전할까요?', '핼러윈에 사탕을 많이 먹어도 안전할까요?', '해발고도가 높은 곳으로 휴가를 다녀와도 안전할까요?'….

'안전할까요?'에 강박적으로 집착하기 시작하면서 새로운 불안감이 찾아왔다. '복사를 해도 안전할까요?', 심지어 '정액을 삼켜도 안전할까요?' 하는 식의 의문이 잇따랐고, 예스나 노 어느 쪽도 정작 불안을 가라앉히지는 못했다. 답변을 올리는 전문가마다 의견이 달랐고, 그들이 쓰는 용어도 모호했다.

'임신 중에 매니큐어를 발라도 안전할까요?'

– 대체로 안전합니다. 하지만 솔벤트에 만성적으로 노출되는 것은 좋지 않습니다.

'볼링을 해도 안전할까요?'

– 그럴 수도 있고 아닐 수도 있습니다.

미국인들은 대개 임신과 동시에 과제가 주어진다고 믿는다. 첫 번째 할 일은 무수히 많은 양육법 중 하나를 택하는 것이다. 각자 신뢰하고 권장하는 책이 다르다. 그런 연유로 나는 엄청나게 많은 책들을 사들였다. 하지만 그럴수록 준비를 잘 하고 있다는 안도 대신, 혼돈만 커져갔다. 각자 다른 조언이 서로 충돌하면서, '아기'라는 대상이 점점 더 수수께끼의 불가사의한 존재로 느껴졌던 것이다. 아이란 어떤 존재이며 무엇을 필요로 하는지, 책마다 다르게 말했다.

또한 나는 잘못될 수 있는 수많은 가능성의 전문가가 되어갔다. 파리에 놀러 온 뉴욕의 한 임신부는 '아기가 사산될 가능성이 1,000명 중 5명꼴'이라고 선언했다. 섬뜩하면서도 무의미한 얘기란 걸 본인도 잘 알지만 어쩔 도리가 없는 염려였다. 공중보건의 학위를 소지한 친구는 임신 첫 3개월 내 아기가 걸릴 수 있는 모든 질병 리스트를 보내왔다.

이런 불안감을 품는 건 영국인도 예외가 아니었다. 사이먼 가족을 만나러 런던에 갔을 때의 일이었다. 카페에 앉아있는데 잘 차려입은 낯선 여성이 갑자기 다가와서 카페인을 다량 섭취하면 유산의 위험이 증가한다는 새로운 연구결과를 알려주었다. 자기 말의 신빙성을 높이기 위해 그녀는 '남편이 의사'라고 덧붙였다. 그 말이 얼마나 근거 있는지는 신경 쓰이지 않았다. 다만 내가 그 정도도 모르는 사람으로 보였다는 게 짜증 났다. 당연히 나도 알고 있었고 그래서 커피를 주에 한 잔으로 제한하려고 애쓰던 중이었다.

연구와 염려의 나날이 이어지는 동안, 임신 자체가 종일제 직업처럼 느껴졌다. 출산 전에 원고를 넘길 계획이었지만, 집필하는 시간이 점점 줄어들었다. 예정일이 비슷한 미국 임신부들과 인터넷 채팅을 하며 보내는 시간이 늘었다. 그들 역시 환경을 바꿔나가는 데 익숙해져 있었다. 비록 커피에 우유 대신 두유를 넣는 것 정도라 할지라도. 나처럼 그들 모두 자기 몸 안에서 불편할 만큼 통제가 안 되는 포유류답고 원시적인 사건이 일어나고 있음을 자각했다. 마치 난기류에 들어간 비행기 안에서 좌석 팔걸이라도 잡게 되는 것처럼, 걱정을 하는 동안만큼은 적어도 걱정이 줄어드는 것처럼 느껴졌다. 파리에서 손쉽게 구할 수 있는 미국 임신부 잡지는 불안으로부터 시선을 돌릴 효과적인 도구였다. 임신한 여성들이 절대적으로 통제할 수 있는 한 가지만 중점적으로 다루기 때문이다. 바로 음식.

"포크를 입으로 가져가면서 생각해 보라. 이걸 먹으면 내 아이에게 이로울까? 그렇다면 씹어라." 염려로 가득한 것으로 유명한, 그러면서도 베스트셀러인 《임신한 당신이 알아야 할 모든 것What to Expect When You're Expecting》에 나오는 말이다.

모든 금기사항이 똑같이 위중한 것은 아니다. 담배와 술은 절대적으로 해롭지만 조개류, 날고기, 날달걀, 저온살균하지 않은 치즈 등은 리스테리아균이나 살모넬라균에 감염되었을 때만 위험하다. 안 그래도 프랑스에 살기 시작한 후, 나는 치즈에 대해 일종의 공포감에 빠져 있었다.

"파스타에 얹은 파르메산 치즈는 저온살균한 건가요?"

내 물음에 웨이터들은 당황했다. 이런 나의 불안에 정면공격을 당하는 이는 사이먼이었다.

"생닭 썬 다음에 도마 살균했어? 태어나지도 않은 우리 아기를 정말 사랑하기는 하는 거야?"

《임신한 당신이 알아야 할 모든 것》에는 임신부 식단이라는 게 실려 있다. 그걸 만든 사람은 이 식단이 '태아의 두뇌 발달을 향상시키며 선천성 결함의 위험을 줄이고 아이가 더욱 건강한 성인으로 자랄 가능성을 높여준다'고 주장한다. 먹을 때마다 내 아이의 대입시험 점수가 올라가는 것 같았다. 체중 걱정은 하지 마라, 하루를 마감하면서 단백질이 부족하다고 느끼면 자기 전에 달걀샐러드를 듬뿍 먹어야 한다고 임신부 식단은 알려준다.

나는 '다이어트'에 돌입했다. 체중 감량을 위한 다이어트가 아니라 증가를 위한 다이어트 말이다. 남편을 만나기까지 날씬한 몸매를 유지하려 애써온 세월을 보상받는 기분이었다. 온라인 게시판에 들어가 보면 적정 몸무게에서 18~22㎏을 초과한 여성들로 가득했다. 물론 디자이너 브랜드 드레스를 입은 날씬한 유명인 임신부나 임신 잡지 표지모델처럼 보이고 싶은 욕망이 없는 것은 아니다. 하지만 동시에 미국의 메시지는 '임신부에게는 무임승차권을 줘야 한다'고 외치고 있었다. 침대에 누워 읽은 《친한 친구가 들려주는 임신의 모든 것Best Friend's Guide to Pregnancy》의 붙임성 좋은 저자는 이렇게 말했다. "어서 먹어라. 임신부에게 다른 기쁨이 뭐가 있겠는가?"

재미있게도 임신부 식단은 '가끔 패스트푸드 치즈버거나 글레이즈 도넛으로 속여도 괜찮다'고 주장한다. 사실 미국에서 임신이라는 건 하나의 커다란 속임수처럼 보인다. 임신기에 먹고 싶은 것들은 모두 이전에는 금기시되어 온 목록과 일치했다. 치즈케이크, 밀크셰이크, 마카로니앤드치즈, 아이스크림케이크…. 몸매만 잃어가는 게 아니었다. 저녁 약속엘 나가고 팔레스타인 난민을 걱정하던 독립적인 자아에 대한 인식도 옅어져갔다. 그 시간에 최신모델 유아차를 알아보고 산통의 원인을 암기했다. '여성'에서 '엄마'로의 진화는 불가피한 것 같았다. 섹스는 마지막 도미노 핀 같았다. 이론적으로는 허용할 수 있지만 나의 바이블《임신한 당신이 알아야 할 모든 것》에 의하면 위험한 것이다. "당신을 이 상황으로 이끌었던 일이 이젠 가장 큰 문제가 될 수 있다."

저자는 섹스를 억제해야 하는 이유를 18가지로 설명하는데, 그 중 하나는 "음경이 질 안에 들어와 감염을 일으킬 수 있다."는 것이다. 혹시라도 섹스를 하게 된다면 케겔(질 수축 강화) 운동으로 산도의 출산준비를 시키는 용도로 활용하란다.

물론 이런 조언을 모조리 따르는 사람은 없을 것이다. 나처럼 그저 염려하는 분위기나 마음가짐만 흡수하고 있는지도 모른다. 하지만 그 전염성은 컸다. 귀가 얇은 나는 이런 조언들과 거리를 두는 게 더 나았을지 모른다.

물론 프랑스식 임신은 뭔가 다르지 않을까 의문을 품기는 했었다. 부풀어오른 배를 내밀고 파리의 카페에 앉아있어도, 누구 하나 다가와 카페인의 위험성을 경고하지 않았다. 오히려 바로 옆에서 담뱃불을 붙이는 사람도 있었다. 부푼 내 배를 보고 유일하게 질문을 던진 사람은 이렇게 물었다.

"아이를 기다리나요Are you waiting for a child?"

언뜻 아이와 점심 약속이라도 있냐는 질문인 줄 알았다. 알고 보니 프랑스에선 '임신했느냐?'는 말을 그렇게 표현한다고 한다.

그래, 나는 아이를 기다리고 있다. 어쩌면 가장 중요한 점은 그것이다. 파리에서 대해서는 여전히 꺼림칙한 상태지만, 누군가의 비평으로부터 면역이 되어 있는 곳에서 임신을 한다는 건 멋진 일이다. 파리는 지구에서 가장 큰 국제도시지만, 여기서 살아가는 건 흡사 혼자서 자급자족하는 것 같은 느낌이다. 유명인을 내세워도, 출신 학교의 역사를 자랑해도, 사회적 지위 따위의 암시를 누군가 던져준다 해도 나는 그걸 이해하지 못한다. 그들 역시 외국인인 나의 사회적 지위 따위는 관심도 없다.

짐을 꾸려 파리로 이사를 했을 때만 해도, 이게 영구적인 이주가 될 거라고는 상상조차 못 했다. 오히려 이방인 생활에 흡족해하는 사이먼이 걱정될 정도였다. 그의 성장배경상 자연스러운 습성일 것이다. 수많은 사람들이나 도시와 관계를 맺지만, 어느 한 곳이 공식적인 고향일 필요는 없다고 그는 내게 말해주었다. 그는 이런 생활방식을 일컬어 영국식 2가구 타운하우스처럼 '반만 들러붙은 semidetached' 상태라고 표현했다.

이미 영어권 친구들 몇 명이 직장을 옮기면서 프랑스를 떠났다. 우리 역시 직업적인 이유로 반드시 파리에 머물러야 할 필요는 없었다. 치즈를 빼면 말이다. 그러자 그 '이유 없음'이 여기 살아야 할 가장 강력한 이유로 보이기 시작했다.

⚜ 02 ⚜

편하게 통증 없이

출산은 스포츠도, 종교행위도,
숭고한 고통도 아니다

⚜ 02 ⚜

새로 구한 아파트는 엽서 속 풍경과는 거리가 멀었다. 중국 의류 공장지대의 좁은 인도 앞에 있어서, 옷으로 가득 찬 커다란 비닐봉지를 든 남자들이 끊임없이 오갔다. 에펠탑과 노트르담, 센 강이 있는 그 도시와 같은 데 산다는 실감은 전혀 나지 않았다.

하지만 그 동네는 우리에게 딱 들어맞았다. 사이먼과 나는 각자 맘에 드는 카페를 찜해두고 매일 아침 거기 틀어박혀 약간의 환락적인 고독을 누렸다. 파리는 사교의 규칙 역시 낯설었다. 서빙을 하는 직원과는 시시덕거려도 괜찮지만, 다른 손님과 시시덕거리는 것은 안 된다. 바에 나란히 앉아 직원과 수다를 떠는 상태가 아니라면 말이다. 자급자족 중인 상태였지만 내게도 인간과의 접촉이 필요했다.

어느 날 아침, 몇 달 동안 거의 매일 보아온 카페의 다른 단골 남자와 말을 터보려고 시도했다. 나는 그에게 "내가 아는 미국인과 닮았다."고 말했다.

"누구요? 조지 클루니?" 남자가 으스대며 되물었다.

나는 다시는 그와 말을 섞지 않았다.

새 이웃들과의 관계는 조금 진척되었다. 아파트 밖, 사람으로 붐비는 인도를 따라 자갈이 깔린 마당이 이어지고, 이 마당을 중심으로 나지막한 주택과 아파트들이 마주보고 서 있다. 주민 중에는 예술가, 전문직 젊은이, 직장이 안정되지 않은 이들, 노부인들이 섞여 있었다. 너무나 가까이 사는 통에 어느새 서로의 존재를 지각할 수밖에 없었다. 물론 소수는 여전히 우리 존재를 전혀 알아채지 못했지만.

옆집에 사는 건축가 안느는 출산예정일이 나보다 2개월 앞선 임신부였다. 영어권 임신부답게 먹거리와 걱정거리의 회오리 속에 사로잡혀 있던 나와는 달리, 프랑스 임신부들은 매우 다르게 대처해 나가는 것 같았다. 안느를 포함해서.

그들은 임신 자체를 과제로 여기지 않는다. 첫 임신이라 해도 말이다. 프랑스에도 양육 관련 책이나 잡지, 웹사이트가 많지만 꼭 읽어야 한다는 인식도 없고 다량으로 구입하는 사람도 없는 듯했다. 양육철학을 비교·선택하는 이도, 학자 이름이나 기법을 들먹이는 이도 만나본 적이 없다. 필독 신간도 없었고, 부모들이 맹신하는 요즘 전문가도 없었다.

"자신감이 부족한 사람이라면 그런 책들이 도움이 되겠지만, 책만 읽고 아이를 키울 수 있나요? 자기 느낌대로 하는 거죠." 파리의 한 엄마는 말했다.

그렇다고 내가 만나본 프랑스 여성들이 엄마가 되는 일이나 아기의 안전에 무관심한 것은 아니다. 그들 역시 다가올 일상의 변화를 인지하고 염려한다. 다만 표현방식이 다를 뿐이다. 미국 여자들은 자신이 얼마나 희생할 각오가 되어있는지 임신 기간 내내 걱정과 헌신을 통해 증명한다. 반면 프랑스 여자들은 침착하게 대처하고 자신의 즐거움을 포기하지 않는 걸 자랑스러워함으로써 헌신을 표현한다.

《네프 무아Neuf Mois(9개월)》라는 잡지 화보에는 만삭의 임신부가 레이스 달린 원피스를 입고 페이스트리를 깨물며 손가락으로 잼을 찍어 먹는 사진이 나온다. 기사는 "임신 중에도 내면의 여성을 충족시켜 주는 게 중요하다. 무엇보다 남편의 셔츠를 빌려 입고 싶은 충동을 이겨내라."라고 조언한다. 예비엄마를 위한 최음제 목록으로는 초콜릿, 생강, 계피, 머스터드를 추천한다.

나는 평범한 프랑스 여성들조차 이런 충고를 매우 진지하게 받아들인다는 것을 알게 됐다. 어느 날, 이웃에 사는 사미아가 나를 초대했다. 그녀는 알제리 이민자 2세로 샤르트르에서 자랐다. 높이 솟은 천장과 샹들리에를 보며 감탄하고 있는데, 사미아가 벽난로 선반에 놓인 사진 뭉치를 집어들었다.

"이 사진은 임신 중에 찍은 거예요. 아, 이것도 임신 중이네요. 봐요, 배가 엄청 불렀죠?"

사미아가 사진을 몇 장 건넸다. 정말 사진 속의 그녀는 만삭이었다. 그리고 상의를 입고 있지 않았다.

충격이었다. 여전히 서로 존칭을 쓰는 서먹한 사이인데도, 자기 반라 사진을 거리낌 없이 보여주다니. 사진 속의 사미아는 육감적이고 자유분방해 보였다. 마치 잡지 속 란제리 모델처럼 글래머러

스하고 섹시하다. 사실 사미아는 늘 조금은 드라마틱해 보였다. 두 살배기 딸을 탁아소에 데려다주려고 집을 나설 때도 늘 금세 느와르 영화에서 튀어나온 사람처럼 보였다. 허리끈을 잘록하게 묶은 베이지색 트렌치코트 차림에 눈가에는 검은색 아이라인을 칠하고 입술은 방금 바른 듯 붉은 립스틱이 번들거렸다. 내가 아는 프랑스 사람 중 실제로 베레모를 쓰는 유일한 사람이기도 했다.

사미아는 '엄마로 탈바꿈하는 40주 동안에도 여성성을 포기할 필요가 없다'는 프랑스의 전통적인 지혜를 적극적으로 받아들이고 있었다. 프랑스 임신 관련 잡지는 섹스를 해도 괜찮다고 말하는 데 그치지 않는다. 정확히 어떻게 하는 게 좋은지도 설명한다. 《네프 무아》를 보면 임신부에게 좋은 열 가지 체위를 상세히 다룬다. '승마자세, 역승마자세, 그레이하운드자세(상당히 고전적인 체위라는 부가설명이 붙어있다), 의자자세' 등이 여기 포함된다. '노젓기자세'에 대해서는 총 6단계로 설명하는데, 마지막은 "여성이 상반신을 앞뒤로 흔들며 기분 좋은 마찰을 유도한다."고 되어있다.

《네프 무아》는 임신부를 위한 다양한 '섹스토이' 사용법도 다룬다. "게이샤볼은 괜찮지만 진동기나 여타의 전기제품은 안 된다."는 식이다. "망설이지 마세요! 아기를 포함해 모두에게 좋아요. 오르가슴을 느끼는 동안 아기는 물속에서 마사지를 받는 것처럼 '기포목욕 효과'를 느낍니다." 아빠가 분만실에 들어가는 게 당연시되는 미국과 달리 파리에선 '산모의 여성적 신비함을 보호하기 위해 남자는 자리를 피해주어야 한다'는 의견이 큰 호응을 얻고 있다.

프랑스의 예비 부모들이 성생활에만 침착한 게 아니다. 음식에 대해서도 마찬가지다. 사미아는 산부인과 의사와 나누었던 대화를 무슨 만담처럼 들려주었다.

사미아: "선생님, 제가 임신을 했는데 굴을 무척 좋아합니다. 어떻게 하면 좋을까요?"

산부인과 의사: "그럼 굴을 드세요! 당신은 합리적인 사람인 것 같으니까, 뭐든 잘 씻어서 먹는 것만 잊지 마세요. 초밥이 먹고 싶으면 좋은 곳에서 드세요."

프랑스 여자들이 임신 기간 내내 담배를 피우고 술을 즐긴다는 생각은 매우 낡은 선입견이다. 내가 만난 대다수의 여성들은 어쩌다 샴페인 한 잔 정도면 몰라도 술은 아예 입에 대지 않는다. 임신부가 흡연을 하는 것도 거리에서 딱 한 번 목격했다. 한 달에 한 번 피운 것인지도 모른다.

중요한 것은 '뭐든 허용된다'는 게 아니라 '침착하고 분별력을 발휘해야 한다'는 것이다. 나와 달리 프랑스 엄마들은 거의 확실히 해로운 것과 감염이 되었을 때에만 위험한 것을 구별한다. 동네에서 만난 카롤린은 임신 7개월 차였다. 그녀는 산부인과 의사가 제한해야 할 음식에 대해 말해준 적이 없었고 자신도 물어본 적이 없었다고 한다.

"모르는 게 더 나아요!" 그녀는 스테이크 타르타르(생 쇠고기 다진 것과 날달걀로 만든 요리)도 먹고 크리스마스에는 가족과 함께 푸아그라도 먹는다고 했다. 대신 확실히 좋은 식당이나 집에서만 먹는다고 한다. 한 가지 고집하는 것이 있다면 저온살균을 하지 않은 치즈를 먹을 때 겉껍질을 잘라내는 정도였다.

실제로 임신부가 생굴을 먹는 모습을 본 적은 없다. 만약 그랬다면 육중한 몸을 이끌고 당장 달려가 말렸을 것이다. 그러나 그렇게 했다간 다들 깜짝 놀라겠지. 내가 식당에서 주문을 할 때 요리에 어떤 성분이 들어가는지 꼬치꼬치 캐물을 때마다 프랑스 웨이터들이 당황하는 것도 당연하다. 프랑스 여성들은 대개 이런 일로 소란을 피우지 않기 때문이다.

프랑스의 임신 잡지들도 별 가능성이 없는 최악의 시나리오를 들이대며 요란을 떨지 않는다. 오히려 예비엄마들에게 가장 필요한 덕목이 '마음의 평화'라고 말한다. 한 잡지의 헤드라인은 '9개월간의 스파'였다. 프랑스 보건부장관의 지시로 제작 배포된 무료소책자 《예비엄마들을 위한 안내서》를 보면 "아기의 조화로운 성장에 이롭고 다양한 맛을 통해 영감을 찾을 것을 권한다."고 되어있다. '임신은 일련의 행복한 시간'이어야 한다는 게 그들의 주장이다.

정말 이렇게만 해도 안전할까? 그런 것 같다. 프랑스 산모와 아기 모두 미국보다 더 건강하다. 영아사망률은 미국보다 57% 낮으며, 출생 시 저체중 신생아 비율은 프랑스가 약 6.6%인데 반해 미국은 8%다. 또한 산모 사망률은 미국이 4,800명 중 1명인 반면, 프랑스는 6,900명 중 1명으로 더 낮다.

임신은 일종의 경이로움이어야 한다는 이 프랑스식 메시지를 진심으로 이해하게 된 것은 우연한 사건 때문이었다. 동네 안마당에 사는 회색 눈의 날씬한 고양이가 출산을 앞두고 있었다. 예쁘장한 화가인 고양이 주인은 새끼고양이가 태어나면 어미고양이에게 중성화 수술을 시킬 생각이라고 말했다. 그녀는 말했다.

“고양이에게도 임신이라는 경험을 선사해 주고 싶었어요.”

프랑스의 예비엄마들은 침착하기만 한 게 아니다. 안마당의 고양이처럼 날씬하기까지 하다. 물론 그들 중에도 살이 찌는 사람은 있다. 그러나 주변에서 만난 중산층의 파리지앵 임신부들은 다들 레드카펫 위의 배우들처럼 날씬하다. 마른 다리, 팔, 엉덩이에 농구공만 한 배를 붙이고 다니는 모양새다. 그러니 뒷모습만으로는 임신 중인지 아닌지 구별이 안 된다.

이런 몸매를 가진 임신부들이 너무 많아서, 길이나 슈퍼마켓에서 마주치면 나 혼자 서서 멍하니 바라보곤 했다. 이들의 기준은 엄격하게 규정돼 있다. 미국에선 임신 기간에 16㎏이 느는 게 정상이라고 하지만, 프랑스식 계산기는 12㎏만 늘어나야 한다고 말한다.

대체 프랑스 여자들은 그 규정을 어떻게 지키고 있을까? 사회적 압력이 도움이 된다. 친구, 자매, 부모들 모두 ‘임신을 했다고 해서 과식을 해도 된다는 뜻은 아니’라는 메시지를 대놓고 전달한다. 세 자녀를 둔 오드리는 처음에는 키가 크고 날씬했던 독일인 시누이 이야기를 들려주었다.

“시누이가 임신을 하자마자 갑자기 거대해지는 거예요. 너무 낯설었죠. 그런데도 ‘괜찮아요. 임신 중이니까 잘 먹고 쉬어야죠. 살이 좀 찔 수도 있죠.’라고 하더군요. 우리는 그런 말을 별로로 생각하거든요. 절대 그런 말을 하지 않아요.”

오드리는 사회학을 가장한 한 방을 날렸다. “미모에 관해서라면 미국이나 북유럽 사람들이 우리보다 훨씬 느긋한 것 같아요.”

프랑스에선 임신 때문에 몸매가 망가지지 않도록 전쟁을 치르는 걸 당연히 여긴다. 발마사지를 받으러 갔더니 관리사가 발을 주무르면서 배에 아몬드오일을 발라줘야 트지 않는다고 알려주었다. 한 육아 잡지는 임신 중 가슴라인이 망가지지 않는 법에 대한 긴 연재기사를 실었다. 급격한 체중 증가를 피하고 가슴 부분은 찬물로 샤워를 하라는 등이었다.

프랑스의 의사들 역시 이 체중 가이드라인을 신성한 칙령마냥 대했다. 그래서 파리에 사는 영어권 임신부들은 산부인과 의사가 자기를 꾸짖는 데 충격을 받곤 한다.

"이놈의 프랑스 남자들은 여자들을 말라깽이로 만들려고 온갖 애를 쓴다니까요." 프랑스 남자와 결혼한 한 영국인 여자는 검진을 받았을 때를 떠올리며 분개했다. 심지어 소아과에 아기를 데리고 갔을 때조차, 의사가 자기 배를 보고 한마디씩 했다는 것이다.

프랑스의 임신부들은 많이 먹지 않도록 놀라울 정도로 조심한다. 당연히 프랑스의 임신가이드엔 늦은 밤에 달걀샐러드를 듬뿍 먹으라거나 태아에게 영양분을 공급하려면 포만감을 느낄 정도로 먹으라는 식의 지시사항은 없다. '아이를 기다리는' 여성들도 건강한 성인과 똑같이 균형 잡힌 식사를 하라고 한다. 안내서는 배가 많이 고프면 간식 정도를 추가하라고 조언한다. 그 간식이라는 게 고작 '바게트 여섯 등분해서 하나+치즈 한 조각+물 한 잔'이다.

프랑스의 시선으로 보면 임신부의 식탐은 다스려야 할 대상이다. 프랑스 여자들은 '우리 아기가 먹고 싶어 한다'고 생각하지 않는다. 《예비엄마들을 위한 안내서》를 보면 식탐에 함락당하지 말고 사과나 당근을 먹으며 주의를 돌리라고 되어있다.

이렇게 말은 해도, 이들의 식단이 생각만큼 금욕적이지는 않다. 프랑스 여자들이 임신기간에 굳이 과식하지 않는 이유 중 하나는 이미 성인기의 대부분 좋아하는 음식을 부정하거나 몰래 먹지 않기 때문이다.

유명한 베스트셀러 《프랑스 여자는 살찌지 않는다French Women Don't Get Fat》의 저자 미레유 길리아노Mireille Guiliano는 말한다. "미국 여자들은 음식을 몰래 먹는 경우가 많다. 그 결과 기쁨보다 죄책감이 훨씬 커진다. 먹는 즐거움이 존재하지 않는 척하거나 오래도록 식단에서 기쁨의 요소를 제거하려고 하면 오히려 체중이 늘어난다."

임신 중반을 향해 갈 무렵, '파리에 사는 영어권 부모들의 모임'이 있다는 걸 알게 되었다. 그리고 이내 그들이 내 부류라는 걸 깨달았다. '마사쥬Massage'라는 이 모임 회원들은 영어를 할 줄 아는 상담치료사가 어디 있으며 오토매틱 자동차는 어디서 사며 추수감사절 칠면조를 통째로 구워주는 정육점이 어딘지(대부분의 프랑스식 오븐에는 조류가 들어가지 않는다.) 모조리 알고 있다. 미국에 다녀오는 길에 크라프트의 마카로니앤드치즈를 다량으로 들여오는 법이 궁금하다고 물었더니, 그런 모양의 마카로니는 프랑스에서도 구할 수 있으니 치즈포장만 가져오라고 조언해 줄 정도다.

마사쥬 회원들은 프랑스의 좋은 점들을 다수 발견해 냈다. 온라인 게시판에는 신선한 빵, 값싼 처방약, 카망베르 치즈를 맛있게 먹는 아이들에 대한 감탄이 숱하게 올라와 있다. 다섯 살배기가 피규어 인형을 가지고 '파업투쟁 놀이'를 한다고 풍자한 글도 있었다.

한편 프랑스 양육의 어두운 면에 대한 방어책도 단단히 마련돼 있었다. 회원들은 영어가 가능한 출산도우미 연락처를 교환했고 모유수유용 베개를 중고물품으로 사고팔았으며 어린아이에게도 좌약을 처방하는 프랑스 의사들에 대해 불평을 늘어놓았다. 한 회원은 딸아이를 프랑스 공립 어린이집에 보내는 게 꺼림칙하다며 새로 생긴 몬테소리학교에 등록시켰다. 한동안 그 아이가 유일한 원생이었다. 나처럼 이들도 임신을 사교와 걱정과 쇼핑의 구실로 이용했다.

마사쥬 회원을 포함한 영어권 임신부들의 가장 큰 고민은 '출산을 어떻게 할 것인가'였다. 로마에 있을 때 커다란 와인 통 안에서 출산을 했다는 미국인이 있었다. 물론 통 안에는 피노 그리지오가 아니라 물이 들어있었다. 마이애미에 사는 내 친구는 책에서 출산의 고통이란 문화적 산물일 뿐이라는 내용을 보고는 오로지 요가호흡법만으로 쌍둥이를 자연분만하는 훈련을 받았다. 마사쥬가 후원하는 한 양육강좌에서 만난 여성은 진정한 호주식 출산을 위해 시드니까지 날아갈 생각이었다.

다른 모든 일들이 그렇듯 사람들은 출산 역시 원하는 대로 하고 싶어 한다. 미국의 한 산부인과 의사는 환자로부터 네 쪽에 걸친 출산계획서를 받았는데, 거기엔 분만 후 클리토리스를 마사지해 달라는 내용이 포함되어 있었다고 한다. 오르가슴을 느끼면 자궁이 수축돼 태반을 배출해 내는 데 도움이 된다는 것이다. 이 출산계획서에는 산모의 부모까지 분만실에 입장시켜야 한다고 명시돼 있었다. 담당의는 절대 안 된다고 잘라 거절했다고 한다.

"절대 안 된다고 했죠. 저도 그렇게까지 구속당하기는 싫거든요."

출산을 둘러싼 이 수많은 이야기 속에, 세계보건기구 등급평가에서 프랑스가 1위였던 반면 미국은 37위를 차지했다는 정보는 그 어디에도 없다. 대신 프랑스의 보건제도가 얼마나 과잉진료를 유발하는지, 자연친화적인 방식에 얼마나 적대적인지만 부각됐을 뿐이다. 마사쥬 회원들은 프랑스 의사들이 유도분만을 장려하고 에피듀랄epidural(경막외 마취제)을 남발하고 신생아들에게 대뜸 젖병을 물려 모유수유를 방해한다고 불평했다. 다들 영어로 나온 잡지에서 에피듀랄의 위험성을 세세하게 꼬집는 기사를 읽은 뒤였다. 자연분만을 한 회원은 전쟁영웅처럼 어깨에 힘을 잔뜩 넣고 으스댔다.

라마즈분만법의 창시자인 페르낭 라마즈Fernand Lamaze 박사의 고향임에도 불구하고 프랑스는 에피듀랄을 빈번히 사용한다. 제왕절개가 아니어도 파리의 산부인과에 입원하는 산모 중 약 87%가 에피듀랄을 쓴다. 그 비율이 98~99%에 달하는 병원도 있다. 그러나 이에 요란을 떠는 여성들은 거의 없다. 프랑스 엄마들은 가끔 어느 병원에서 아기를 낳을 생각이냐고 물었지만, 어떤 방법으로 분만을 할 것이냐고 묻지는 않았다. 그런 것은 신경 쓰지 않는 분위기다. 분만 방식이 자기들이 어떤 부모이며 어떤 가치관을 지녔느냐를 말해주지는 않는다고 여기는 것이다. 그저 '자궁에서 품안까지' 아기를 안전하게 데려오면 된다.

프랑스에서는 에피듀랄을 사용하는 분만 역시 '자연분만'이라고 한다. 미국식 자연분만은 '논에피듀랄 자연분만'이라고 부를 뿐이다. 프랑스 여성병원이나 산부인과 중에도 분만용 욕조나 진통 시 산모가 껴안을 수 있는 고무공을 갖춘 곳이 몇 군데 있다. 하지만 정작 사용하는 사람은 거의 없다. 프랑스에서 1~2% 정도밖에 되지 않는 '논에피듀랄 자연분만'은 나처럼 미친 미국인 아니면 제시간에 병원에 도착하지 못한 프랑스 여성들이나 하는 것이다.

엘렌은 내가 아는 프랑스 여성 중 최고의 친환경주의자다. 세 아이를 데리고 캠핑을 다니고, 셋 다 꼬박 2년을 모유로 키운 사람이다. 그런 엘렌도 분만 때마다 에피듀랄을 사용했다. 반대의견조차 낸 적이 없다. 자연주의자이지만, 굳이 약물 투여를 마다하지 않는다.

프랑스와 미국의 차이가 결정적으로 다가왔던 건 친구들을 통해 30대 부부 제니퍼와 에릭을 소개받았던 때의 일이다. 제니퍼는 파리의 다국적기업에서 일하는 미국인이고, 에릭은 광고회사에서 일하는 프랑스인이다. 둘은 두 딸과 함께 파리 외곽에 살고 있다. 제니퍼가 첫아이를 임신했을 때, 에릭은 의사와 병원만 물색해 두면 그만이라고 편안하게 생각했다. 하지만 제니퍼는 출산과 육아에 관한 책을 잔뜩 사들였고 함께 공부하자고 에릭에게 압력을 넣었다.

에릭은 아직도 제니퍼의 얘길 잊을 수가 없다고 했다.

"아내는 짐볼 위나 욕조 안에서 아기를 낳고 싶어 했어요."

그러나 담당의는 제니퍼에게 조언했다.

"산부인과는 동물원이 아니고 출산은 서커스가 아닙니다. 다른 사람들처럼 출산하실 겁니다. 반듯이 누워서 다리를 벌리고요. 그래야 무슨 문제가 생기더라도 제가 제때 조치를 취할 수 있습니다."

제니퍼는 에피듀랄 없는 자연분만을 하고 싶었다. 출산이 무엇인지 고스란히 느끼고 싶었다.

"아기를 낳으려고 극심한 고통을 자처하다니, 그런 얘긴 들어본 적도 없어요." 에릭은 말했다.

둘의 입장 차이가 고스란히 드러난 일화는 '크루아상' 사건이다. 막상 진통이 시작되자 그동안 세운 출산계획은 모두 물거품이 되어 버렸다. 제왕절개를 해야 했던 것이다. 의사는 에릭을 대기실로 내

보냈고, 수술 끝에 제니퍼는 건강한 여자아이를 낳았다. 그런데 나중에 회복실에서 다시 만난 에릭이 아내가 출산하는 동안 크루아상을 먹었다고 말한 것이다.

3년이나 지났는데도 제니퍼는 그 빵 한 조각만 생각하면 피가 거꾸로 솟구쳤다.

"수술하는 동안 대기실을 비운 거예요. 병원 밖으로 나가 크루아상을 사먹었다고요! 내가 침상에 실려 수술실로 가는 동안, 에릭은 태연히 밖으로 나가 거리를 걸어 빵집에서 크루아상 두 조각을 샀대요. 그러고 돌아와 자기 걸 먹어치웠단 말이에요!"

그건 제니퍼가 기대한 모습이 아니었다.

"대기실에서 손톱을 물어뜯으며 '아들일까 딸일까' 초조해해야 하는 것 아닌가요?"

대기실 근처 자판기에서 땅콩이나 한 봉지 사서 허기를 달랬어야 마땅하다는 것이다. 에릭 역시 크루아상 사건을 둘러싸고 자기 식으로 화를 냈다. 제니퍼 말대로 대기실 근처에는 자판기가 있었다.

"스트레스가 심했어요. 당이 떨어졌다고요. 모퉁이만 돌아가면 빵집이 있을 거라고 쉽게 생각했죠. 그런데 생각보다 멀리 있었던 거예요. 아내가 수술실에 들어간 게 7시였으니까 준비하고 이런저런 처치를 하면 11시에나 나올 거라고 생각했습니다. 대부분의 시간을 내내 기다렸고, 빵을 사러 갔다 오는 데는 고작 15분밖에 안 걸렸어요!"

처음 그 얘길 들었을 때는 고전적인 형태의 '화성 남자 vs. 금성 여자' 이야기인 줄 알았다. 하지만 결국 '프랑스 vs. 미국' 우화였음이 밝혀졌다. 제니퍼는 남편이 이기적으로 크루아상을 탐하는 모습에서 가족이나 태어날 아기를 위해 희생하지 않으려는 신호를 읽었다. 남편이 양육에 협조하지 않을까 봐 걱정이 됐던 것이다. 반면 에릭 입장에선 심각한 일이 아니었다. 그는 출산에 철저히 참여했고 헌신적인 아빠라고 자부했다. 분만의 순간에조차 침착하고 초연하고 사리판단이 가능했기에 빵을 사러 거리에 나갈 수 있었다. 아빠가 되기를 원했지만, 동시에 크루아상도 원했던 것이다.

"미국에 가면 나도 당신처럼 똑같이 위화감을 느낀다고!" 에릭은 말했다.

나는 내가 크루아상 한 조각에 언짢아 할 아내가 아니기를, 그리고 사이먼이 빵부스러기 정도는 용케 숨길 줄 아는 남편이기를 바란다. 내 경우는 사이먼이 분만실에 들어와 주길 바랐지만, 그렇다고 그가 탯줄을 자르게 하고 싶지는 않았다. 다리털 왁싱을 하면서도 빽빽 비명을 질러대는 나는 자연분만에 적합한 후보자가 못 됐다. 진통이 문화적 산물이라고 생각되지도 않았다.

오히려 내가 걱정한 것은 제시간에 병원에 도착할 수 있느냐 하는 문제였다. 소개받은 병원은 도심 외곽에 있었다. 그래서 병원에 가는 길에 아기가 나올까 봐 걱정이 된 것이다. 택시나 제대로 잡을 수 있을까?

파리에 사는 영어권 여성들, 아니 정확히 말하면 임시로 거주하기 때문에 자가용이 없는 이들 사이에 떠도는 괴담에 의하면, 프랑스 택시기사들은 혹시라도 산모가 택시 안에서 양수를 쏟거나 분만을 하게 될까 봐 진통하는 산모는 잘 태우지 않는단다. 실제로 자동차 뒷좌석은 여러모로 이상적인 분만 장소가 아니다. 겁이 많은 사이먼은 《임신한 당신이 알아야 할 모든 것》에 나오는 가정 응급분만 페이지는 넘겨보지도 않았다.

저녁 8시 무렵, 진통이 시작됐다. 방금 사온 김이 모락모락 나는 타이푸드를 먹을 수 없게 됐다는 뜻이다. 다행히 길은 막히지 않았다. 사이먼이 택시를 불렀다. 나는 적어도 택시를 타는 동안만은 조용히 굴었다. 구레나룻이 있는 50대 택시기사가 내 비밀을 눈치채지 않도록. 하지만 그럴 수도 그럴 필요도 없었다. 택시가 큰길로 들어서자마자 나는 비명을 질러대기 시작했고, 그 소리를 들은 택시기사는 한껏 들떴다. 택시기사 생활 내내 이런 영화 같은 순간을 학수고대해 왔다는 것이다.

차가 어두운 파리 도심을 지나는 동안 나는 안전벨트를 풀고 택시 바닥에 쓰러져 점점 심해지는 진통으로 신음했다. 다리털 왁싱과는 비교할 수 없는 고통이다. 자연분만이라는 위선적인 환상도 일찌감치 버렸다. 사이먼이 창문을 열었다. 신선한 공기가 들어오게 하려는 목적도 있지만 다분히 내 비명소리를 감추기 위함이다.

택시기사가 점점 속도를 높였다. 머리 위로 가로등이 휙휙 지나갔다. 기사는 큰 소리로 25년 전 자기 아들이 태어났을 때의 무용담을 늘어놓고 있었다.

"제발 좀, 천천히……." 나는 바닥에 웅크린 채 진통 사이사이에 애원했다. 사이먼은 하얗게 질린 얼굴로 아무 말없이 똑바로 앞만 쳐다보고 있었다.

"지, 금……. 무……슨 생……각해?" 내가 물었다.

"네덜란드 축구." 그가 대답했다.

병원에 도착하자마자 기사는 응급실 입구에 차를 세워놓고 안으로 뛰어 들어갔다. 우리 부부의 출산 장면에 조연 자리라도 차지하고 싶은 모양이다. 잠시 후 기사가 땀을 뻘뻘 흘리고 숨을 헐떡이며 돌아와 외쳤다.

"다 준비됐어요!"

나는 건물 안으로 비틀거리며 들어갔고 사이먼은 기사에게 택시 요금을 지불하고 이제 제발 그만 가시라고 설득했다. 조산사를 보자마자 나는 내 생애 가장 정확한 프랑스어로 외쳤다.

"주 부드레 윈느 페리뒤랄(에피듀랄 주세요)!"

현금 다발이 있었다면 조산사 눈앞에 흔들어 보였을 것이다.

프랑스의 에피듀랄 사랑에도 불구하고 산모가 원하는 대로 처방하는 것은 아쉽게도 아니었다. 조산사는 나를 검사실로 데려가 자궁경부를 확인했고 잠시 곤혹스러운 얼굴로 나를 올려다보았다. 자궁 문이 10㎝는 열려야 하는데 겨우 3㎝밖에 열리지 않은 것이다. 이렇게 일찌감치 에피듀랄을 요구하는 산모는 없단다.

조산사가 지금껏 들어본 중 가장 편안한 음악을 들려주었다. 티베트의 자장가였다. 또 통증을 완화하기 위해 급히 수액을 달아주었다. 결국 나는 지쳐 잠에 빠졌다.

완전히 자연적이진 않아도 즐거웠던 분만 과정의 세세한 설명은 생략하기로 한다. 에피듀랄 덕분에 요가 동작 정도의 정확성과 강도로 분만을 할 수 있었다. 어쩌다 보니 마취전문의도 조산사도 의사도 모두 여성이었다. 아침 해가 떠오를 무렵, 아기가 나왔다.

아기 아빠가 당장이라도 생계를 위해 사냥(혹은 금융투자)을 하러 뛰쳐나가고 싶게끔, 갓 태어난 아기는 누구보다 아빠를 닮아있다는 얘기를 언젠가 책에서 읽은 적이 있다. 내 아기는 그냥 닮은 정도가 아니었다. 아기 몸에 사이먼의 얼굴이 달려있었다. 우리는 잠시 아기를 안고 있었다.

곧이어 병원에서 아기에게 시크한 프랑스식 배냇저고리를 입히고 머리에는 베이지색 비니를 씌웠다. 우리는 아기에게 적당한 이름을 하나 지어주었다. 하지만 그 비니 때문에 거의 대부분 사람들이 아기를 '빈'이라고 불렀다.

병원 지시에 따라 6일간 병원에 있었다. 일찍 떠날 이유가 없었다. 매 끼니마다 갓 구운 빵이 나왔고, 산책을 할 만큼 햇살이 적당한 정원도 있었다. 입원실에 비치된 와인 메뉴에는 샴페인도 포함돼 있었다. 3일째 되는 날부터는 계속 아기에게 "네가 '어제' 태어났으면 좋았을 걸." 하고 말했다. 사이먼은 우습다는 시늉도 하지 않았다.

프랑스에선 보편타당한 양육원칙을 강조하기 위해서라도, 모든 신생아에 엄격한 지시사항이 따른다. 태어나자마자 18세까지 소지해야 하는 흰색의 '카르네 드 상테carnet de santé(건강수첩)'를 지급받는다. 건강검진, 예방접종 내역이 기록되고 의사는 매번 아기의 키와 몸무게, 머리 크기 등을 기입한다. 아기에게 뭘 먹여야 하며 목욕은 어떻게 시키고 언제 검진을 받으러 가며 건강상의 이상 징후는 무엇인지 기본상식도 실려있다.

그러나 거기엔 빈의 변신 과정에 대한 언급은 없었다. 첫 달에 빈은 사이먼을 꼭 빼닮은 짙은 갈색 눈과 머리칼 상태였다. 심지어 사이먼처럼 보조개도 있었다. 나의 금발과 옅은 색 눈동자는 사이먼의 가무잡잡한 지중해식 머리카락과 눈동자와 맞붙어 1라운드에 KO패를 당했다.

그런데 2개월이 지나자 빈이 변신을 시작했다. 머리칼이 금발로 변했고 갈색 눈동자는 거짓말처럼 파란색이 됐다. 우리의 지중해성 아기가 갑자기 스웨덴 사람으로 변해버린 것이다.

빈은 서류상으로 미국인이며, 프랑스 시민권을 얻으려면 더 나이가 들어야 한다. 그런데도 한두 달만 더 있으면 빈의 프랑스어 실력이 나를 훨씬 뛰어넘을 것 같았다. 우리가 키우는 게 미국 여자애인지 프랑스 여자애인지 미지수다.

아니, 어쩌면 우리에게는 선택권이 없는지도 모른다.

⚜ 03 ⚜

밤새 잘 자는 아기들

생후 4개월이면 통잠을 잔다

03

빈을 데리고 퇴원한 지 몇 주가 지나자, 작은 안마당에서 마주치는 이웃들이 묻기 시작했다.

"엘르 페 세 뉘Elle fait ses nuits(아기가 밤을 하나요)?"

'아기가 밤새 잘 자나요?'라는 의미의 프랑스 표현이다. 처음에는 괜찮았다. '아기의 밤'을 기준으로 한다면 뭐, 잘 잔다고 볼 수 있을지도 모르니까. 하지만 그냥 밤이라면, 그렇지 못했다.

시간이 흐르자, 그 질문을 받으면 짜증이 밀려왔다. 당연히 빈은 '밤을 하지' 않았다. 이제 겨우 2개월밖에 안 됐지 않은가? 신생아들이 밤낮이 뒤바뀐다는 것쯤은 누구나 아는 사실이다. 밤 9시에 잠들어서 다음 날 아침 7시까지 푹 자는 신생아를 둔 사람은 행운아일 뿐이다. 대부분의 아기들은 돌이 되기 전에는 통잠을 자지 않는다. 심지어 네 살이나 되었는데도 한밤중에 깨어 울며 부모 방으로 쳐들어오는 아이도 많다.

영어권 친구들과 가족들은 달랐다. 그들은 적어도 개방형 질문을 던졌다.

“어떻게, 애가 잘 자긴 해?”

그마저도 실제 답변을 요구하는 질문이 아니라 피곤한 부모에게 감정 분출의 기회를 허락하는 말이다.

아기는 당연히 수면 박탈의 주범이다. 영국 일간지《데일리 메일》의 헤드라인은 한 침대회사가 의뢰한 연구결과를 인용해 이렇게 꼬집었다. “신생아 부모는 아기가 태어난 후 첫 2년 동안 총 6개월에 해당하는 수면을 박탈당한다.” 독자 하나는 공감의 댓글을 달았다. “슬프지만 사실이에요. 제 딸아이는 12개월 동안 단 하룻밤도 푹 자지 않았어요. 한번에 4시간이라도 자면 그나마 양반이죠.”

미국 국립수면재단의 조사에 따르면 유아의 46%가 밤중에 깨지만, 그 때문에 아이에게 수면문제가 있다고 생각하는 부모는 단 11%에 불과하다. 플로리다의 휴양지에서 본 한 아기의 티셔츠에는 이렇게 쓰여있었다. ‘새벽 3시, 내 요람에서 파티 있음!’

영어권 친구들은 아기마다 고유한 수면패턴이 있으므로, 부모가 거기에 맞춰야 한다고 생각한다. 어느 날 영국인 친구와 파리 거리를 걷고 있는데, 친구의 어린 아들이 품으로 기어올라와 셔츠 밑으로 손을 넣어 가슴을 쥐고는 잠이 들었다. 친구는 내가 그 둘만의 의식을 목격한 데 적잖이 당황했지만, “이렇게라도 해야 아이가 낮잠을 자.”라고 낮은 목소리로 속삭였다. 친구는 그 자세로 45분을 더 돌아다녔다.

사이먼도 나도 당연히 수면유도 전략을 취했다. 우선 젖을 먹인 다음 곧바로 잠들지 못하게 하는 게 관건이다. 그러기 위해 엄청난 노력을 기울였지만, 결국 효과는 없었다. 다음엔 다른 전략을 시도

했다. 낮 동안 빈을 밝은 곳에만 있게 하고 밤에는 어두운 곳에 있게 한 것이다. 매일 저녁 같은 시간에 목욕을 시키고 젖 먹이는 간격도 늘리려고 노력했다. 지방이 많은 음식을 먹으면 모유가 묽어진다는 말을 들은 뒤로는 며칠 동안 크래커와 브리 치즈만 먹기도 했다. 집에 놀러 온 뉴요커가 아기에게 자궁 속에서 들었던 소리와 유사한 백색소음을 들려줘야 한다는 말을 해준 후로는 몇 시간 동안이나 '쉭쉭~' 하고 소리를 내보기도 했다.

하지만 어떤 방법도 소용이 없었다. 3개월째의 빈은 여전히 밤이면 몇 번이고 깨어났다. 그러면 다시 재우기 위해 젖을 물리고 어르고 달래는 긴 의식을 치러야 했다. 잠든 것처럼 보여도 침대에 눕히기 전까지 한 15분은 그 상태로 안고 있어야 한다는 것도 터득했다. 미래를 차근차근 준비하는 타입인 사이먼은 갑자기 저주의 세계관에 휩싸였다. 밤마다 우울증에 빠져들었고 이런 일이 영원히 지속될 거라고 믿기 시작했다. 오히려 단세포적인 내 사고방식이 찬란한 진화의 성공사례로 보였다. 나는 이런 상황이 6개월 이상 지속될지 어떨지에 대해선 아예 생각조차 하지 않았다. 그저 하룻밤 하룻밤을 살아갈 뿐이었다.

또 하나 위로가 되었던 건 모든 게 예상대로였다는 것이다. 아기 부모는 당연히 잠을 잘 못 잔다. 내가 아는 거의 모든 부모들은 8~9개월은 돼야 통잠을 자기 시작했다고 말했다. 사이먼의 친구 하나는 자기 아들이 언제부터 깨지 않았는지 회상하며, 아내를 쳐다보면서 물었다.

"꽤 빨랐지 아마? 언제였더라? 12개월?"

파리에 사는 영국인 크리스틴은 16개월 된 아이가 밤새 푹 잤다며 자랑했다.

"여기서 밤새 잘 잤다는 말은 딱 두 번밖에 안 깼다는 뜻이에요. 그것도 한 5분씩밖에 안 깨 있었고요."

우리는 더 심한 일을 겪은 다른 부모들 이야기를 들으며 위안을 삼았다. 그런 예는 얼마든지 찾을 수 있었다. 교사인 내 사촌은 10개월이 된 아기와 한방에서 자는데 아직 복직을 하지 않은 이유가 밤새 아기에게 젖을 먹여야 하기 때문이다. 나는 자주 전화를 걸어 사촌에게 물었다.

"아기는 요즘 잘 자니?"

최악의 사례는 워싱턴DC에 사는 앨리슨이다. 앨리슨의 아들은 7개월인데, 생후 6개월까지 24시간 내내 2시간에 한 번씩 모유를 먹었다. 7개월부터는 간격을 4시간으로 늘렸다. 아이비리그 명문대 출신의 마케팅 전문가였지만 앨리슨은 일을 쉴 수밖에 없었다. 예민하고 독특한 아기의 수면 습관에 맞춰주는 수밖에 다른 방법이 없다고 생각한 것이다.

궁극의 대안은 아기가 울다 지쳐 잠들게 하는 '수면훈련sleep training'일 것이다. 책에서 읽은 적이 있다. 최소한 6~7개월은 돼야 시작할 수 있는 방법인 듯했다. 앨리슨 역시 이 작전을 썼다가 너무 잔인하다는 생각에 포기했다고 한다. 수면훈련에 대한 온라인 토론은 금세 떠들썩한 말다툼으로 변했다. 수면훈련 반대론자들은 그것이 기껏해야 이기적이고 최악의 경우 학대라고 주장했다. "수면훈련이라니 정말 역겹네요." 육아정보 잡지 《배블》의 온라인 게시판에 한 엄마가 단 댓글이다. 다른 엄마는 이렇게 썼다. "밤새 푹 자고 싶으면 아기를 낳지 마세요. 아니면 세 살 넘은 아이를 입양하든지."

수면훈련은 끔찍하게 들렸지만 이론적으로는 사이먼도 나도 이 방법을 지지했다. 다만 빈은 아직 어리다고 생각했다. 자기표현을 할 수 없는 아기가 밤중에 깨는 이유는 배가 고프거나 뭐든 요구할 게 있기 때문이다. 그리고 그게 원래 아기들의 일이다. 빈은 아직 어렸기에, 우리는 아기에게 굴복했다.

프랑스 부모들과도 이 주제로 이야기를 나눠보았다. 이웃사람들, 일 때문에 만난 사람들, 친구의 친구들이다. 다들 아기가 훨씬 일찍부터 통잠을 잤다고 주장했다. 사미아는 두 살배기 딸이 생후 6주부터 '밤을 하기' 시작했다고 말했다. 정확한 날짜까지 기록해 두었다. 이웃의 깡마른 세무공무원 스테파니는 아들 니노가 언제부터 '밤을 하기' 시작했냐고 물었더니 부끄러워했다.

"늦게, 아주 늦게요!"

언제냐고 다시 물었더니 조심스레 말한다.

"니노가 11월부터 밤을 하기 시작했으니까, 생후 4개월이었네요! 정말 늦은 거죠."

프랑스 사람들이 말하는 아기의 수면 이야기는 너무도 이상적이어서 거짓말처럼 들리기까지 한다. 파리 교외에 살면서 탁아소에서 일하는 알렉산드라는 두 딸이 거의 출생과 동시에 밤을 하기 시작했다고 말했다.

"신생아실에 있을 때부터 오전 6시에야 깨어나 젖병을 찾았어요."

프랑스에선 아기들 대부분이 분유만 먹거나 모유와 분유를 섞어 먹는다. 하지만 이게 결정적인 이유는 아닌 것 같았다. 아는 아기들 중에 모유를 먹으면서도 일찍부터 통잠을 잔 아기들이 있다. 아기가 생후 3개월 되었을 무렵 복직을 위해 모유를 끊은 엄마가 있었는데, 이미 그 무렵부터 밤새 잘 잤다고 한다.

처음에는 어쩌다가 운이 좋은 사람만 만난 거라고 생각했다. 그러나 시간이 지나자 그 비율이 압도적임을 알게 됐다. 프랑스에선 갓난아기 때부터 밤새 잘 자는 게 기본이었다. 미국에서 밤새 못 자는 아기들 얘기를 찾기 쉬운 것처럼, 프랑스에서는 끝내주게 잘 자는 아기들의 얘기를 쉽사리 찾을 수 있었다. 갑자기 이웃들이 덜 미워 보였다. 그들은 나를 괴롭히려고 질문을 던진 게 아니었다. 2개월 정도면 당연히 '밤을 하고' 있을 거라고 믿었던 것이다.

프랑스 부모라고 해서 당연히 아기가 태어나자마자 곧바로 밤을 할 거라고 생각하지는 않는다. 그러나 생후 2~3개월이 되었는데도 아직까지 자다 깨다를 반복하면, 그걸 참지 못하고 대체로 그 생활을 끝낸다. 프랑스 부모들은 밤에 깨어나는 것은 초기의 아주 일시적인 현상일 뿐, 아기의 특성과는 관계가 없다고 생각한다. 부모들 모두 최악의 경우라도 생후 6개월 이전에 밤새 잘 자게 되는 게 당연하다고 믿는다. "생후 6주부터 밤을 하는 아기도 있고, 제 리듬을 찾기까지 4개월이 걸리는 아기도 있다." 육아 잡지 《마망》의 한 기사 내용이다. 수면에 관한 베스트셀러 《잠, 꿈, 아이Le Sommeil, Le Rêve Et L'enfant》에는 이런 구절이 있다. "3~4개월 정도면 아기는 최소한 8~9시간을 완벽하게 잔다. 드디어 부모는 밤새 깨지 않고 오래도록 푹 자는 기쁨을 만끽하게 될 것이다."

물론 예외도 있다. 그래서 프랑스에도 아기 수면에 관한 책이나 소아 수면 전문의들이 존재한다. 생후 2개월부터 밤을 하다가도 다시 몇 개월 뒤부터 자다 깨다 하는 아이가 있다. 밤을 하기까지 1년이 걸린 경우도 있다고 들었다. 실제로 몇 년을 사는 동안 그런 아기를 만나본 적은 없지만. 빈의 친구 엄마인 마리온은 아들이 6개월부터 잘 자기 시작했다고 알려주었는데, 파리의 지인을 통틀어 가장 오래 걸린 경우다. 대부분은 건축가 폴의 아들처럼 저녁 8시부터 아침 8시까지 내리 12시간을 잔다.

정말 화가 나는 건 이 프랑스 부모들은 아기가 '언제부터' 밤을 하게 됐는지는 조잘조잘 잘 얘기해 주면서, '어떻게' 그게 가능했는지는 제대로 알려주지 않는다는 것이다. 리처드 퍼버Richard Ferber 박사가 개발한 퍼버 수면법 같은 방법론은 누구 하나 입에 올리지도 않는다. 그렇다고 오랫동안 아기를 울게 놔둔다는 사람도 없다. 내가 그런 수면훈련법도 있다고 말하면, 프랑스 부모들은 대부분 질색을 했다.

나이 든 분들에게 물어도 별반 도움이 안 된다. 홍보 일을 하는 50대 여성(이분은 그 연배에도 펜슬스커트를 입고 하이힐을 신고 출근한다.)은 내가 아기의 수면문제로 고민한다는 사실을 알고 충격을 받았다.

"아기를 재우기 위해 뭔가 주면 안 되나요? 그러니까 약이나 뭐 그런 거요."

그 여성은 나더러 아기를 다른 사람에게 맡기고 1~2주 정도 스파에 가서 몸을 회복하라고 권했다. 물론 내가 만나본 젊은 프랑스 부모들 중에서 아기를 재우기 위해 약물을 쓰거나 사우나로 숨어드는 사람은 한 명도 없다. 다들 아기 스스로 방법을 터득했다고 주장했다. 세무공무원 스테파니 역시 자기는 별로 한 게 없다고 말했다.

"결정은 아기가 하는 거죠."

경제지 기자인 서른세 살 파니도 비슷한 말을 했다. 그 집 아들 앙투안은 3개월 무렵부터 알아서 새벽 3시 수유를 끊으면서 통잠을 잤다고 한다.

"잠을 자기로 한 건 아들 녀석이죠. 전 아무것도 강요하지 않았어요. 아기가 먹고 싶어 할 때 먹였을 뿐이에요. 모든 걸 아이가 알아서 조절해 나갔죠."

파니의 남편 빈센트가 우리 얘길 듣고 있다가, 그 무렵에 파니가 직장에 복귀했다고 한마디 거들었다. 빈센트 역시 그게 우연의 일치가 아니었다고 생각했다. 앙투안이 엄마가 출근할 때가 되었다는 걸 스스로 이해했다는 것이다. 빈센트는 개미가 더듬이로 화학성분을 주고받아 대화하듯 엄마와 아기도 무언의 의사소통을 한다고 말했다.

"우린 느낌le feeling이라는 걸 믿어요. 아기들도 당연히 이해할 수 있을 거예요."

프랑스 부모들이 수면에 관해 몇 가지 조언을 해주긴 했다. 그러나 그 방법이란 것은 낮 동안 환한 곳에 두고 밤에는 어두운 곳에 두는 것 정도다. 낮잠을 자는 동안에도 환하게 해둔다고 한다. 또 해준 조언 하나는 출생과 동시에 아기를 조심스럽게 '관찰'하고 아기 본연의 '리듬'을 따라가라는 것이었다. 프랑스 부모들이 이 '리듬'이라는 단어를 얼마나 자주 언급하던지, 육아가 아니라 록밴드 얘길 나누는 게 아닐까 혼동이 올 정도였다.

"처음 6개월까지는 아기의 수면 리듬을 존중해 주는 게 엄마로서 최선이에요."

아이들 모두 출생과 동시에 밤을 했다는 알렉산드라의 말이다.

나도 종종 새벽 3시에 빈을 관찰하곤 했다. 모두가 말하는 리듬이 왜 우리 집엔 없는 걸까? 밤새 잘 자는 일이 '저절로' 가능해진다면, 우리에게는 그 '저절로'가 왜 일어나지 않는 걸까?

프랑스 친구 가브리엘에게 좌절감을 토로했더니 《잠, 꿈, 아이》를 읽어보라고 권했다. 저자 엘렌 드 레스니데르Hélène De Leersnyder는 수면문제를 전문으로 하는 파리의 유명 소아과 의사다.

책은 절망적일 만큼 이해가 안 됐다. 내가 직설적인 자기계발 스타일의 미국식 육아서에 익숙해 있던 모양이다. 엘렌의 책은 프랑스 소설가 마르셀 프루스트의 인용문으로 시작해 곧바로 잠에 대한 송시로 이어진다. "잠은 아이와 가족의 삶을 드러낸다. 침대로 가 잠들기 위해서, 부모와 몇 시간을 떨어져 있기 위해서, 아이는 반드시 제 몸이 계속 살아있을 거라고 신뢰해야 한다. 비록 스스로 몸을 통제할 수 없을 때조차도. 또 밤에 찾아오는 낯선 생각들을 맞이하기 위해서 반드시 마음이 평온해야 한다."

《잠, 꿈, 아이》는 아기가 '분리'를 받아들여야만 잘 잘 수 있다고 말한다. "평화롭고 평온한 긴 밤을 발견하고 고독을 받아들이는 자체가 아이가 슬픔을 이겨내고 내면의 평화를 회복했다는 증거가 아니겠는가?"

과학에 대한 언급조차 실존적이다. 우리가 흔히 렘REM수면이라고 일컫는 것을 프랑스에서는 역설수면paradoxical sleep이라고 부른다. 몸은 가만히 있으면서 마음은 극도로 활발하게 움직이는 상태이기 때문이란다. "자는 법을 배우는 것과 사는 법을 배우는 것은 결국 동의어가 아니겠는가?" 엘렌은 묻는다.

도대체 이 정보를 가지고 나더러 무엇을 하란 말인가? 나는 빈의 밤을 수용하는 메타이론을 찾는 게 아니다. 그저 아이가 잘 자기를 바랄 뿐이다. 프랑스 아기들이 밤새 잘 자는 이유를 부모들은 왜 모르고, 전문가란 사람은 왜 이렇게 시나 읊어대는 걸까? 밤새 잘 자고 쉬려면 대체 엄마는 어떻게 해야 좋단 말인가?

기이하게도 프랑스식 수면원칙에 대한 돌연한 깨달음을 얻은 것은 뉴욕에서였다. 친구와 가족도 만나고 미국식 양육의 현실을 직접 보기 위해 간 것이다. 상업용도의 건물이 주상복합 아파트로 탈바꿈한 로 맨해튼의 트라이베카에서 며칠을 지냈는데, 놀이터에서 여러 엄마들을 만날 수 있었다.

나는 그동안 양육에 관련한 책들을 많이 읽었다고 자부했다. 하지만 그 동네 사람들과 비교하니 나는 아마추어에 불과했다. 그들은 모든 책을 찾아 읽고, 수면, 훈육, 음식 등 각 주제마다 각기 다른 구루들을 찾아 어느 한 대중적 방향에 얽매이지 않는 디자이너 브랜드처럼 자기만의 육아 스타일을 조합해 내고 있었다. 나는 순진하게도 그런 트라이베카의 고수에게 '애착 육아'에 대해 입을 떼고 말았다. 그러자 그녀는 즉시 내 말을 바로잡아 주었다.

"난 그 용어가 맘에 들지 않아요. 자기 아기에게 애착이 없는 사람이 어디 있겠어요?"

아기를 재우는 문제로 화제가 넘어갔을 때, 나는 이 엄마들이라면 수많은 이론을 들어가며 '몇 번씩 깨곤 하는 아이들에 대한 불만'을 털어놓을 거라고 생각했다. 그런데 그러지 않았다. 트라이베카의 많은 아기들은 2개월 무렵부터 프랑스식으로 '밤을 한다'는 것이다. 사진작가인 한 엄마는 트라이베카 엄마들이 찾아가는 소아과 의사가 있다고 귀띔해 주었다. 이름이 미셸 코헨Michel Cohen이라면서 그들은 하나같이 미셸이라는 이름을 비틀스 노래 '미~이셸'로 발음했다.

"프랑스 사람인가요?" 나는 대담하게도 묻고 말았다.

"네."

"프랑스에서 온 프랑스 사람이요?"

"네, 프랑스에서 온 프랑스 사람이요."

나는 즉시 코헨과 약속을 잡았다.

병원 대기실에 들어서자 파리가 아닌 트라이베카에 와 있다는 게 실감이 났다. 신체에 맞게 설계된 의자에 1970년대 복고풍 벽지, 페도라를 쓴 레즈비언 엄마도 있다. 검정 탱크톱 차림의 안내직원이 다음 환자의 이름을 부르고 있었다.

"엘라? 벤자민?"

코헨이 밖으로 나왔을 때 그가 왜 엄마들 사이에서 선풍적인 인기를 끌고 있는지 단박에 알 수 있었다. 헝클어진 갈색머리에 사슴 같은 눈망울, 진하게 그을린 피부, 그것도 모자라 디자이너 브랜드의 셔츠를 반쯤 풀어헤친 채 버뮤다팬츠를 입고 샌들을 신고 있다. 코헨은 미국에서 20년이나 살았지만 여전히 매력적인 프랑스 억양을 간직하고 있다. 그는 오전 진료가 끝났다며 인근 카페에 나가 이야기를 나누자고 제안했다. 나는 기꺼이 동의했다.

코헨은 확실히 미국을 좋아했다. '지식인과 기업가에 대한 숭상'을 그 이유 중 하나로 꼽았다. 관리의료의 나라에서 온 그는 이웃 주치의로서 자기 입지를 만들고 싶어 했다. 그런 그의 열정은 잠깐 동안에도 십여 명의 행인이 이름을 부르며 인사를 건네는 모습에서 확인할 수 있었다. 그가 설립한 트라이베카 소아과는 다섯 개로 확장됐다. 표지에 자기 사진을 실은 《새로운 기본The New Basics》이라는 육아서를 출판하기도 했다.

코헨은 로 맨해튼에 몰고 온 혁신이 프랑스 덕분이라고 선뜻 말하지는 못했다. 그는 1980년대 후반에 프랑스를 떠나왔고, 그곳을 '신생아들이 병원에서 마구 울게 내버려두는 나라'로 기억하고 있었다.

"공원에 가면 아마 어김없이 맞고 있는 아이를 보게 될 걸요."

하지만 내가 파리에 있는 동안 공원에서 맞는 아이를 본 것은 딱 한 번뿐이었다. 그것도 가볍게 엉덩이를 때리는 정도. 시대적 차이는 있을지라도, 코헨이 전해준 '조언' 중 일부는 파리의 부모들이 내게 건넨 것과 정확히 일치했다. 아기 이유식은 곡물 간 것이 아니라 과일과 채소로 시작하라는 것도 그렇다. 알레르기를 과도하게 걱정하지도 않는다. 코헨 역시 '리듬'을 이야기했고 아이들에게 '좌절감에 대처하는 법'을 가르쳐야 한다고 말했다. 차분함도 중시했다. 아이의 안녕만이 아니라 부모의 '삶의 질'도 중요하게 여겼다.

그렇다면 코헨은 어떤 방법으로 트라이베카의 아기들이 통잠을 잘 수 있게 해준 걸까?

"가장 먼저 하는 조언은 아기가 태어난 직후 밤마다 칭얼댈 때 곧장 달려가지 말라는 것입니다. 아기 스스로 마음을 달랠 기회를 갖도록, 반사적인 반응을 하지 말라는 것이죠. 출생 직후부터요."

맥주 탓이었는지 그의 사슴 같은 눈망울 때문이었는지, 그가 그렇게 말할 때 약간 놀랐다. 프랑스에서 우는 아기에게 다가가기 전에 잠깐 멈추는 엄마나 베이비시터를 봤던 게 떠올랐다. 당시는 그게 의도적이거나 의미 있는 행동이라고는 전혀 생각하지 못했다. 솔직히 말하면 오히려 거슬렸다. 아기를 기다리게 하다니. 그래서는 안 될 것 같았다. 그렇다면 그게 프랑스 아기들이 일찍부터 잘 자는 비결이란 말인가? 약간의 눈물을 동반하는 비결?

잠깐 멈추라는 코헨의 조언은 아기를 '관찰'하는 행동의 자연스러운 연장선으로 보였다. 아기가 울면 곧바로 달려가 안아주는 것은 엄밀하게 말해 '관찰'이 아니다.

코헨에게 있어서 이 '라 포즈La Pause(잠깐 멈추기)'는 매우 중요하다. 그는 이것을 일찍부터 사용하면 아기의 수면에 커다란 차이를 만든다고 말했다. 그는 자기 책에 이렇게 썼다. "늦은 밤 일어나는 소란에 부모가 조금만 덜 반응하면 아기는 대체로 잘 잔다. 곧장 달려가는 부모일수록 그 아기는 참을 수 없을 정도로 반복적으로 깨기 쉽다."

코헨이 본 수면에 문제가 있는 아기들은 대부분 모유를 먹었다. 그러나 모유수유 자체가 큰 차이를 만드는 것 같지는 않다고 그는 말한다.

잠깐 멈추기가 필요한 이유는 '본래 아기는 자는 동안 많이 움직이고 소리도 많이 낸다'는 사실과 관계가 있다. 정상이고 괜찮은 상태다. 그러므로 아기가 조그맣게 우는 소리를 낼 때마다 부모가 달려가 안아준다면, 그 행동이 오히려 아기를 깨울 수도 있다.

잠깐 멈추기가 필요한 다른 이유는 '아이들은 약 2시간 정도 지속되는 수면 사이클 사이사이에 깬다'는 사실 때문이다. 아기가 이 사이클 사이를 연결하는 법을 터득하기 전에는 어느 정도 칭얼대거나 우는 게 정상이다. 하지만 부모가 이것을 배고픔이나 스트레스의 신호로 해석하고 곧바로 뛰어들어 아기를 달래준다면, 아기 스스로 수면 사이클을 연결시키는 방법을 배울 수 없게 된다. 다시 말해 각 사이클 말미마다 어른이 찾아와 달래줘야만 다시 잠이 들도록 '길들여지는' 것이다.

신생아는 스스로 수면 사이클을 연결할 수 없다. 그러나 약 2~3개월이면 그 방법을 터득한다. 물론 당연히 배울 기회가 주어졌을 때에만 그렇다. 코헨은 수면 사이클을 연결하는 법을 배우는 것이 자전거 타기와 비슷하다고 말해주었다. 일단 한 번 혼자서 잠드는 법을 터득하면, 다음엔 저절로 수월하게 해낸다는 것이다. 물론 때때로 한밤중이라도 젖을 먹이거나 품에 안아야 할 때가 있다고 한다. 그러나 그 전에 잠깐 멈추고 지켜봄으로써 정말 필요로 하는 게 있는지 아니면 단순히 사이클이 끝나서 그러는 건지 확실히 알 수가 있다. 코헨은 책에 또 이렇게 썼다. "아기의 요구가 계속 지속된다면 당연히 먹여야 한다. 아기가 자지러지듯 울 때까지 방치하라는 말이 아니다." 그가 강조하는 것은 아기에게 배울 기회를 주어야 한다는 것이다.

이것은 완전히 새로운 주장은 아니다. 미국의 수면 관련 책에서도 비슷한 내용을 읽은 적이 있다. 다만 수많은 조언들 사이에 섞여 눈에 띄지 않았다. 그래서 빈에게도 한두 번 시도해 봤지만 특별히 확신을 품고 해본 적은 없었다. 누구도 이 방법이 '가장 중요하며 꾸준히 지속해야 할 결정적인 한 가지'라고 일러주지 않았다.

코헨 덕분에 프랑스 부모들은 어떻게 아기를 잘 재우면서도 오랫동안 울게 놔두지 않는지, 그 수수께끼를 이해할 수 있게 됐다. 생후 2개월 때 부모가 '잠깐 멈추기'를 하면, 아기는 혼자서 잠드는 법을 배우게 된다. 그렇게 되면 부모도 '울리기'에만 의존할 필요가 없다.

잠깐 멈추기에는 수면훈련이 풍기는 야만적인 느낌이 없다. 오히려 수면'교육'에 가깝다. 그러나 이 교육의 적령기는 매우 짧다. 코헨에 따르면 만 4개월 이전에 마쳐야 한다. 그 시기를 넘기면 나쁜 수면습관이 자리 잡는다.

코헨은 트라이베카 소아과를 찾는 성과지향적인 부모들에게 자기 방법이 쉽게 먹힌다고 말한다. 오히려 좀 더 관대한 타입의 부모들은 아기가 원하는 대로 하는 쪽을 더 선호한다고 한다. 그런 사람들일수록 잠시라도 아기를 울리는 데 반대한다. 결국 코헨은 병원에 찾아온 대다수의 부모들을 설득해 냈다.

"저는 기본 원리를 설명하려고 했을 뿐입니다."

그는 부모에게 아기가 아니라 수면에 대해 가르쳤던 것이다.

파리로 돌아오자마자 프랑스 부모들에게 잠깐 멈추기를 하느냐고 물었다. 부모들은 당연하다고 대답했다. 너무 당연해 굳이 말로 표현할 필요조차 느낀 적이 없었단다. 대부분 아기가 태어나고 채 몇 주가 안 되었을 때부터 잠깐 멈추기를 시작한다.

출산 직후부터 아이들이 밤새 잘 자기 시작했다고 말한 알렉산드라는 당연히 아기들이 울자마자 곧바로 달려간 적이 없다고 대답했다. 때때로 5~10분 기다렸다가 안아준 적도 있다. 그녀는 아기가 수면 사이클 사이에 잠시 깬 건지 배가 고픈 건지 기저귀가 젖어서인지, 이도저도 아니라 그저 불안해서 우는 건지 파악하고자 했다.

곱슬머리 금발을 포니테일 스타일로 묶은 알렉산드라는 천생 엄마 같기도 하고 고등학생 치어리더 같기도 하다. 온화한 사람으로, 우는 아기를 못 본 척한다는 건 상상도 하기 어렵다. 그녀는 조심스럽게 아기들을 관찰한다. 아기가 우는 건 뭔가 하고 싶은 말이 있기 때문이라고 믿기 때문이다. 잠깐 멈추기를 하며 아기를 관찰하고 귀를 기울인다. 잠깐 멈추기를 하는 이유가 하나 더 있는데, 그건 아이에게 참을성을 길러주기 위해서라고 한다.

프랑스 부모들은 굳이 이 잠깐 멈추는 행위에 이름을 붙이지 않았다. 그저 상식으로 여겼다. 다들 그렇게 하고 있었고 암묵적으로 그게 중요하다는 걸 보여주고 배운다. 그만큼 단순한 일이기 때문이다. 감동적이고 독창적인 수면기법을 고안해낼 천재 따위는 필요가 없었다. 경쟁적인 여러 잡동사니 기법들을 일제히 소탕하고 진정한 차이를 만들어내는 한 가지 기법에 집중한 것이다.

'잠깐 멈추기'에 주목하고 나니, 이 방법이 프랑스에서 얼마나 많이 쓰이는지 절감할 수 있었다. 유명한 건강 포털사이트인 〈독티시모Doctissimo〉의 기사에 이런 구절이 있다. "답변을 내놓기 전에 먼저 질문에 귀를 기울이는 것은 상식이다. 아기가 울 때도 똑같다. 우는 아기에게 귀를 기울이는 것이 먼저다."

다시 《잠, 꿈, 아이》를 보니, 철학적인 내용들을 넘기고 나면 이런 대목이 나온다. "수면 사이클마다 부모가 끼어들면 매우 정교하고 정확하게 90분~2시간의 수면 사이클마다 깨어나는 수면문제의 원인이 된다."

장장 6개월간 매일 2시간마다 한 번씩 꼬박꼬박 젖을 물렸던 마케팅 전문가 앨리슨의 경우도 아기가 날 때부터 예민하고 독특했던 게 아니다. 그녀가 자기도 모르게 2시간마다 젖을 먹어야 한다고 아기에게 가르쳤던 것이다. 앨리슨이 아들의 요구에 응하고 있는 게 아니라, 아들이 앨리슨의 요구에 따라 곤혹스러운 식사시간을 강요받고 있었는지도 모른다.

프랑스에서는 앨리슨 같은 케이스를 들어본 적이 없다. 프랑스 사람들은 '잠깐 멈추기'를 첫째 해법으로 삼고 생후 몇 주부터 그 방법을 적용한다. 《마망》의 기사에 의하면, 생후 6개월 이전 아기의 수면 중 50~60%는 흥분한 상태의 수면이다. 그 상태에서 아기는 갑자기 하품을 하거나 몸을 쭉 펴며 기지개를 켜거나 심지어 눈을 떴다 감기도 한다. 기사는 말한다. "이를 호출로 해석하고 곧바로 달려가 아기를 안아준다면, 아기의 수면 열차를 탈선시켜버리는 실수를 저지르는 것과 마찬가지다."

아기가 잘 잘 수 있게 하는 방법으로 프랑스 부모들이 '잠깐 멈추기'만 하는 것은 아니다. 그러나 매우 중요한 요소임은 분명하다. 수면전문의 엘렌 드 레스니데르를 찾아갔을 때, 그녀는 내가 묻기도 전에 즉각 '잠깐 멈추기'를 언급했다.

"아기들은 잠을 자면서 눈동자를 굴리고 소리를 내고 빠는 시늉을 하기도 하고 이리저리 움직이기도 합니다. 하지만 실제로는 자고 있는 거지요. 그러니까 매번 다가가서 자는 걸 방해해서는 안 됩니다. 부모는 자기 아기가 어떻게 자는지 알아야 합니다."

"아기가 잠에서 정말 깨어난 거면 어떻게 하죠?" 내가 물었다.

"완전히 깨어나면 당연히 안아줘야죠."

미국 부모들과 잠에 대해 이야기할 때 과학을 언급하는 사람은 거의 없다. 효과 좋아 보이는 수면철학 중 어느 하나를 고르는 건 어디까지나 개인의 취향이라고 생각했다. 하지만 프랑스 부모들은 수면 사이클, 24시간 주기 리듬, 역설수면을 말한다. 그들은 아기가 밤에 우는 이유를 잘 안다. 그러므로 아기를 '관찰'할 수 있다는 건, 부모 스스로 이런 요소를 알아차리는 훈련을 하고 있다는 뜻이다. 프랑스 부모들은 일관되고 자신감 있게 잠깐 멈추기를 한다. 아기가 어떻게 자는지에 대한 충분한 이해와 정보를 바탕으로 의사결정을 하고 있는 것이다.

이런 배경에는 중대한 철학적 바탕이 존재한다. 프랑스 부모들은 아기가 잘 자도록 가르치는 것이 이후 위생습관, 균형 잡힌 식사법, 자전거 타는 법 등을 가르치는 것과 똑같은 '자신의 일'이라고 생각한다. 8개월이나 된 아기와 한밤중에 깨어 씨름하는 것은 헌신적인 부모의 징표가 아니다. 오히려 균형이 깨져있는 징후로 본다. 프랑스 엄마들에게 앨리슨 이야기를 들려주면, 모두들 불가사의한 일이라는 반응이다.

프랑스 사람들도 당연히 아이를 아끼고 각별하게 여긴다. 하지만 아이의 어떤 부분에는 어쩔 수 없이 생물학적인 공통점이 존재한다는 걸 인정한다. 내 아이가 남들과 다르게 잠을 자는 성향이라고 예단하기보다, 보편적인 과학 원리를 숙고해 본다.

'잠깐 멈추기'에 관한 깨달음으로 무장한 채 아기와 수면에 대한 과학문헌들을 더 찾아보기로 했다. 그 결과는 가히 충격적이었다. 미국 부모들은 아기와 '수면 전쟁'을 치르고 있는데, 미국의 수면연구자들은 그렇지 않았다. 그들은 아기를 잘 재우는 최고의 방법에 대해 대체로 의견일치를 보고 있었다. 그리고 그들의 권고는 압도적으로 프랑스식으로 들렸다.

프랑스 부모들과 마찬가지로 미국의 수면연구자들도 부모가 일찍부터 아기가 밤새 잘 잘 수 있게 적극적으로 가르쳐야 한다고 주장한다. 건강한 아기라면 생후 몇 주 만에라도 '울리기' 없이 밤새 잘 자는 법을 가르칠 수 있다고 말이다.

심지어 한 연구는 '부모 교육 및 예방'이 결정적이라고 결론짓고 있다. 임신부와 신생아 부모에게 수면과학을 가르치고 몇 가지 기본원칙을 제시하는 것까지 포함된다. 부모는 아기의 출생 직후 혹은 생후 몇 주부터 이 원칙을 따라야 한다.

연구자들은 모유수유를 계획 중인 임신부들을 추적조사한 논문을 소개한다. 그들은 일부 임신부들에게 두 페이지짜리 지시사항을 주었다. 거기에는 저녁에 아기를 재울 때는 낮과 밤의 차이를 알 수 있게 아기를 안거나 흔들어주거나 젖을 먹여서는 안 된다는 원칙도 포함된다. 또 생후 일주일 된 아기가 자정~새벽 5시에 울면 우선 속싸개로 감싸거나 토닥이거나 기저귀를 갈아주고, 그래도 아기가 계속 울 때만 젖을 주라는 내용도 있다. 출생 직후부터 아기가 진짜로 울 때와 자다가 칭얼댈 때를 구별해야 한다는 지시사항도 있다. 즉 아기가 우는 소리를 내면, 안아 올리기 전에 잠깐 멈추고 아기가 확실하게 잠에서 깼는지 확인해야 한다.

연구자들은 과학적인 근거도 제시한다. '통제집단'에게는 지시사항을 주지 않았던 것이다. 실험 결과는 놀라웠다. 생후 3주까지는 실험집단과 통제집단의 아기들 모두 비슷한 수면패턴을 보였다. 하지만 4주가 되자 실험집단의 아기 38%가 밤새 잘 잔 반면, 통제집단의 아기는 7%만이 밤새 잘 잤다. 생후 8주가 되자 실험집단의 아기 모두가 밤새 잘 잤고, 통제집단의 아기는 23%만 잘 잤다. 결론은 매우 감동적인 내용도 포함한다. "연구 결과, 모유수유는 한밤중에 잠에서 깨어나는 버릇과 상관이 없다."

'잠깐 멈추기'는 프랑스의 전통적 지혜의 산물이 아니다. 일찍부터 잘 자는 게 모두에게 이롭다는 식의 믿음도 아니다. 다양한 연구 결과는 다음과 같이 지적한다. "밤에 자주 깨어나는 것은 대체로 아동기 불면증의 진단범위 안에 들어간다."

잠이 충분하지 못하거나 수면에 어려움을 겪는 아이는 짜증, 공격성, 과잉행동, 충동제어결핍 같은 문제에 직면할 수 있으며 학습과 기억력에도 문제가 생길 수 있다는 보고가 늘고 있다. 사고를 당하기 쉽고 신진대사와 면역기능이 약해지며 전반적인 삶의 질이 떨어지기도 한다. 유아기에 시작된 수면문제가 수년간 지속될 수도 있다. 모유수유 엄마들을 대상으로 한 앞의 연구에서 실험집단 아기들은 이후 좀 더 안정적이고 예측가능하며 덜 산만한 아이로 자란 것으로 나타났다.

그동안 찾은 연구문헌들을 보면, 아기가 잠을 잘 못 자면 엄마의 우울증이나 가족기능의 저하 같은 간접적 영향도 주게 된다. 반면 아이가 잠을 잘 자면 부모의 결혼생활이 원만해지고 좋은 부모, 스트레스가 적은 부모가 될 가능성이 높다.

프랑스 아기들도 때때로 수면교육을 위한 '4개월 적령기'를 놓친다. 이런 경우 전문가들은 '울리기'와 유사한 극단적인 처방을 권한다. 미국의 수면연구자들도 여기에 반감을 갖지 않는다. 앞의 연구도 '갑작스럽게 끊기extinction(절멸)', '단계적으로 끊기(점진적 절멸)'를 통해 아기를 울리면 단 며칠 만에 커다란 효과를 보고 대체로 성공을 거둔다면서 이렇게 말한다. "절멸에서 가장 큰 장애물은 부모의 일관성 부족이다."

트라이베카의 프랑스인 소아과 의사 미셸 코헨도 4개월 적령기를 놓친 부모들에게 다소 극단적인 방법을 권한다. 먼저 저녁에 아기를 목욕시키고 노래를 불러주며 아기의 기분을 편안하게 해준다. 그런 다음 적당한 시간에 아기를 침대에 눕힌다. 아기가 아직 깨어 있을 때가 좋다. 그런 다음에 오전 7시까지 아기를 그냥 놓아둔다.

그러나 아기를 울릴 때도 프랑스식 요령이 있다. 보모로 일하는 노르망디 출신의 로랑스를 만나서 이 비결을 처음 배웠다. 경력 20년차의 베테랑인 로랑스는 아기를 울리기 전에 엄마가 '지금부터 무엇을 하려 하는지' 말해주는 게 매우 중요하다고 말한다.

"저녁이 되면 아기에게 말을 해주어야 해요. '네가 깨면 엄마가 한 번은 달래줄 거야. 하지만 그 다음부터는 일어나지 않을 거야. 잘 시간이니까. 엄마가 멀리 있지 않으니까 한 번은 가서 달래줄 거야. 하지만 밤새 그러지는 않을 거야.'"

로랑스는 아기의 월령과 무관하게 통잠을 재우려면 아기 스스로 해낼 수 있을 거라고 부모가 진심으로 믿어주어야 한다고 말한다.

"부모가 믿어주지 않으면 아무 효과가 없어요. 저는 늘 제가 돌보는 아기가 다음 날은 더 잘 잘 수 있을 거라고 믿어요. 비록 3시간 후에 또 깨어나더라도 희망을 잃지 않죠. 믿는 게 중요해요."

프랑스 아이들은 양육자의 기대를 충족시켜 주는 것 같다. 아니, 그 어떤 아기라도 잠을 잘 자는 아이로 키울 수 있을지 모른다. 아기들이 리듬을 갖고 있다는 걸 믿는 것만으로도 그 리듬을 찾는 데 도움이 된다.

'잠깐 멈추기'나 '울리기'가 효과적이라는 걸 믿기 위해선, 우선 어린 아기조차 뭔가를 배울 수 있고 좌절에 대처할 수 있는 '인간'이라는 걸 신뢰해야 한다. 코헨이 미국 부모들에게 심어준 것은 바로 이 프랑스식 사고법이었다. 4개월 무렵의 아기가 밤에 배가 고프면 어떻게 하느냐는 우려에 대해 그는 자기 책에 이렇게 썼다. "배가 고프다고 반드시 먹어야 하는 것은 아니다. 어른들도 한밤중에 공복감을 느낀다. 하지만 위도 쉬어야 한다는 걸 알고 먹지 않는 법을 배웠을 뿐이다. 아기들도 그렇게 하는 게 좋다."

그렇다면 프랑스인들은 성경 속 주인공들이 시련을 견뎌내듯 아기들이 엄청난 과정을 겪어내야 한다고 생각하는 것일까? 그렇지는 않다. 하지만 약간의 좌절이 아기를 망가뜨린다고 여기지도 않는다. 《잠, 꿈, 아이》는 이렇게 말한다. "매번 아기의 요구에 응해주고 '안 돼non'라는 말을 절대로 하지 않으면 아기의 인성 형성에 부정적 영향을 미친다. 밀고 넘어서야 할 장벽, 자신에게 주어지는 기대라는 장벽을 없애는 것이기 때문이다."

프랑스인들이 어린 아기에게 '푹 자는 법'을 가르치는 것은 게으른 부모의 이기적 욕심 때문이 아니다. 아이가 자립하고 혼자서 잘 해낼 수 있도록 첫 번째 교훈을 주는 것이다. 《마망》의 기사에 의하면 낮 동안 혼자 노는 법을 배운 아기들은 밤에도 혼자 침대에 누워 있는 것을 덜 불안해한다.

《잠, 꿈, 아이》의 저자 역시 아기들에게도 약간의 프라이버시가 필요하다고 한다. "어린 아기는 요람 속에서 배가 고프거나 갈증이

나지 않은 상태, 그렇다고 잠을 자는 것도 아닌 상태에서 그저 차분하게 깨어 혼자 있을 수 있다는 것을 배운다. 아주 어린 아기에게도 홀로 있는 시간이 필요하고, 엄마가 곧바로 달려와 지켜보지 않아도 스스로 잠이 들고 깨어날 필요가 있다."

저자는 아기가 자는 동안 엄마가 해야 할 일에도 지면의 일부를 할애한다. "엄마는 잠시 아기를 잊고 자기 자신을 돌본다. 샤워를 하고 옷을 입고 화장을 하고 아름다워질 시간이다. 자신과 남편, 다른 이들도 즐거워진다. 저녁이 오면 밤을 위해, 사랑을 위해 자신을 준비한다."

나는 현실에서 이 느와르 영화 같은 장면을 좀처럼 상상하기 힘들다. 사이먼과 나는 일정 기간 동안은 우리 삶을 빈에게 맞춰 조정해야 한다고만 생각했다. 그러나 프랑스 부모들은 그게 누구에게도 바람직하지 않다고 여긴다. 아기 역시 잠자는 법을 배우고 가족의 일원이 되어 다른 가족들의 필요에 맞춰가는 법을 배워야 한다고 말이다. 드 레스니데르는 상담 때 내게 이렇게 말해주었다.

"아기가 밤에 열 번을 깬다면 엄마는 다음 날 출근을 할 수가 없어요. 그래서 아기는 하룻밤에 열 번을 깨면 안 된다는 것을 이해하게 되지요."

"아기가 그걸 이해한다고요?" 내가 물었다.

"당연히 이해하지요."

"어떻게요?" 나는 눈을 동그랗게 뜨고 다시 물었다.

"아기는 모든 것을 다 이해하니까요."

프랑스 부모들은 '잠깐 멈추기'가 핵심이라고 생각한다. 그렇지만 만병통치약은 아니다. 그 바탕에는 인내와 사랑과 아기가 해낼 수 있다는 믿음과 습관이 있다. '잠깐 멈추기'가 효과를 발휘하는 이유는 부모가 아무리 작은 아기도 그저 단순한 생물 덩어리가 아니라는 것을 굳게 믿기 때문이다. 아기도 뭔가를 배울 수 있다. 아기의 리듬에 맞게 부드럽게 학습하면 좌절이나 장벽도 해가 되지 않는다. 부모는 그런 과정을 통해 아기가 자신감과 평온함, 타인에 대한 인식을 형성하게 해준다. 내가 목격한 프랑스 부모와 자녀 간의 상호존중 관계의 바탕이 그것이었다.

빈이 태어났을 무렵 이 모든 걸 알았더라면 얼마나 좋았을까?

우리는 빈에게 고통 없이 잘 자는 법을 가르칠 수 있는 4개월 적령기를 놓치고 말았다. 빈은 9개월인데도 여전히 매일 새벽 2시에 깼다. 결국 우리는 빈을 울리기로 단단히 마음을 먹었다. 첫날 빈은 12분 동안 울었다. 나도 사이먼과 꼭 끌어안고 같이 울었다. 그 후 아기는 다시 잠들었다. 다음 날에는 5분을 울었다.

세 번째 날 사이먼과 나는 둘 다 새벽 2시에 잠에서 깨어났다. 조용했다.

"그동안 빈이 우리를 깨워주고 있었나 봐. 우리가 그러길 바란다고 생각했나 봐." 사이먼이 말했다.

우리는 다시 잠이 들었다. 빈은 그 후로 밤새 잘 잤다.

프랑스 육아 용어 풀이

non 농: 안 돼. 절대로 안 돼.

⚜ 04 ⚜

기다려!

조르거나 보챈다고 원하는 것을
가질 수는 없다

04

프랑스 생활에 점점 익숙해져 갔다. 어느 날 아침 동네 공원에 산책을 다녀온 뒤, 나는 사이먼에게 우리가 드디어 국제적인 엘리트가 되었다고 당당히 선언했다.

"국제적인 것은 맞지만 엘리트는 아니잖아?" 사이먼이 시니컬하게 대꾸했다.

프랑스 안으로 점점 들어가고 있기는 했지만 여전히 미국이 그리웠다. 반바지 차림으로 슈퍼마켓에 갈 수 있는 것도 그립고, 낯선 사람에게 미소를 건네는 인사도 그립고, 실없는 농담과 장난도 그리웠다. 무엇보다 부모님이 그리웠다. 부모님과 칠천 킬로미터나 떨어진 곳에서 아이를 낳아 기르고 있다는 사실이 믿어지지 않았다.

엄마 역시 현실을 믿지 못하셨다. 엄마는 내가 커서 외국인과 결혼할까 봐 걱정이 태산이셨다. 얼마나 걱정을 했는지, 내 머릿속에까지 '외국인과 결혼해선 안 된다'는 생각이 각인될 정도였다. 파리에 오셨던 날, 엄마는 사이먼과 나와 저녁을 먹으러 갔다가 식사 도

중 갑자기 울음을 터뜨리셨다.

“대체 미국에는 없고 여기에만 있는 게 뭐란 말이니?” 엄마는 이해할 수 없다는 투였다.

프랑스에 사는 게 꽤나 수월해졌지만 진짜로 동화된 것은 아니었다. 오히려 아기가 생기고 프랑스어를 더 잘할 수 있게 되면서, 내가 외국인이라는 사실이 더 실감나게 다가왔다. 빈이 밤을 하게 된 후 정부에서 운영하는 탁아소 크레쉬crèche에 들어가게 되었다. 면담을 하러 가자 빈이 공갈 젖꼭지를 쓰는지 수면자세는 어떤지 등 온갖 질문이 쏟아졌다. 빈의 예방접종 기록과 비상연락처까지 준비해 갔지만, 정작 우리를 쩔쩔매게 한 질문은 그런 것이 아니었다. 가장 난처한 질문은 바로 이것이었다.

“수유는 하루에 몇 번이나 하십니까?”

아기에게 언제 젖을 먹이는가 하는 것 역시 미국 부모들 사이엔 뜨거운 논쟁거리다. ‘푸드 파이트food fight’라 할까? 한쪽은 정해진 시간에만 수유해야 한다는 파, 다른 쪽은 아기가 배고플 때마다 먹여야 한다는 파로 나뉜 싸움. 웹사이트 〈베이비센터〉에는 5~6개월 아기들의 수유 스케줄이 각기 다른 여덟 종류로 제시돼 있는데, 그중에는 하루 10회 일정도 있다.

우리 역시 갈팡질팡했지만, 결국 절충안에 도달했다. 빈이 잠에서 깨면 먹이고 자기 전에도 먹인다. 그 사이사이에는 배고파 할 때마다 먹인다. 분유든 모유든, 아기가 호소할 때 먹일 수 있다면 뭐든 동원한다는 태세였다.

우리의 수유방식을 알려주었더니, 크레쉬 직원은 마치 어린아이에게 자동차 키를 넘겨주기라도 한 것 같은 표정으로 쳐다보았다. 우리가 아이를 제대로 먹일 줄도 모르는 부모로 보이나? '파리에 살면서도 아기를 미국인처럼 키우다니?' 하는 한심한 시선이라는 것쯤은 간파할 수 있다. 크레쉬 직원의 표정으로 미루어 보아, 프랑스에선 수유 역시 논쟁거리가 아님을 짐작할 수 있다.

프랑스 부모들은 어떤 빈도로 아기에게 수유를 할지 고민하지 않는다. 대략 4개월부터 대다수 프랑스 아기들은 정해진 시간에만 먹는다. 수면기법처럼 수유 역시 여럿 중 하나를 골라야 할 문제가 아닌 것이다.

신기하게도 거의 대부분의 프랑스 아기들이 동일한 시간에 먹는다. 마치 전 프랑스 유아의 식사시간이 정해져 있기라도 한 것처럼. 통상 오전 8시, 정오, 오후 4시, 오후 8시다. 프랑스인들이 좋아하는 양육가이드 《당신의 아이Votre Enfant》에 4~5개월 아기의 수유 일정은 이것 하나뿐이다.

심지어 프랑스에선 '먹이기feeds'라는 용어를 쓰지 않는다. 소에게 건초를 던져주는 느낌이 나기 때문이다. 이들은 수유가 아닌 '식사'라고 부른다. 그 식사 일정 역시 성인에게 익숙한 아침, 점심, 저녁에다 오후 간식을 하나 넣은 형태다. 즉 프랑스 아기들은 생후 4개월 무렵부터 평생 맞춰 살아갈 식사 일정을 따르는 셈이다.

이 정도면 틀림없이 국가 차원의 아기 식사 캠페인 같은 게 있다고 생각하기 쉽다. 하지만 정작 프랑스 부모들을 만나 물어보면, 굳이 어떤 지침을 따르려는 게 아니라 아기의 '리듬'에 맞추다보니 대략 식사시간이 비슷해진 것 같다는 식의 대수롭지 않은 반응이다.

더 어려운 수수께끼는 프랑스 아기들이 어떻게 4시간이라는 긴 공백을 기다리는가 하는 점이다. 빈이라면 당장에 난리가 날 것이다. 우리 부부도 전전긍긍하긴 마찬가지고. 이 대목에서 나는 프랑스에선 거의 모든 곳에 수많은 기다림이 존재한다는 걸 감지하기 시작했다. 아기가 깨어나 울면 부모는 잠시 기다린다. 한 번 젖을 먹고 다음번까지 아기는 긴 시간을 기다린다. 식당에서 음식이 나올 때까지 보채거나 칭얼대지 않고 기다리는 수많은 어린아이들도 보았다.

프랑스인들은 집단적으로 아이들로 하여금 기다림을 행복하게 받아들이게 하는 기적을 이뤄낸 것 같다. 프랑스와 미국 아이들 간에 어떤 생물학적 차이가 존재하는 걸까?

나는 유명한 실험 하나를 떠올렸다. 그리고 세계적 권위자인 월터 미셸Walter Mischel에게 이메일을 보냈다. 컬럼비아 대학교 심리학과 석좌교수인 그는 현재 여든이다.[4] 이미 그가 쓴 자료와 논문을 찾아 읽었다. 이메일로 내가 프랑스에 거주하며 프랑스식 육아를 연구한다고 소개를 하고 통화를 할 수 있느냐고 물었다.

놀랍게도 몇 시간 후 즉각 답장이 왔다. 그 역시 파리에 와 있다는 것이다. 그는 '커피 마시러 오겠느냐'고 가볍게 물었고, 이틀 후 나는 그의 지인 아파트 부엌 식탁에 그와 마주 앉았다.

미셸은 여든은커녕 일흔으로도 보기 힘들 만큼 강골이고, 어린아이처럼 다정했다. 오스트리아 태생인 그는 조국이 나치 치하에 놓이자 가족과 함께 브루클린으로 이주했다. 비엔나에서 교양 있고

4 이 책은 2012년에 첫 출간되었다. 월터 미셸은 2018년에 세상을 떠났다. (편집자)

안락한 중산층이었던 그의 부모는 싸구려 잡화점을 열어 근근이 살아갔다. 비엔나에서 조금은 우울하게 지냈던 어머니는 오히려 활발한 성격으로 변했지만 아버지는 신분의 몰락이 가져온 충격을 끝내 회복하지 못했다.

어린 시절의 경험 탓에 미셸은 영원한 국외자의 시선을 갖게 되었고, 평생 한 가지 질문을 품고 살아가게 되었다. 인간의 속성이 고정된 것이 아니라 환경에 좌우된다는 생각이 그것이다. 미셸은 1960년대 후반 스탠퍼드 대학교에서 그 유명한 '마시멜로 실험'을 고안했다. 흔히 '즉각적인 만족 지연 실험'이라 불리는 연구다.

네다섯 살 아이를 탁자 위에 마시멜로가 놓인 방으로 데려간다. 실험원은 아이에게 '잠깐 자리를 비울 것이며 자기가 돌아올 때까지 마시멜로를 먹지 않으면 마시멜로를 하나 더 주겠다'고 말한다. 그러나 마시멜로를 먹는다면 그것 하나로 끝이다. 힘든 실험이었다. 1960년대부터 1970년대에 걸쳐 실험에 참가한 653명의 아이들 중 15분 동안이나 마시멜로를 먹지 않고 참아낸 아이는 삼분의 일에 불과했고 대다수는 30초 정도밖에 기다리지 못했다.

미셸은 1980년대 중반에 이르러, 실험에 참가했던 아이들의 성장과정을 추적했다. 그리고 눈에 띄는 상관관계를 발견했다. 마시멜로를 먹지 않고 더 오래 참아낸 아이들일수록 모든 영역에서 높은 평가를 받았다. 특히 집중과 추론 영역에서 우수했다. 미셸과 동료들이 발표한 1988년 보고서에 따르면, "잘 기다렸던 아이들은 스트레스 상황에서도 쉽사리 무너지지 않는 경향이 있다."

즉각적인 만족을 지연하도록 습관화하면 정말 아이들이 더 차분하고 회복력이 좋아질까? 원하는 걸 즉시 얻어내는 데 익숙한 미국의 중산층 아이들은 스트레스 상황에 취약할까? 왜 프랑스의 부모들은 미셸 같은 과학자들이 권하는 대로 하고 있었던 것일까?

원하는 걸 즉시 얻어내 온 빈은 차분했다가도 몇 초 만에 돌연 신경질적으로 변해버리곤 했다. 미국에선 유아차에서 내려달라고 악을 쓰는 아이들, 갑자기 도로를 내달리는 아이들의 모습이 일상 풍경과도 같다. 하지만 파리에서는 그런 걸 거의 본 적이 없다. 프랑스 아기들은 원하는 걸 즉각 얻지 못해도 신기할 만큼 침착하다. 프랑스 가정에 놀러 가 보아도 아이들이 울며 떼를 쓰거나 불평하는 모습을 찾아보기 힘들다.

프랑스에서는 작은 기적을 자주 목격한다. 아이를 데려온 어른들이 차분히 커피를 마시고 조용히 대화를 나눈다. 심지어 기다림도 교육의 일부다. 소란을 피우는 아이가 있을 때 프랑스 부모들이 '조용히 해'나 '그만해' 같은 말보다 더 자주 쓰는 말이 있다. 그들은 매우 엄격하고 날카로운 어조로 말한다. "아탕attend(기다려)!"

미셸은 마시멜로 실험을 프랑스에선 하지 않았다. 하지만 오랫동안 프랑스를 지켜봐 온 사람으로서 프랑스와 미국 아이들의 차이점을 발견할 수 있었다고 한다. 그는 미국 아이들이 점점 더 자제심을 잃어간다고 걱정했다. 당신 손주들도 마찬가지라고 한다.

"딸아이와 통화하는데 손자가 잡아 끌어서 전화를 끊어야 할 때가 있어요. 딸아이가 그 녀석한테 왜 엄격하게 말하지 않는지 영 맘에 안 듭니다. 엄마가 통화할 때는 기다릴 줄 알아야 하지요."

기다릴 줄 아는 아이가 있으면 가족의 삶도 더욱 즐거워진다.

"프랑스 아이들은 제가 어릴 때처럼 비교적 규율 있게 자라는 것 같아요. 프랑스 친구들이 어린 손주나 자녀를 데려와도 함께 저녁

식사를 할 수 있지요. 프랑스 아이들은 조용히 바르게 행동할 테고 저녁식사도 즐거울 거라는 기대치가 있거든요."

여기서 '즐거움'이라는 말은 중요하다. 프랑스 부모는 아이가 쾌활해선 안 되고 군소리 없이 시키는 대로 고분고분해야 한다고 여기지는 않는다. 단, 스스로를 통제할 줄 알아야 즐길 자격이 있다고 생각할 뿐이다.

프랑스 부모는 흔히 아이들에게 '사쥬sage(현명하게 하라)'라고 말한다. 미국 부모들이 '착하게 굴라be good'고 입버릇처럼 말하듯 프랑스에선 "현명하게 해라."라고 말하는 것이다. 그 안에는 좀 더 큰 뜻이 담겨있다. 누군가의 집을 방문할 때 내가 빈에게 착하게 행동하라고 말하면, 아이는 그 시간 동안 길들여진 행동을 해야 하는 야생동물 취급을 받는 것과 같다. 착해지라는 말엔 아이의 본성은 그것과 정반대라는 숨은 뜻이 담겨있다. 그러나 '현명하게 하라'는 말은, 이미 빈에게 있는 올바른 판단력을 발휘해 다른 사람을 의식하고 존중하라는 뜻이다. 아이 스스로 자신을 통제하고 상황에 대처할 수 있는 지혜를 갖고 있다는 뜻이다. 아이를 믿는다는 뜻을 함축하기도 한다.

현명하게 행동한다고 둔해진다는 뜻이 아니다. 프랑스 아이들은 대개 무척 재미있게 논다. 주말이면 빈은 친구들과 함께 공원에서 몇 시간이나 함성을 지르고 웃으며 내달린다. 탁아소에서도 쉬는 시간이나 노는 시간에 한바탕 떠들썩하게 논다. 파리는 공식적인 놀이 기회도 풍성하다. 반면 인내심과 주의력을 요구하는 아동영화 축제, 연극, 요리강좌 등도 많다.

내가 아는 프랑스 부모들은 아이들이 풍부한 경험을 갖고 음악과 미술을 다양하게 접하기를 바란다. 그러나 그 경험들을 완전히 흡수하려면 인내심이 필요하다고 생각한다. 프랑스에선 불안해하고 짜증내고 까다롭게 구는 아이보다 자제력을 발휘해 차분하게 있는 아이가 더 즐겁게 놀 수 있다. 물론 프랑스 부모들도 아이에게 어른과 똑같은 무한한 인내심이 있다고는 생각하지 않는다. 교향곡 전곡을 감상하거나 공식적인 연회에서 몇 시간이고 자리를 지키고 앉아있을 거라는 기대가 아니다. 통상 몇 분 혹은 몇 초 정도의 인내이다.

하지만 그 짧은 기다림이 큰 차이를 만든다. 프랑스 아이들이 울고불고 심한 떼를 쓰지 않는 비결이 좌절감에 대처하는 내적인 원천을 길러냈기 때문이라는 걸 지금은 나 역시 믿게 되었다. 프랑스 아이들은 원하는 걸 즉각 받을 거라고 기대하지 않는다. 프랑스 부모들의 자녀교육 방식은 커다란 맥락에서 '마시멜로를 곧바로 먹지 않는 법을 가르치는 것'과 일맥상통한다.

평범한 아이에게도 기다림을 가르칠 수 있을까? 빈처럼 이미 인내를 힘겨워하게 된 아이에게도?

월터 미셸은 마시멜로 실험에서 머뭇거리는 아이들의 모습을 비디오테이프로 찍어 관찰했다. 결과는 단순했다. 기다리지 못한 아이들은 마시멜로 자체에만 집중한 반면, 기다린 아이들은 스스로 주의를 딴 데로 돌리고 있었다.

"잘 기다리는 아이들은 그동안 혼자서 조그맣게 노래를 부르거나 제 귀를 잡아당기거나 발가락 장난을 치며 게임을 하는 법을 터득합니다."

스스로 주의를 딴 데로 돌릴 줄 모르고 그저 마시멜로에만 집중한 아이들은 결국 마시멜로를 집어먹고 말았다. 미셸은 기다릴 줄 아는 의지력이 금욕주의에서 오는 게 아니라고 결론 내렸다. 금욕보다는 오히려 기다림을 '덜' 짜증스럽게 만드는 법을 배우고 터득하는 게 관건이다.

"기다림을 덜 짜증스럽게 만드는 방법은 정말 많습니다. 그중 가장 단순하고 직접적인 게 스스로 주의를 딴 데로 돌리는 것이죠."

부모가 아이들에게 '주의 돌리기 전략'을 구체적으로 가르쳐줄 필요는 없다. 단지 기다리는 법을 실천할 수 있게 해주면, 나머지는 아이 스스로 배우고 터득한다.

"부모가 조금만 더 관심을 갖고 지켜보면 어린아이들의 인지적 능력이 얼마나 특별한지 알 수 있습니다. 그런데도 종종 양육 과정에서 그런 점이 쉽게 평가절하되는 게 안타깝습니다."

아! 이게 바로 그동안 프랑스 부모들에게서 목격해 왔던 것이었다. 아이들에게 주의를 딴 데로 돌리는 기술 따위를 노골적으로 가르치지는 않는다. 다만 기다림을 실천할 기회를 많이 준다.

한 흐린 토요일 오후, 통근열차를 타고 파리 동쪽의 교외로 나갔다. 친구의 소개로 그녀의 친척을 만나기로 했다. 마르틴은 30대 중반의 미인으로 노동 관련 변호사로 일한다. 응급실 의사인 남편과 두 아이와 함께 작은 숲속에 있는 현대식 단독주택에 살고 있다.

마르틴의 집은 언뜻 우리 집과 구조가 비슷해 보였다. 거실에는 줄지어 장난감이 놓여있고 거실 바로 옆에 입구가 트인 주방이 이어진다. 주방가구가 스테인리스인 것도 똑같다.

하지만 비슷한 점은 여기까지다. 아이가 둘이나 있는데도 마르틴의 집은 우리 부부가 늘 꿈만 꾸었던 모습처럼 차분하고 깔끔하다. 우리가 들어갔을 때 마르틴의 남편은 거실에서 노트북으로 일을 하고 있었고, 한 살 오귀스트는 소파에서 낮잠을 자고 있었다. 개구쟁이처럼 짧은 커트머리를 한 세 살 폴레트는 부엌 식탁에 앉아 작은 용기에 컵케이크 반죽을 붓고 있다. 반죽이 다 차자 그 위에 색색의 사탕가루를 뿌리고 신선한 빨강 구스베리를 올린다.

마르틴과 나는 이야기를 나누려고 식탁에 마주 앉았다. 하지만 나는 폴레트와 컵케이크에서 시선을 뗄 수가 없었다. 폴레트는 완전히 심취해 있었다. 반죽을 먹고 싶은 유혹도 참아내면서 말이다. 일을 다 마치고 나서야 엄마에게 주걱에 묻은 반죽을 핥아먹어도 되냐고 물었다.

"안 돼. 하지만 사탕가루는 먹어도 돼."

마르틴은 폴레트에게 사탕가루 몇 숟가락을 따로 그릇에 담아서 먹으라고 말해주었다.

내 딸 빈은 폴레트와 동갑이다. 하지만 혼자서 저토록 복잡한 일을 할 수 있을 거라고는 상상조차 해본 일이 없었다. 내가 도와주겠다고 하면 아마 빈은 거부할 거고 엄청난 스트레스와 함께 한바탕 떼쓰기가 벌어질 것이다. 내가 등을 돌릴 때마다 빈은 반죽과 베리와 사탕가루를 집어먹겠지. 그런 상황에서 손님과 차분하게 대화를 나누는 건 꿈도 꿀 수 없다. 자연히 매 주말마다 똑같은 일을 다시 하고 싶을 리 없다. 그러나 프랑스에서는 매주 의식처럼 빵을 굽는다. 주말에 프랑스 가족의 집에 찾아갈 일이 생기면 어김없이 케이크를 굽고 있거나 오전에 구워놓은 케이크를 대접했다.

처음에는 내가 손님이라서 그러는 줄 알았다. 하지만 곧 나와 전혀 상관이 없다는 걸 깨달았다. 파리에선 주말마다 빵 굽기 대회가 열린다. 아이들은 혼자서 앉을 수 있는 나이만 돼도 매주 혹은 격주로 이 행사에 참여한다. 그릇에 밀가루를 붓고 바나나를 으깨는 정도의 단순한 일만 시키는 게 아니다. 프랑스 아이들은 달걀을 깨뜨리고 계량컵으로 설탕을 재서 붓고 불가사의한 자신감으로 반죽을 젓는다. 그리고 혼자서도 완전한 케이크를 만들어낸다.

케이크 만들기의 결과물은 케이크만이 아니다. 아이들은 스스로를 통제하는 법을 배운다. 순서대로 재료를 측정하고 차례차례 붓고 굽기까지, 모두 참을성을 기르기 위한 완벽한 가르침이 된다. 이렇게 구운 케이크도 즉시 먹지 않고 오후 간식시간인 '구테goûter'에 먹는다.

나로선 비상용품으로 과자를 챙기지 않고 돌아다니는 엄마를 상상하기 힘들다. 《뉴욕타임스》 기자인 제니퍼는 모든 활동, 모든 시간대에 간식이 포함된다고 불평한다. "우리 사회는 아이들이 제 몫의 간식 배에 뭔가를 채우지 않고서는 어떤 활동도 할 수 없다는 데 집단적 합의를 본 게 틀림없다."

프랑스에서는 구테가 공식적이자 유일한 간식시간이다. 통상 아이들이 학교에서 돌아온 오후 4시 무렵이다. 다른 식사시간처럼 정해져 있고 시간을 엄수한다. 구테를 보면 프랑스 아이들이 왜 그렇게 식사를 잘하는지 어느 정도 이해할 수 있다. 아이들은 하루 종일 간식을 따로 먹지 않기 때문에 정말로 배가 많이 고픈 상태다.

교외에 사는 마르틴 역시 아이에게 인내심을 길러주기 위한 플랜 따위를 마련한 적이 없다고 했다. 그들 가족의 일상이 곧 즉각적 만족을 보류할 줄 아는 법을 배우는 과정이다. 마르틴도 가끔은 폴레트에게 사탕을 사준다. 하지만 그 사탕도 구테에만 먹을 수 있다. 몇 시간을 기다려야 해도 폴레트는 익숙하다. 가끔씩 딸에게 이 규칙을 새삼 상기시켜 줘야 할 때가 있지만, 폴레트도 반항하지 않는다.

심지어 구테에도 맘껏 먹을 수 있는 것이 아니다. 프랑스의 음식 작가 클로틸드 뒤술리에Clotilde Dusoulier는 거의 매주 케이크를 구웠던 자신의 어린 시절을 회상한다. "좋았던 건 케이크를 먹을 수 있었다는 것이다. 그러나 동전의 반대 면처럼 엄마는 그 정도면 충분하다고 말씀하시곤 했다. 아이들에게 절제를 가르치신 것이다."

식사에서 시간만이 인내심 훈련 요소는 아니다. 어떻게, 누구와 함께 먹느냐 역시 포함된다. 프랑스 아이들은 아주 어렸을 때부터 코스 요리에 적응한다. 적어도 전채, 메인, 후식이 있다. 부모와 함께 먹는 것에도 익숙해 인내심을 배우는 데 더 적합하다. 유니세프에 따르면 부모와 함께 식사하는 횟수가 주 5~6회인 15세 청소년은 프랑스의 경우 90%, 미국과 영국의 경우 약 67%다.

프랑스에선 식사를 서둘러 하지도 않는다. 프랑스 사람들은 통상 미국 사람들보다 식사에 들이는 시간이 두 배가량 된다. 당연히 자녀에게도 그 식사 속도를 물려준다.

마르틴의 집에 갔을 때 오븐에서 컵케이크가 나온 시간은 다행히도 구테였다. 폴레트는 즐겁게 컵케이크를 두 개나 먹었다. 하지만 마르틴은 입에도 대지 않았다. 성인이 먹을 몫이 아니기 때문이다. 이 역시 프랑스 부모들이 자녀에게 기다리는 법을 가르치는 하나의 방식이다. 부모 스스로가 기다림의 모범이 되는 것이다.

마르틴도 딸에게 완벽한 참을성을 기대하지 않는 것 같았다. 폴레트는 때로 물건을 떨어뜨리거나 실수를 한다. 하지만 실수에 과도하게 반응하지 않는다. 빵을 굽는 일이나 기다리는 일이나 모두 기술을 쌓아가는 연습이라고 생각하기 때문이다. 다시 말해 마르틴은 인내심을 가르치는 일에도 인내심을 발휘하고 있었다.

폴레트가 우리 대화에 끼어들려고 하자 마르틴은 말했다.

"2분만 기다려줄래? 엄마가 지금 대화 중이잖니?"

예의를 갖추었으면서 동시에 매우 단호했다. 마르틴은 상냥한 어투로, 그러면서도 폴레트가 자기 말을 따라줄 것임을 굳게 확신하며 말했다. 마르틴은 아이들이 아주 어렸을 때부터 인내심을 가르쳐왔다. 폴레트가 아기였을 때는 울기 시작한 뒤 5분을 기다렸다가 안아주었다. 당연히 폴레트는 2개월 반 만에 밤을 하기 시작했다.

마르틴은 아이들에게 혼자 노는 법도 가르쳐주었다.

"가장 중요한 것은 아이 혼자서도 행복할 수 있는 법을 배우는 거예요."

혼자 놀 수 있는 아이는 엄마에게 덜 의존하는 법을 스스로 터득한다. 분명 프랑스 엄마들은 다른 누구보다 이걸 키워주려 노력한다. 미국과 프랑스의 대졸 엄마들을 대상으로 한 연구에서 미국 엄마들은 '아기가 혼자 놀도록 격려하는 게 중요한가?'라는 물음에 대다수가 '보통 그렇다'고 답한 반면 프랑스 엄마들은 '매우 그렇다'고 답했다.

이 능력을 중시하는 부모들은 아기가 혼자 잘 놀 때는 그냥 가만히 놔둔다. 아이 자신의 리듬을 통해 신호를 알아채는 게 중요하다는 것이다. 아이가 노느라 바쁘면 그냥 혼자 놔둔다. 이 대목에서도 프랑스 엄마들은 직관적으로 최고의 과학을 따르는 듯하다. 월터 미셸은 18~24개월 아이를 키우는 최악의 장면을 이렇게 꼬집었다. "아이는 저 혼자 노느라 분주하고 행복한데, 엄마는 시금치를 잔뜩 집은 포크를 들고 뒤를 졸졸 쫓아다니는 모습!"

"아이가 제 일에 분주해 부모를 필요로 하지도 않는데 끼어들고, 부모를 몹시 필요로 할 때는 옆에 있어주지 않을 때 상황이 나빠질 수 있습니다. 그러므로 육아에서 중요한 것은 아이의 신호에 민감하게 주목하는 것입니다."

미국 정부가 육아의 효과에 대해 수행한 연구에서도 양육자의 '민감성sensitivity'이 특히 중요하다는 게 드러났다. 민감성이란 아이가 세상을 경험해 가는 과정에 양육자가 얼마나 잘 맞춰주느냐 하는 정도다. 이 연구의 후기에는 이런 구절이 있다. "민감한 부모는 아이의 요구와 분위기, 관심과 능력을 이해한다. 그 인식을 통해 아이와의 상호작용을 이끌어나간다."

물론 어느 부모든 자기 자녀가 참을성 있는 사람이 되길 바랄 것이다. '인내는 미덕'이라는 말도 있지 않은가. 끊임없이 아이들에게 나눠라, 차례를 기다려라, 식탁을 차려라, 피아노 연습을 하라고 주문한다. 하지만 프랑스 부모들처럼 참을성이라는 기술을 열심히 가르치지는 않는다. 수면문제처럼 인내 역시 아이의 기질문제로 보는 경향이 있기 때문이다. 참을성이 많은 아이를 둔 것은 운의 영역이라고 생각한다.

프랑스 부모들은 이러한 중요한 능력에 대해 자유방임으로 일관하는 것에 깜짝 놀란다. 즉각적으로 욕구를 충족시켜 줄 것을 끊임없이 요구하는 자녀란 곧 삶의 재앙이나 다름없다고 여기기 때문이다.

파리에서 열린 한 저녁파티에서 이 주제를 꺼내자, 파티 주최자였던 프랑스 기자가 미국에 체류했을 때의 이야기를 들려주었다. 그는 판사인 아내와 같이 미국인 가족 집에 주말 내내 체류했다. 양쪽 집 아이들은 그때 처음 만났고, 아이들 나이는 일곱~열다섯 살에 걸쳐 다양했다.

얼마 지나지 않아 주말은 불쾌한 경험이 되어갔다. 몇 년이 흘렀는데도 부부는 미국 아이들의 버릇없는 모습을 기억하고 있었다. 걸핏하면 어른들의 대화에 불쑥불쑥 끼어들고, 정해진 식사시간도 없이 아무 때나 냉장고를 열고 음식을 꺼내 먹었다. 그들 부부 눈에는 이 미국 아이들이 모든 결정권을 쥐고 있는 것처럼 보였다.

"정말 거슬렸던 건 애들 부모가 '안 돼'라는 말을 절대 하지 않는다는 것이었어요."

"완전히 넹포르트 쿠아n'importe quoi였죠." 그의 아내가 덧붙였다.

그리고 그것은 전염성이 있었다.

"최악은 우리 아이들도 어느새 '넹포르트 쿠아'를 따라 하더라는 거예요."

얼마 후 프랑스인들이 미국 아이들을 언급할 때면 곧잘 '넹포르트 쿠아'라는 단어를 쓴다는 걸 알게 됐다. '아무려면 어때.'라는 뜻이다. 아이들은 단호한 경계가 없고 부모들도 권위가 부족하며 뭐든 괜찮다는 식으로 일관한다는 의미다. 프랑스 부모들이 말하는 '카드르cadre(틀)'와는 정반대다. 카드르란 매우 단호한 제한이 존재하고 부모가 그걸 엄격하게 강제한다는 뜻이다. 대신 아이들은 그 틀 안에서 무한한 자유를 누린다.

물론 미국 부모들이라고 무조건 관대하기만 한 것은 아니다. 그러나 프랑스의 부모들과는 제한의 종류가 다르다. 프랑스 부모들은 미국 부모들이 두는 제한이 오히려 충격적이라고 여긴다. 노르망디 출신의 보모 로랑스는 미국인 가정에선 절대 다시 일하지 않겠다고 결심했다. 몇 달 전 미국인 가정에서 일하다가 그만두며 품게 된 결심이다. 동료들 중에도 비슷한 결심을 한 이들이 있다고 한다.

"아무려면 어떠냐는 식은 정말 곤란해요."

로랑스는 미국인 가정에는 울고 떼를 쓰는 아이들이 훨씬 많았다고 했다. 마지막으로 일한 미국인 가정에는 여덟 살과 다섯 살, 18개월의 세 아이가 있었다. 다섯 살 여아는 징징거리기가 '국가대표급'이었다. 언제라도 뚝뚝 떨어뜨릴 수 있도록 눈물을 그렁그렁 매단 채 징징거렸다. 로랑스는 그런 아이를 못 본 척해야 한다고 믿었다. 그래야 울기 행위가 강화되지 않을 테니까. 하지만 아이 엄마는 우는 시늉만 해도 당장에 달려와 즉각 항복했다.

18개월 남아는 더 심했다고 한다.

"늘 '조금 더, 조금 더'라고 했어요."

아기는 점점 더 커지는 요구가 충족되지 않으면 신경질적으로 돌변했다고 한다.

"그런 상황에선 아이가 행복하기 힘들어요. 스스로도 당황해 어쩔 줄을 몰라 하죠. 반면 체계가 잘 잡힌 가정, 엄격하진 않아도 카드르가 조금 더 있는 집에선 모든 일이 훨씬 더 매끄럽게 돌아갑니다."

로랑스는 애들 엄마가 두 아이의 식사량을 조절해 달라고 요청했을 때, 이제 한계에 도달했음을 느꼈다. 로랑스는 원칙대로 균형 잡힌 식사를 시키겠다고 하고 요청을 거절했다. 하지만 자기가 저녁 8시 반쯤 아이들을 재우고 돌아온 후에 애들 엄마가 몰래 쿠키와 케이크를 먹여왔다는 사실을 알게 되었다.

"아이들이 튼튼했어요." 로랑스는 뚱뚱하다는 말을 에둘러 표현했다.

이 일화가 편견에 의한 것일 수도 있다. 모든 미국 아이들이 그렇게 행동하지도 않고, 프랑스 아이들 역시 모두 절제되어 있는 것은 아니다. 하지만 실제 우리 집에 미국 가족들이 놀러 오면 '아무려면 어때'식으로 행동하는 걸 많이 본다. 파리까지 와서도 어른들은 아이들 뒤를 쫓아다니거나 아이들을 돌보며 많은 시간을 보낸다.

'제한 두기setting limit'가 프랑스만의 창작품은 아니다. 수많은 미국 부모나 전문가들도 제한을 중요시 여긴다. 하지만 종종 '아이들도 자기 견해를 표현할 권리가 있다'는 주장과 충돌한다. 내 경우도 빈이 원하는 것, 즉 물 대신 사과주스를 마시고 싶어 하거나 공주드레스를 입고 공원엘 가고 싶어 하거나 엄마 품에 안겨 다니려는 것 등이 아이 고유의 표현방식이라고 느낄 때가 있다. 모든 걸 양보해도 안 되지만, 매번 아이의 욕구를 막는 것은 잘못, 아니 해로울 수도 있다는 생각이 든다.

한편으론 우리 빈이 코스 요리를 얌전히 끝까지 먹거나 내가 통화하는 내내 혼자 조용히 놀 수 있을 것 같지 않다. 심지어 나 스스로 빈이 그러기를 원하는지조차 모르겠다. 아이의 자유로운 영혼을 짓밟는 건 아닐까? 표현력을 억눌러서 미래의 페이스북 창시자가 될 가능성의 싹을 잘라버리는 것은 아닐까? 이런 의문 때문에 종종 조건부로 항복하곤 한다.

나만 그런 게 아니다. 빈의 생일에 한 아이가 빈의 선물과 자기 선물 두 개를 들고 왔다. 영어권 출신인 아이 엄마는 빈의 선물을 사러 갔다가 아이가 조르는 바람에 어쩔 수 없었다고 했다. 심지어 내 친구 낸시는 아이와의 기싸움에 져주어야 하는 새로운 근거를 고안해 냈다. 아이에게 절대 'No'라고 하지 않으면 아이도 그 말을 배우지 못해 부모에게 'No'라고 대들지 않게 된다는 것이다.

하지만 프랑스에선 '농non(안 돼)'이라는 단어에 양가적인 감정이 존재하지 않는다. 프랑스의 양육 금언은 이것이다. '아이에게 좌절감을 가르쳐야 한다.'

내가 가장 좋아하는 프랑스 동화책 《완벽한 공주Princesse Parfaite》에서 주인공 조에는 어느 날 크레페 가게로 엄마를 잡아 끈다. "크레페 가게 앞을 지나가는 동안 조에는 엄마를 졸라대며 떼를 썼어요. 블랙베리 잼을 바른 크레페가 몹시 먹고 싶었거든요. 하지만 엄마는 방금 점심을 먹었으니 안 된다고 했지요."

페이지를 넘기면 조에가 표지에 등장하는 완벽한 공주 옷을 입은 채 또 다시 크레페 가게 앞을 지나간다. 이번에는 갓 구운 브리오슈 더미를 보지 않으려고 스스로 눈을 가리고 있다. 조에는 좀 더 현명하게 굴고 있는 것이다. "조에는 유혹에 넘어가지 않으려고 반대쪽으로 고개를 돌렸어요."

조에는 원하는 것을 손에 넣지 못했던 첫 번째 장면에서 울었다. 그러나 두 번째 장면에서 조에는 스스로 딴 데로 주의를 돌리며 웃고 있다. 이 책의 메시지는 아이는 언제나 유혹에 굴복하고 싶은 충동을 갖게 마련이라는 것이다. 그러나 스스로 현명하게 대처하고 통제할 때 더욱 행복해진다. 이 동화에서 또 하나 알 수 있는 것은 프랑스 부모들은 아무리 어린 딸이라고 해도 공주 옷을 입고 밖에 나가는 걸 허락하지 않는다는 점이다. 파티나 가장놀이를 제외하고 이런 옷차림을 엄격히 규제한다.

심지어 《행복한 아이A Happy Child》라는 책에서 프랑스 심리학자 디디에 플뢰Didier Pleux는 아이를 행복하게 하는 가장 좋은 방법이 좌절을 주는 것이라고 주장한다. “아이를 놀지 못하게 하거나 안아주지 말라는 뜻이 아니다. 아이의 취향, 리듬, 개성은 당연히 존중해야 한다. 다만 아이는 아주 어릴 때부터 이 세상은 혼자 살아가는 곳이 아니며 모두를 위한 시간과 공간이 있다는 걸 배워야 한다.”

언젠가 빈을 데리고 밝은색의 줄무늬 티셔츠가 깔끔히 정돈된 옷가게에 간 일이 있다. 빈은 완벽하게 개놓은 셔츠들을 곧바로 끌어내리기 시작했다. 꾸짖어도 멈추지 않았다. 사실 나는 어린아이라면 이 정도 말썽은 예삿일이라고 생각해 왔다. 그래서 별 악의는 없는 어투였지만 판매직원이 “이런 아이는 처음 보네요.”라고 했을 때 몹시 당황했다. 바로 사과를 하고 얼른 가게 밖으로 나왔다.

월터 미셸은 아이에게 항복하는 것은 위험한 악순환의 출발점이라고 말한다.

“엄마가 아이에게 기다리라고 말했는데, 아이가 비명을 질렀더니 엄마가 곧장 달려와서 기다림이 끝난다? 그러면 아이는 ‘아, 이렇게 하면 기다리지 않아도 되는구나.’ 하고 배웁니다. 기다리지 않고 비명을 질렀는데, 안겨 다니고 싶다고 울며 떼를 썼는데, 오히려 그런 행동이 보상을 받게 된 셈이죠.”

프랑스 부모들도 당연히 자기 아이에게 독특한 기질이 있는 걸 기뻐한다. 하지만 동시에 건강한 아이라면 울며 떼를 쓰지 않고 ‘안 돼'라는 한마디에 무너지지 않으며, 조르거나 원하더라도 그걸 바로 움켜쥘 수 없다는 걸 당연하게 여겨야 한다고 생각한다.

프랑스 부모들은 아이의 돌연한 요구를 카프리스caprices(충동적 변덕)로 보는 경향이 크다. 이런 경우 '안 돼'라고 해도 문제될 게 없다. 한 심리학자는 이렇게 조언한다. "아이가 카프리스를 부리면, 즉 쇼핑 중에 갑자기 장난감을 사달라고 조르면 차분하고도 다정하게 장난감을 사는 것은 오늘의 계획이 아니라고 설명해야 한다."

그런 다음 아이의 관심을 다른 방향으로 돌려 카프리스를 넘겨야 한다는 것이다. 자기 얘기를 들려주는 것도 한 방법이다. 이 심리학자에 의하면 아이는 언제나 부모가 자신의 이야기를 해주는 걸 흥미롭게 여긴다. 그는 또한 이 과정 내내 엄마는 아이를 안아주거나 눈을 맞추는 등 매우 친근한 상호작용을 해야 한다고 조언한다. "그럼에도 아이에게 모든 걸 즉시 가질 수 없다는 것을 가르쳐주어야 한다. 모든 권력을 쥐고 모든 것을 할 수 있으며 모든 것을 가질 수 있다는 생각을 갖지 않도록 이해시켜야 한다."

프랑스 부모들은 아이에게 좌절감을 안겨주는 게 해가 될지 모른다는 걱정은 하지 않는다. 오히려 아이가 좌절감에 대응하지 못하는 게 더 해롭다고 생각한다. 좌절감에 대응하는 것은 핵심적인 삶의 기술이기 때문이다. 이를 가르치지 않는다면 태만한 부모다.

보모 로랑스는 요리를 하는데 아이가 음식을 집어달라고 하면, "지금은 집어줄 수가 없어."라고 말하고 그 이유를 설명해 주는 것으로 충분하다고 말한다. 자기가 돌보는 아이들이 언제나 그런 상황을 잘 받아들이지는 않지만, 단호함을 유지하고 아이 스스로 실망감을 표현하도록 놔둔다고 한다.

"물론 아이를 돌보는 내내 울리지는 않죠. 하지만 울면 그냥 울게 놔둬요. 혹은 저로선 달리 해줄 수 있는 게 없다는 걸 아이에게 설명해 주죠."

로랑스는 한 번에 여러 명을 돌보기 때문에 이런 상황이 종종 벌어진다. "한 아이를 돌봐야 하는데 다른 아이가 저를 원할 때가 있어요. 그 아이까지 안아줄 수 있다면 분명히 그렇게 하겠지만, 할 수 없다면 그냥 울게 놔둡니다."

아주 어린아이도 기다릴 줄 알아야 한다는 이 프랑스식 기대치는 '어린아이는 얌전하고 복종해야 한다'고 여겼던 프랑스 양육의 암흑기에서 부분적 원인을 찾을 수 있다. 그러나 아기 역시 뭔가를 배울 수 있는 이성적인 존재라는 믿음 또한 바탕에 있다. 이런 관점으로 보면 빈이 울 때마다 젖병을 물려주었던 우리는 빈을 중독자처럼 취급했던 셈이다. 아이에게도 인내심이 있다고 믿어주었다면, 그게 오히려 아이를 존중하는 자세였을 것이다.

프랑스 전문가들은 '잠'과 마찬가지로 '안 돼'라는 반응에 대응하는 법을 배우는 것 역시 아동발달의 결정적인 단계라고 여긴다. 아이에게 '이 세상에는 내 요구보다 더 강력한 요구를 지닌 타인이 존재한다'는 것을 이해시키는 교육이다. 프랑스의 한 소아정신과 의사는 생후 3~6개월부터 이 교육을 시작해야 한다고 말한다. "엄마가 아이를 조금 기다리게 만들면, 아이의 정신에는 현실적인 차원이 유입되기 시작한다. 2~4세 아이들이 스스로 인간이 되기 위해 전적인 권한을 포기하고 견디게 되는 것은 부모가 매일매일 사랑과 더불어 약간의 좌절을 부과한 덕분이다. 이 포기가 늘 요란할 필요는 없지만 반드시 거쳐야 하는 통과의례임에는 분명하다."

프랑스식으로 보면 내가 변덕을 맞춰준 것은 빈에게 아무런 도움이 되지 않는다. 그들은 아이가 '안 돼'라는 말을 들어야만 제멋대로 구는 독재자가 되지 않는다고 믿는다. "어린 나이에는 기본적으로 끝이 없는 요구와 욕망을 갖게 마련입니다. 매우 기본적인 욕구죠. 그 과정을 멈추기 위해 부모가 존재하는 것이고 아이는 이때 당연히 좌절을 겪지요." 파리에서 영어가 통용되는 진료소를 운영하는 가족심리학자 캐롤린 톰슨Caroline Thompson의 말이다.

프랑스인 어머니와 영국인 아버지를 둔 톰슨은 부모가 무언가에 대해 '안 돼'라고 말할 때, 아이가 때로 불같이 화를 내기도 한다고 지적한다. 영어권 부모들은 이 화를 부모로서 뭔가 잘못했다는 신호로 해석한다. 그러나 아이의 화를 나쁜 양육의 징후로 오해해서는 안 된다고 톰슨은 경고한다. "부모가 아이한테 미움받기 싫어서 좌절을 안겨주지 않는다면, 아이는 자신의 탐욕과 요구에 무조건 관대해지는 독재자가 되고 말 것입니다. 부모조차 막아주지 못한다면 아이는 스스로를 막아낼 수 없죠. 그것이 향후 훨씬 더 큰 염려와 불안을 불러옵니다."

톰슨의 주장은 프랑스식 양육법과 견해를 같이한다. 아이가 한계를 만나 좌절감을 느끼고 거기에 대응해 나갈 때, 더욱 행복하고 회복탄력성이 높은 사람이 된다는 것이다. 그리고 일상에서 자연스럽게 좌절감을 접하게 하는 주된 방법이 바로 아이로 하여금 약간 기다리게 하는 것이다. 잠을 잘 때 '잠깐 멈추기'를 하듯, 프랑스 부모들은 이 방법에 대해서도 공통의 합의를 본 듯하다. 기다림을 여러 방법론 중 하나가 아니라 자녀양육의 매우 중요한 토대로 여긴다.

지금도 프랑스 사람들이 거의 비슷한 수유 스케줄을 따른다는 게 신기하기만 하다. 누가 시킨 것도 아닌데 왜 거의 비슷한 시간에 먹게 된 걸까? 프랑스 엄마들은 연신 리듬, 융통성, 아이들의 개성에 대해 열을 올리며 이야기한다. 그러나 이내 그들이 굳이 말로 표현하지 않는 몇 가지 기본원칙을 당연시한다는 걸 알게 됐다.

첫째, 생후 몇 개월이면 매일 비슷한 시간대에 먹어야 한다.

둘째, 여러 번 조금씩 먹기보다 서너 번 많이 먹어야 한다.

셋째, 아기 역시 가족의 리듬에 맞춰가야 한다.

강제하진 않지만, 이 세 가지 원칙을 지키게 되면 정해진 스케줄에 맞춰지는 것이다. 양육서 《당신의 아이》는 "첫 몇 달은 아기가 원하는 대로 먹이되, 점차 융통성 있게 일상생활과 더욱 조화를 이루도록 정해진 시간에 맞춰가는 게 이상적"이라고 한다. 아기가 오전 7~8시 무렵에 깨고, 수유 간격이 4시간 정도 되어야 한다면 어느새 자연스럽게 전국적인 식사 스케줄을 따르게 되는 셈이다. 오전, 정오, 오후 4시, 저녁 8시로 말이다. 오전 10시 반에 아기가 울어도 점심시간까지 기다렸다가 그때 충분히 먹는 게 아기에게도 좋다고 여긴다. 이 리듬에 아기가 적응하려면 어느 정도 시간이 걸린다. 부모는 서두르지 않고 이 일정에 아기를 점차 적응시킨다. 결국 아기도 어른들처럼 익숙해지고, 부모 역시 익숙해진다. 종국엔 온 가족이 같은 시간에 함께 식사를 한다.

마르틴 역시 첫 몇 달 동안에는 폴레트가 달라는 대로 젖을 먹였다고 한다. 3개월째엔 수유 간격을 3시간으로 늘리기 위해 아기가 울 때면 산책을 나가거나 포대기에 싸서 안아주었다. 수유 간격을 4시간으로 늘릴 때도 같은 방법을 썼다. 그 과정에서 아기를 오래

울린 적은 한 번도 없었다고 한다. 그런데도 아기는 점차 하루 4번 이라는 수유 리듬에 적응해 나갔다.

"정말 융통성을 발휘해 가며 했어요. 융통성 있는 게 좋으니까요."

이때 중요한 전제는 아기에게 자신만의 리듬이 있듯 가족과 부모도 리듬이 있다는 생각이다. 프랑스에서는 이 둘이 균형을 이루는 게 이상적이라고 본다. 《당신의 아이》에는 이렇게 쓰여있다. "부모와 아이 각자 권리가 있기 때문에 모든 결정은 타협인 셈이다."

빈이 단골로 가는 소아과 의사는 하루 4번 수유하라는 말을 한 번도 한 적이 없다. 빈이 또 한 번 진찰을 받으러 갔는데, 마침 의사가 출장 중이라 대신 빈 또래의 딸을 둔 젊은 여의사가 와 있었다. 그녀에게 수유 스케줄을 묻자 하루 4번 먹이라고 말했다. 그러더니 포스트잇 하나를 뜯어 수유시간을 써주었다. 아침, 정오, 오후4시, 저녁 8시. 나중에 빈의 주치의에게 왜 진작 일정을 알려주지 않았느냐고 물었더니, 미국 부모에게 수유 스케줄을 알려주면 너무 곧이곧대로 받아들여서 일부러 말하지 않았다고 했다.

몇 주나 걸렸지만 우리도 이 일정에 맞게 빈을 유도해 보았다. 마침내 빈도 기다릴 줄 아는 아이라는 게 밝혀졌다. 물론 약간의 시행착오는 필요했다.

프랑스 육아 용어 풀이

attend 아탕: 기다려. 멈춰. 프랑스 부모들이 아이에게 하는 명령어. 아이가 즉각적인 욕구충족을 요구하지 않으며 혼자서 잘 놀 수 있다는 뜻이 함축되어 있다.

cadre 카드르: 틀 혹은 구조. 이상적인 프랑스 양육을 묘사하는 시각적 이미지. 아이들에게 견고한 제한을 두되 그 안에서 커다란 자유를 주는 양육을 말한다.

caprice 카프리스: 보통 울며 떼쓰기를 동반하는 아이의 충동적인 변덕, 일시적인 생각, 요구. 프랑스 부모들은 카프리스에 응해주면 오히려 해롭다고 생각한다.

crèche 크레쉬: 종일제로 운영하는 프랑스의 탁아소. 정부 지원과 규제를 받는다. 프랑스의 중산층 부모들은 대체로 보모나 사설 가정에서의 집단 양육보다 크레쉬를 선호한다.

goûter 구테: 아이들이 오후 4시 반 무렵 먹는 간식. 하루 중 유일한 간식이다.

n'importe quoi 넹포르트 쿠아: 아무래도 좋다. 상관없다. '상관없다'는 식의 아이는 제한 없이 혹은 다른 사람에 대한 배려 없이 행동한다 .

sage 사쥬: 현명하고 얌전한. 자신을 통제할 줄 알고 활동에 몰두하는 아이를 일컫는 말. 프랑스에서는 "착하게 굴어라." 대신 "현명하게 행동해라."라고 말한다.

⚜ 05 ⚜

작고 어린 인간

아이는 2등급 인간도, 부모의
소유물도 아니다

⚜ 05 ⚜

빈은 1.5세가 될 무렵 '물속의 아기들'이라고 부르는 '수중환경 적응 프로그램'에 등록했다. 구청에서 운영하는 유료 수영강좌로 매주 토요일 지역의 공공수영장에서 열렸다.

개강 한 달 전 담당자가 부모들을 모아놓고 사전 오리엔테이션을 했다. 다른 부모들도 우리와 비슷했다. 아기에게 수영을 가르치기 위해 토요일 오전 추위를 무릅쓰고 유아차를 밀고 나온 사람들이었다. 가족을 대상으로 한 수영강좌는 45분 동안 진행되고, 남성은 반드시 트렁크가 아닌 삼각 수영복을 입어야 한다고 했다.

우리 가족은 수영장에 도착해 공동탈의실에서 수영복으로 갈아입었다. 그리고 다른 부모, 아기들과 함께 수영장으로 들어갔다. 빈은 플라스틱 공을 이리저리 만져보기도 하고 미끄럼틀을 타거나 작은 보트에서 뛰어내리기도 했다. 강사가 딱 한 번 우리 쪽으로 헤엄쳐 오더니 자기소개를 하고 다시 멀어져갔다. 어느새 강좌가 끝나고, 다음 수강생들이 수영장으로 들어오고 있었다.

나는 생각했다. '첫 수업이라 간단히 소개만 하고 끝나나 보다. 다음 주에 본격적으로 시작하겠지.' 그런데 다음 주 수업도 똑같았다. 물을 튀기며 놀 뿐 발차기, 호흡법, 영법 같은 걸 가르쳐주는 사람은 없었다. 체계적인 지도 같은 건 전혀 존재하지 않았다. 가끔 강사가 헤엄쳐 옆을 지나면서 우리가 잘 놀고 있는지 확인만 했다.

이번에는 내가 강사를 붙잡고 '내 딸에게 언제부터 수영을 가르칠 거냐'고 물었다. 강사는 너그러운 표정으로 웃으며 대답했다.

"'물속의 아기들'에서는 수영하는 법을 가르치지 않습니다." 그는 당연하다는 듯 말했다. 나중에야 알게 된 사실이지만, 파리 아이들은 보통 여섯 살부터 수영을 배운단다.

그럼 우리는 여기서 뭘 하고 있는 거지? 강사 말에 의하면 이 강좌의 목적은 아기들이 물을 '발견'하고 물속에서의 감각을 '일깨우는' 것이란다. 뭐? 빈은 이미 욕조 안에서 물을 '발견'했다. 그러니 나는 빈이 수영을 하기를 원한다! 가능한 한 빨리. 만 2세면 수영을 할 만하다. 그래서 돈을 내고 혹한의 토요일 아침에 온 가족을 끌고 침대 밖으로 나온 것 아닌가.

주위를 둘러보니 오리엔테이션에서 만난 다른 부모들은 이미 강좌의 목적을 알고 있는 눈치다. 그렇다면 저들은 자기 아이가 피아노 치는 법을 배우는 대신 피아노를 '발견'하기만 바란다는 말인가?

놀랍게도 프랑스 부모들은 단지 몇 가지 분야만 다르게 하는 게 아니었다. 그들은 '아이들이 배우는 법', 아니 '아이가 어떤 존재인가'에 대해 완전히 다른 견해를 갖고 있었다. 내 문제는 수영이 아니었다. 나는 철학에 문제가 있었다.

1960년대 스위스 심리학자 장 피아제Jean Piaget는 아동 발달단계를 강의하기 위해 미국에 갔다. 강연 말미에 청중들은 그가 '미국식 질문'이라고 명명한 의문을 표했다.

"그럼 그 발달단계를 더 빨리 하려면 어떻게 해야 합니까?"

피아제는 답 대신 반문했다.

"왜 그러기를 원하십니까?"

그는 아이에게 발달단계에 앞서 무언가를 습득하게 밀어붙이는 게 가능하지도 않을뿐더러 바람직하지도 않다고 생각했다. 아이 각자 내면에 있는 모터에 의해 저마다의 속도로 이정표에 도착하는 거라고 믿었다.

이 '미국식 질문'은 프랑스 부모들과 미국 부모들의 결정적인 차이를 압축해서 보여준다. 미국 부모들은 발달단계마다 아이들을 밀어붙이고 자극하고 올려보내는 걸 자신의 임무로 여긴다. 부모가 양육을 잘할수록 아이가 빨리 발달한다고 생각한다. 파리에 거주하는 영어권 엄마들은 자기 아이가 음악 수업을 받거나 포르투갈어 놀이그룹에 다닌다는 걸 과시하지만 다른 엄마들이 따라 하지 못하도록 구체적인 정보는 누설하지 않으려고 한껏 조심한다. 그들은 자신이 경쟁적이라는 걸 절대로 인정하려 하지 않지만 누가 보아도 몹시 경쟁적인 상태다.

반면 프랑스 부모들은 아이가 유리한 출발선에 서게 하려고 안달복달하는 것 같지 않다. 단계를 앞서 읽기, 수영, 수학을 배우라고 밀어붙이지 않는다. 천재가 되라고 옆구리를 찌르지 않는다. 은밀하게나 혹은 노골적으로나 이름 모를 어떤 상을 받기 위해 달려가는 경쟁자라는 느낌은 받아보지 못했다. 프랑스 부모들도 아이들을 테니스, 펜싱, 영어강좌에 등록시킨다. 그러나 이런 활동을 좋은 부모의 징표로 과시하지는 않는다. 강좌가 무슨 비밀병기라도 되는 양 방어자세를 취하지도 않는다. 아이를 토요 음악교실 따위에 등록시키는 목적은 그저 재미를 위해서지, 두뇌신경망 활성 같은 이유가 아니다. 빈의 수영 강사처럼 프랑스 부모들은 '일깨우기'와 '발견'의 힘을 믿는다.

실제로 프랑스 부모들은 아이의 본성에 대해서도 전혀 다른 견해를 지닌다. 그 철학을 찾아 많은 책을 읽는 동안, 나는 200년이나 다른 시대에 살았던 두 인물과 연신 마주쳐야 했다. 철학자 장 자크 루소Jean-Jacques Rousseau와 이전에는 한 번도 들어본 적이 없던 프랑스 여성 프랑수아 돌토Françoise Dolto가 그들이다. 둘은 프랑스 양육에 가장 큰 영향을 미친 인물이고, 이들의 정신은 오늘날 프랑스 곳곳에 생생히 살아 있다.

양육에 관한 근대 프랑스의 사고방식은 루소로부터 시작된다. 그러나 그 자신은 좋은 부모가 아니었으며, 피아제처럼 프랑스 태생도 아니었다. 1712년 제네바에서 태어난 그는 불우한 어린 시절을 보냈다. 어머니는 생후 열흘 만에 세상을 떠났고, 유일한 형제였던 형은 가출했다. 시계 기술자 아버지는 이후 사업상 분쟁으로 어린 루소를 삼촌에게 맡기고 제네바를 떠났다. 루소는 파리로 이주했고 나중에 자식들이 태어나자 곧바로 고아원에 버렸다. 그는 침모로 고용했던 아이들 생모의 명예를 지키기 위해 그랬다고 말했다. 개인적인 경험에도 불구하고 루소는 1762년 《에밀 혹은 교육에 관하여Émile or on Education》을 발표했다. 에밀이라는 소년이 경험한 교육에 관한 소설이다. 독일 철학자 칸트는 이 책의 중요성을 프랑스 혁

명에 빗댔다. 프랑스 친구들은 이 책을 고등학교 시절에 읽었다고 한다. 《에밀》이 주는 '깨달음'의 영향력은 여전히 유효해, 오늘날까지도 많은 단락과 구절이 양육에 관한 일상적인 표현으로 사용된다. 프랑스 부모들은 아직도 이 책의 가르침을 당연하게 받아들이고 있다.

《에밀》은 프랑스 양육의 암흑기에 출판되었다. 파리 경찰국의 통계에 따르면 1780년 파리에서 태어난 21,000명의 영아 중 19,000명이 노르망디나 부르고뉴의 보모에게 맡겨졌다. 차가운 마차 짐칸에 실려 먼 길을 가다가 도중에 숨지는 신생아도 많았다. 또 빈약한 보수로 엄청난 업무량에 시달리던 보모 밑에서 사망하는 아기들도 있었다. 보모는 혼자서 여러 아기들을 돌봐야 했기에 혹여 아기들이 팔을 휘젓다 서로 상처를 입힐까 봐 오래도록 속싸개로 꽁꽁 싸매놓곤 했다.

노동자 부모들은 경제적인 이유로 보모를 선택할 수밖에 없었다. 엄마까지 일을 해야 먹고 살 수 있었기 때문이다. 그러나 상류층에게 보모는 라이프스타일을 위한 선택이었다. 우아하고 세련된 사교생활을 즐기려면 엄마가 양육에서 자유로워야 했기 때문이다. "아이는 어머니의 결혼생활만이 아니라 즐거움도 침해한다. 아이를 돌보는 일은 재미있지도 시크하지도 않다." 한 프랑스 사회사학자는 꼬집었다.

루소는 《에밀》을 통해 이 모든 상황을 뒤집고자 했다. 그는 어머니들에게 아이에게 직접 모유를 먹이라고 촉구했다. 아기를 속싸개로 꽁꽁 싸매놓는 습관이나 솜을 덧댄 보닛, 산책용 줄 등 당시 안전을 위해 사용했던 용품들에도 날선 비난을 퍼부었다. "에밀이 전혀 다치지도 않고 고통을 모른 채 자랄까 봐 걱정이다. 녀석이 설령 칼을 잡게 되어도 칼자루를 쥘 힘이 없어 깊게 벨 리 없다." 루소는 아이들이 자연스럽게 발달할 여건이 주어져야 한다고 생각했다. "에밀을 매일 들판 한가운데로 데려가 맘껏 내달리며 뛰어 놀게 하고 하루에 백 번은 넘어질 수 있게 해준다."

그는 세계를 자유롭게 탐험하고 발견하면서 점차 감각을 일깨울 자유가 주어진 아이를 상상했다. "사계절 내내 아침마다 에밀을 맨발로 뛰어다니게 한다." 그가 소설 속에서 에밀에게 읽힌 유일한 책은《로빈슨 크루소》다.

《에밀》을 읽기 전에는 프랑스 사람들이 말하는 '일깨우기와 발견'이 무슨 뜻인지 이해할 수가 없었다. 빈의 탁아소 선생님은 학부모 모임에서 목요일 오전마다 체육관에 아이들을 데려가는 목적이 운동이 아니라 아이가 자기 신체를 '발견'하게 하는 것이라고 열변을 토했다. 탁아소 운영 취지를 보면 '아이들은 즐겁고 신나게 세상을 발견해야 한다'고 되어있다. 인근의 한 어린이집은 그 이름이 아예 '어린 시절과 발견'이다. 프랑스에서 아기들에게 건네는 최고의 칭찬은 에베이에éveillée다. 번역하자면 '민첩하게 깨어 있다'는 뜻이다.

일깨우기는 아이를 맛을 포함한 여러 가지 감각으로 안내하는 것을 말한다. 매번 부모가 적극적으로 개입해야 하는 것은 아니다. 하늘을 물끄러미 올려다보거나 부엌에서 풍겨오는 저녁식사 냄새를 맡거나 담요 위에서 혼자 놀다가도 일깨움이 찾아올 수 있다. 아이는 이런 경험을 통해 감각을 정교하게 다듬어나가고 서로 다른 경험들을 구별하는 준비를 해나간다. 이는 스스로 즐길 줄 아는 교양 있는 어른이 되기 위한 첫 번째 단계다. 즉 '일깨우기'는 아이들이 순간의 즐거움과 풍요로움을 흡수하게 하는 일종의 훈련이다.

당연히 나도 일깨우기가 좋다. 누가 싫어하겠는가? 어느 부모라도 피아제가 말하듯 구체적인 기술을 습득하고 발달단계의 각 이정표에 재깍재깍 도착하는 걸 중요하게 생각할 것이다. 그러나 은연중에 우리는 아이가 얼마나 잘, 얼마나 빨리 발달하는가가 전적으로 부모 탓이라고 생각하는 경향이 있다. 그럴수록 부모의 선택과 개입이 중요해진다. 효과적인 학습계획, 양육전문가와 조언을 찾아 헤매는 데는 이런 바탕이 있다.

우리 집 안마당에서도 차이가 목격된다. 빈의 방에는 미국 지인들이 선물한 플래시카드, 문자 익히기 블록, 베이비 아인슈타인 DVD 등이 가득하다. 인지발달을 자극하려고 모차르트만 줄곧 틀어놓기도 한다. 하지만 이웃의 프랑스인 건축가 안느는 베이비 아인슈타인에 대해선 들어본 적도 없단다. 내가 말할 때도 딱히 관심을 보이지 않았다. 안느는 어린 딸이 가만히 앉아 중고장터에서 산 낡은 장난감을 갖고 놀거나 안마당을 돌아다니며 노는 걸 좋아했다. 동네 어린이집에 빈자리가 나서, 빈은 다니던 크레쉬를 1년 일찍 그만두게 되었다. 빈은 탁아소에서도 연령이 높은 축에 속했고, 나는 그만큼 충분한 자극을 받지 못하는 게 아닐까 걱정이 됐던 것이다. 그 소식을 들은 안느가 말했다.

"왜 그렇게 하고 싶은데요? 어린 시절은 얼마 되지 않잖아요."

텍사스 대학교 연구팀은 '일깨우기' 과정 중에 프랑스 엄마들이 인위적으로 인지발달을 돕거나 학업과정을 앞당기려 하지 않는다는 것을 발견했다. 일깨우기는 자기신뢰와 차이에 대한 아량 같은 내면의 심리적 자질을 단련시키는 데 도움이 된다고 믿을 뿐이다. 아이들을 다양한 맛, 색, 풍경에 노출시키는 것은 그저 즐거움을 선사하기 위함이라고 여기는 부모도 많았다.

"즐거움이 곧 사는 이유 아니겠어요?" 한 엄마는 말했다.

내가 사는 21세기 파리에서 루소의 유산은 분명 모순된 두 가지 형태를 띠고 있다. 하나는 풀밭이나 풀장에서 맘껏 즐겁게 뛰어 노는 모습이다. 또 하나는 꽤나 엄격한 훈육이다. 루소는 단호한 제한과 부모의 강력한 권위로 아이의 자유를 억제해야 한다고 주장했다. "아이를 불행하게 만드는 가장 확실한 방법이 무엇인지 아는가? 모든 것을 다 가지는 데 익숙하게 만드는 것이다. 아이의 욕망은 쉽게 만족되는 만큼 끊임없이 커지고, 조만간 부모는 무기력에 빠져 어쩔 수 없이 거절을 하게 된다. 익숙하지 않은 거절을 받은 아이는 원하는 것을 얻지 못했을 때보다 더한 괴로움을 느낄 것이다."

루소는 양육의 가장 큰 함정은 아이가 빈번하게 하는 주장에 어른의 주장과 동일한 무게를 부여하는 것이라고 말한다. "최악의 교육은 아이가 자신의 의지와 부모의 의지를 견주면서 둘 중 누가 지배권을 가질까 끊임없이 고민하게 만드는 것이다."

루소는 지배권이 부모의 몫이라고 생각했다. 그가 설명하는 내용은 오늘날 프랑스 부모들이 내세우는 카드르(틀)와 비슷하다. 이상적인 카드르는 부모가 어떤 부분에는 매우 엄격하면서도 다른 것에는 매우 너그러운 모습을 보여주는 형태다. 두 아이를 키우는 출판종사자 파니는 아이를 갖기 전에 한 유명 배우가 라디오에서 양육에 대해 이야기하는 걸 들은 적이 있다고 한다. 그 배우는 파니가 평소 생각해 왔던 카드르를 고스란히 말로 옮기고 있었다. "교육은 단호한 카드르이고 그 안에 자유가 있다."

"전 그 말이 너무도 마음에 들었어요. 그래야 아이도 안심할 수 있거든요. 원하는 대로 할 수 있지만 언제나 약간의 제한이 존재한다는 것을 아이도 알고 있으니까요."

내가 만나본 프랑스 부모들은 거의 대부분 자신이 '엄격하다'고 말한다. 괴물처럼 군다는 뜻이 아니다. 파니처럼 몇 가지 핵심적인 일에 대해서만 매우 엄격하다는 뜻이다. 이게 바로 카드르의 핵심이다.

"전 늘 약간은 엄하게 구는 경향이 있어요. 그냥 놔두면 두 단계는 퇴보하는 몇 가지 영역이 있거든요. 그런 일들은 그냥 좌시하지 않아요." 파니의 말이다. 파니의 카드르 영역은 식사, 취침, TV 시청이다.

"그 밖에 다른 일들은 아이가 원하는 대로 하게 놔두지요." 파니는 카드르 내에서도 얼마간의 자유와 선택권을 준다.

"TV 시청의 경우, TV는 못 보게 하고 DVD는 허락해요. 아이에게 DVD를 고르게 하죠. 모든 일에 이런 원칙을 적용하려고 해요. 아침에 옷을 입을 때에도 딸아이에게 말하죠. '집에서는 네 맘대로 옷을 입을 수 있어. 여름에 겨울옷을 입는다 해도 괜찮아. 하지만 함께 밖에 나갈 때는 함께 결정하는 거야.' 지금까지는 꽤 효과가 있어요. 하지만 아이가 열세 살이 되면 어떨지 지켜봐야겠죠."

카드르의 핵심은 아이를 속박하는 게 아니다. 아이에게 예측가능하고 일관된 세계를 만들어주고자 하는 것이다. 파니 역시 이것을 잘 알고 있다.

"카드르가 필요해요. 그렇지 않으면 길을 잃게 되죠. 카드르가 있으면 자신감이 생겨요. 아이에 대한 자신감이 생기고 아이도 그걸 느끼죠."

카드르가 있으면 아이는 교훈을 배우고 권위를 실감한다. 물론 루소가 남긴 유산에는 조금 어두운 면도 있다. 빈을 데리고 첫 예방접종을 하러 갔을 때의 일이다. 나는 빈을 품에 안고 곧 경험하게 될 고통에 대해 아기에게 사과하는 투로 말했다. 그러자 프랑스인 소아과 의사가 나를 꾸짖었다.

"아기에게 미안하다고 말하지 마세요. 예방접종도 삶의 일부예요. 그런 걸로 사과할 이유는 없어요."

의사의 반응을 듣자 루소의 말이 떠올랐다. "아이를 보살피느라 전전긍긍해 모든 불편함을 없애준다면 아이 앞에 엄청난 불행을 준비하는 것이나 다름없다."

루소는 아이들에 대해 감상 따위는 품지 않았다. 그는 어떤 모양으로도 변할 수 있는 찰흙덩어리로 훌륭한 시민을 만들어내고 싶어 했다. 수백 년 동안 많은 사상가들은 아기들을 '텅 빈 석판'에 비유해 왔다. 19세기 말 미국의 심리학자이자 철학자인 윌리엄 제임스William James는 이렇게 말했다. "아기에게 세상은 혼란이 벌떼처럼 윙윙거리는 가운데 그저 한 번 활짝 피어나는 것이다." 20세기에 들어서면서는 아이들이 이 세상과 자신의 존재에 대해 아주 천천히 이해하기 시작한다는 생각이 당연하게 여겨졌다.

프랑스에서는 1960년대까지만 해도 아이란 서서히 자신의 지위를 얻어가는 2등급 존재라는 생각이 팽배했다. 그래서 40대 이상에게 물으면 어린 시절 저녁식탁에서 어른이 먼저 말을 꺼내지 않는

한 먼저 말을 해서는 안 된다고 배웠다고 한다. '그림처럼 얌전히' 있어야 했다는 것이다. 영국의 옛 격언과도 일맥상통한다. '아이들은 보이기만 해야지 말소리가 들려서는 안 된다.'

이런 견해가 바뀌기 시작한 것은 1960년대 후반부터다. 1968년 3월 파리 대학교에서 일어난 학생운동이 들불처럼 번져 전국적으로 학생과 노동자들의 시위가 일어났다. 두 달 후 노동자 1,100만 명이 파업에 돌입했고 드골 대통령은 의회를 해산하기에 이른다.

저항세력의 주장 중에는 경제적인 것도 있었지만, 대다수가 실제로 원한 것은 '완전히 다른 삶'이었다. 수백 년간 자리 잡아온 프랑스의 '종교 - 보수 - 남성지배 사회'는 순식간에 케케묵은 구식으로 전락했다. 저항세력은 여성의 참정권 보장, 평등한 사회계층, '출근 - 노동 - 잠'이라는 생활로부터의 탈피 등 개인의 자유를 희망했다. 프랑스 정부는 결국 폭력진압으로 저항세력을 해산시켰지만, 이 사건은 향후 프랑스 사회에 지대한 영향을 끼쳤다.

권위주의적인 양육 역시 68세대 저항정신의 타깃이 되었다. 만인이 평등한데 왜 아이들은 저녁식탁에서 말을 할 수 없는가? '텅 빈 석판'이라는 루소식 모델은 새롭게 해방을 맞은 프랑스 사회에 걸맞지 않았다. 이내 프랑스는 정신분석에 매료됐다. 아이에게 침묵을 강요하는 부모는 아이를 망치는 것처럼 보이기 시작했다.

지금도 프랑스 아이들은 바르게 행동하고 스스로를 통제해야 한다고 배우지만, 이에 더해 68년 이후로는 점점 자신의 생각을 표현하는 게 좋다는 쪽이 힘을 얻고 있다. 젊은 부모들은 자제력이 있는 아이를 묘사하는 데도 '현명한'이라는 단어를 사용하지만, 자기가 하는 일에 행복하게 몰두하는 아이도 현명하다고 묘사한다.

"예전엔 그림처럼 얌전한 아이를 높이 샀지만, 현재는 얌전하면서도 깨어있는 아이를 높이 산다." 그 자신이 '68세대'인 프랑스 심리학자이자 작가 마리즈 바양Maryse Vaillant은 설명한다. 이 시대적 격변기에 당당히 부각된 인물이 바로 프랑수아 돌토다. 내가 프랑수아 돌토에 대해 들어본 적도 없고 영어로 번역된 저서도 단 한 권밖에 없다고 말하면, 프랑스 사람들은 다들 믿을 수 없어 한다.

프랑스에서 돌토는 미국의 닥터 스포크처럼 온 국민이 아는 이름이다. 탄생 100주년이었던 2008년에는 돌토에 관한 기사와 헌사가 쏟아졌고, 그녀의 삶을 다룬 TV드라마도 제작되었다. 유네스코는 파리에서 3일간 돌토에 관한 회의를 개최하기도 했다. 돌토의 저서는 모든 서점에서 절찬리에 판매되고 있다.

1970년대 중반 돌토는 60대 후반의 나이에 프랑스에서 가장 유명한 정신분석학자이자 소아과 의사로 명망을 떨쳤다. 1976년 돌토는 청취자들의 양육 상담 편지에 답변을 해주는 12분짜리 라디오 방송을 시작했다.

"그렇게 열광적이고도 지속적으로 성공하리라곤 상상도 못했죠."

27년간 방송 진행을 맡아온 자크 프라델Jacques Pradel의 말이다.

"돌토는 청취자들의 질문에 영감에 가까운 기지를 발휘해 답변을 해주었어요. 어디서 그런 대답들을 떠올리는지 신기했죠."

당시 영상을 보면 프랑스 부모들이 왜 돌토를 그토록 좋아했는지 알 수 있을 것 같다. 두꺼운 안경을 쓴 현명한 할머니와 같은 모습으로, 하는 말마다 이치에 닿는 설득력 있는 메시지를 담고 있다. 이웃집 할머니와 같은 외모의 돌토였지만, 자녀를 어떻게 키울 것인가에 관해서만큼은 통쾌할 정도로 급진적이고 시대정신에도 들어맞았다. 돌토는 유아만이 아니라 영아들조차 이성적인 존재이며 태어나자마자 곧바로 언어를 이해할 수 있다고 주장했다. 직관적이면서 신비주의에 가까운 메시지다. 프랑스인들은 여전히 돌토의 메시지를 적극적으로 숭상한다. 돌토의 책을 읽고 나자, 그동안 프랑스 부모들에게서 들었던 가장 기괴한 주장들조차도 그 기원을 돌토에게서 찾을 수 있다는 것을 깨달았다.

돌토는 라디오 방송을 통해 가히 신화적인 인물이 되었다. 1980년대에 들어서면서 방송 스크립트와 책 모두 엄청나게 팔려나갔다. 당시 아이들을 흔히 '돌토 세대'라고 부른다. 돌토가 전한 핵심 메시지는 단순한 양육법이 아니다. 구체적인 지시사항도 거의 없다. 위계와 규칙만 존재하던 프랑스 사회가 변했듯, 아기가 이성적인 존재라는 걸 믿으면 많은 것이 바뀐다는 주장이다. 아무리 어려도 부모의 말을 이해시키기만 한다면 아이는 많은 것을 배울 수 있다. 식당에서 바르게 식사하는 법도 포함해서.

1908년 파리의 부유한 가톨릭 집안에서 프랑수아 마레트(훗날 돌토)가 태어났다. 겉으로 보기엔 특권층의 삶이었다. 바이올린 강습을 받고 집에는 요리사가 따로 있었으며, 뒤뜰에는 공작들이 노닐었다. 부모가 원하는 대로 결혼만 잘 하면 됐다.

그러나 프랑수아는 순종적인 딸이 아니었다. '그림처럼 얌전한' 아이가 아니었던 것이다. 외곬에 거침없이 솔직하게 하고 싶은 말을 했으며 호기심도 왕성했다. 어린 시절의 편지를 보면 부모와의 견해 차이로 많은 갈등을 겪었음을 알 수 있다. 겨우 여덟 살의 나이에 '어른과 아이들 사이를 중재하는 교육박사'가 되겠다는 결심을 한다. 당시에는 존재하지도 않는 직업이었다. 훗날 프랑수아 자신이 개척해 낸 직업이기도 하다.

당시 여성들은 속속 전문직이라는 가능성의 세계를 열어가고 있었다. 같은 1908년생 시몬느 드 보부아르처럼 프랑수아 역시 대입 자격시험 바칼로레아를 치를 수 있었던 첫 여성 세대다. 바칼로레아에 합격했지만 부모의 압력으로 간호학 학위를 따는 데 만족해야 했다. 그러나 남동생 필립이 의대 진학을 준비하게 되면서 부모는 남동생의 보호 아래 의학 공부를 시작해도 좋다고 허락했다. 프랑수아는 특이하게도 정신분석 공부를 시작했다. 가족들 역시 그녀가 정신분석을 통해 여성으로선 불손하기 그지없는 야망을 깨끗이 청소해 낼 거라고 생각한 것 같다. 1934년 아버지가 보낸 편지엔 이렇게 쓰여있다. "정신분석이 너의 본성을 변화시키고 다른 속성들에 매력을 보태주어 진정한 여성으로 거듭나기를 바란다."

그러나 프랑스 최초로 정신분석연구소를 설립한 르네 라포르그 René Laforgue 밑에서 수학한 프랑수아는 부모의 기대와는 반대로 드디어 '교육박사'가 될 수 있는 돌파구를 마련했다. 그녀는 정신분석과 소아의학을 공부했고 프랑스 곳곳의 병원에서 수련의 과정을 거쳤다.

양육전문가로서는 보기 드물게 그녀는 세 자녀의 훌륭한 부모 역할을 했다. 딸 카트린은 이렇게 회고한다.

"두 분 모두 우리 남매에게 공부를 강요한 적이 한 번도 없어요. 하지만 다른 집 아이들과 마찬가지로, 성적이 나쁘면 호되게 꾸중을 들었어요. 나쁜 행동을 하면 목요일마다 외출금지 벌을 받았어요. 엄마는 '정말 안됐지만 오늘 넌 외출금지다. 이게 싫으면 앞으로는 하고 싶은 말이라도 참을 수 있어야 할 거다.'라고 말씀하셨죠."

돌토는 어린 시절에 자신이 세상을 어떻게 바라보았던가를 비범할 정도로 뚜렷하게 기억하고 있었다. 그녀는 유아가 신체적인 증상의 집합체에 불과하다는 당시의 견해에 반대했다. 야뇨증 아이들에게 전기충격 장치를 달아줄 정도였으니 당시 아이에 대한 인식이 어느 정도였는지는 상상이 갈 것이다. 돌토는 그런 신체적 증상의 상당수엔 심리적인 원인이 있다고 여기고, 아이들과 많은 대화를 나누었다. "너는 어떻게 생각하니?" 그녀는 입버릇처럼 어린 환자들에게 묻곤 했다.

조금 더 큰 아이들에게는 치료를 해줄 때마다 돌멩이 같은 물건으로 직접 치료비를 '지불'하게 함으로써 독립심과 책임감을 강조한 것으로도 유명하다. 아이들에 대한 존중은 그녀의 제자들에게도 큰 반향을 불러일으켰다. 돌토의 제자이자 정신분석학자인 미리암 세제르Myriam Szejer는 술회한다.

"우리 제자들은 상황이 변하기를 바라고만 있었던 반면, 선생님은 모든 것을 직접 변화시키셨죠."

돌토는 영아들까지도 존중했다. 그녀는 생후 채 몇 개월밖에 안 된 아기가 뿔을 내자 다음과 같이 대응했다. "모든 감각을 곤두세우고 아기의 감정을 온전히 수용했다. 달래려는 게 아니라 아기가 무슨 말을 하는지 이해하기 위해서, 더 정확히 말하면 아기가 무엇을 보고 있는지 이해하기 위해서 말이다." 도무지 진정되지 않는 아기에게 다가가서 '왜 여기 와있으며 엄마는 어디에 있는지' 차분하게 설명해 주었다는 전설적인 이야기도 있다. 그 말을 들은 아기는 돌연 울음을 멈추었다고 한다.

아기가 엄마의 목소리를 알아들으며 차분한 음성을 들으면 감정이 가라앉는다는 '미국식 말 걸기'와는 다르다. 말을 가르치기 위함도 아니다. 돌토는 '말하는 내용'이 중요하다고 주장한다. 아기가 이미 알고 있는 것을 부드럽게 확인시키기 위해 아기에게 '진실'을 말해야 한다.

돌토는 아기가 자궁에 있을 때부터 어른들의 대화를 엿듣기 시작하며 자기 주변의 문제와 갈등도 직관적으로 알아차린다고 생각했다. 예를 들면 부모의 말은 이런 식으로 전달된다. "얘야, 우리는 너를 기다려왔단다. 넌 아들이구나. 어쩌면 우리가 딸이었으면 좋겠다고 한 말을 너도 들었는지 모르겠다. 하지만 네가 아들이어서 우리는 정말 행복하단다."

돌토는 심지어 아이가 생후 6개월만 되어도 부모가 이혼에 관해 논의할 때 참여시켜야 하며, 조부모가 돌아가시면 잠깐이라도 장례식에 참석해야 한다고 주장했다. "가족 중 누구라도 아이를 장례식에 데려가 설명해야 한다. 이 상황이 왜 생겨났으며 그것이 인간에게 흔히 일어나는 일임을 이해시켜야 한다."

"돌토는 아이에게 최고의 이익은 무한한 행복이 아니라 합리적인 이해라고 보았다." MIT 사회학자 셰리 터클Sherry Turkle은 돌토의 책 중 유일한 영어번역본인 《부모가 헤어질 때When Parents Separate》의 서문에 썼다. 아이에게 가장 필요한 것은 '자율성, 그리고 더 큰 성장을 지지해줄 수 있는 체계적인 내면생활'이라고 보았던 것이다. 지나치게 직관적이라는 이유로 여타 국가의 정신분석학자들로부터는 비판을 받았지만, 프랑스 부모들은 돌토의 상상력과 비약에서 지적 만족감과 미적 즐거움을 맛보는 듯 보인다.

영어권 부모들이라면 돌토의 생각이 생경하진 않을 것이다. 미국 부모들은 1903년생인 정신분석학자 닥터 스포크의 영향력 아래 놓여있다. 스포크는 18개월짜리 아기에게도 동생이 생긴 걸 이해시킬 수 있다고 썼다. 스포크가 더 강조한 것은 아기가 아닌 부모 자신의 생각을 세심히 경청하는 것이다. "자기 자신을 신뢰하라. 당신은 생각보다 많은 것을 알고 있다." 그의 양육서 《유아와 육아Baby and Child Care》의 유명한 서두다.

그러나 돌토가 생각보다 많은 것을 알고 있다고 한 대상은 아이들이다. 심지어 노년기에 산소탱크에 의존해 연명하면서도 돌토는 어린 환자들의 관점에서 세상을 보려 했다. 돌토는 아이가 잘못된 행동을 하는 데에도 무언가 합리적인 동기가 있으므로, 귀를 기울여 그것을 알아내는 것이 부모의 할 일이라고 주장했다. "특별한 반응을 보이는 아이는 언제나 그럴 만한 이유가 있다. 무슨 일이 있는지 이해하는 것이 우리의 임무다."

심지어 길을 가다 갑자기 걸음을 멈추는 것도 부모에게는 돌연한 고집으로 보이지만, 아이로서는 나름의 이유가 있다. "아이를 이해하려고 노력해야 한다. 다 이유가 있을 것이다. 나는 이해하지 못하지만 함께 생각해 보자는 식으로 말해야 한다. 무엇보다 그런 일로 소란을 피워서는 안 된다."

돌토 탄생 100주년을 맞아 한 정신분석학자가 다음과 같이 그녀의 가르침을 요약했다. "인간은 다른 인간에게 말을 한다. 그중에는 큰 인간도 있고 작은 인간도 있다. 그러나 이들 모두는 의사소통을 한다."

스포크의 책 《유아와 육아》에는 눈물샘 폐쇄증에 이르기까지 온갖 주제들, 심지어 사후 출판본에 실린 동성애자의 양육에 이르기까지 모든 시나리오를 담으려 애쓴 흔적이 보인다. 반면 돌토의 책들은 모두 작은 크기다. 구체적인 지시사항을 전달하기보다 몇 가지 기본원칙을 통해 부모 스스로 생각해 보기를 기대하는 것 같다.

닥터 스포크도 돌토도, 지나치게 관용적인 양육의 물꼬를 텄다는 비난을 받았다. 아이의 말에 귀를 기울이라는 조언을 '아이 말대로 해야 한다'고 해석한 부모들도 있었던 것이다. 하지만 돌토가 주장하는 핵심은 그것이 아니다. 돌토는 아이에게 세심하게 귀를 기울이되, 세상을 설명해 주어야 한다고 여겼다. 세상에는 많은 제한이 따르므로, 아이 스스로 그것을 합리적으로 흡수하고 대응할 수 있어야 한다고 말이다. 돌토는 루소의 카드르를 뒤집고자 한 것이 아니라 보존하고자 했다. 다만 68년 이전에는 결핍됐던 아이에 대한 감정이입과 존중을 추가했을 뿐이다.

오늘날 파리에서 만나는 부모들은 아이에게 귀를 기울인다. 그러나 결정은 부모가 한다는 것 사이에 효과적인 균형을 찾아낸 듯 보인다. 프랑스 부모들은 언제나 아이들에게 귀를 기울인다. 그러나 점심으로 초콜릿빵을 먹겠다고 하면 허락하지 않는다.

프랑스의 부모들은 루소의 양 어깨를 딛고 선 돌토를 양육의 금과옥조로 삼는다.

"아기가 악몽을 꿔서 울면 말로 안심시켜야 해요. 아이와 대화를 나눠야 합니다. 아무리 어린 아기라도 말이죠. 아기들도 이해를 합니다. 제가 보기엔 다 이해를 해요." 파리의 탁아소에서 일하는 알렉산드라의 말이다.

프랑스 육아지 《파랑Parents》은 낯가림을 하는 아기에겐 손님이 오기 전에 미리 주지를 시켜야 한다고 말한다. "벨이 울리면, 손님이 도착했으니 몇 초 후에 문이 열릴 거라고 말해주어야 한다. 아기가 낯선 사람을 보고도 울지 않으면 반드시 칭찬을 해줘야 한다."

아기를 낳아서 퇴원해 집으로 오면 아기를 안고 집 곳곳을 구경시켜 준다는 이야기를 몇 번이고 들은 적이 있다. 아기에게 지금 뭘 하려는지 말해준다는 부모도 있었다. "지금 너를 안고 있어.", "기저귀를 갈고 있어.", "목욕을 시키려고 준비하고 있어."…. 그저 안심시키기 위한 차분한 소리가 아니다. 정보를 전달하기 위해서다. 아기도 작은 인간이므로 부모는 아기에게 예의를 지킨다.

아기가 부모의 말을 이해하고 그에 맞는 행동을 할 수 있다고 믿으면, 실질적인 생활이 꽤 달라진다. 아기가 밤새 잘 잘 수 있다고 믿는 부모는 밤에 불쑥 부모 방에 쳐들어오지 않게 가르칠 수 있으며, 아이가 성숙한 행동을 할 수 있다고 믿으면 식사시간에 바르게 앉아 먹고 부모의 대화에 끼어들지 않는 법을 모두 가르칠 수 있다. 부모의 요구를 수용해 줄 것을 아이에게 기대할 수도 있다.

빈이 10개월 무렵 이 효과를 크게 맛본 적이 있다. 당시 빈은 거실 책장 앞에 서서 손에 닿는 책을 모두 끌어내리는 버릇이 생겼다. 어느 날 사이먼의 프랑스인 친구 라라가 놀러 왔다. 빈이 책을 끌어내리는 모습을 목격한 라라가 곧바로 빈 옆에 무릎을 꿇고 앉아 참을성 있으면서도 단호하게 "그러면 안 돼."라고 말했다. 그리고 다시 책을 꽂는 법을 보여주고 앞으로는 책을 끌어내리지 말라고 말해주었다. 라라는 계속해서 "두스망doucement(가만히)"이라고 말했다. 빈이 라라의 말에 귀를 기울이다가 그 말에 따르는 것을 보고 나는 깜짝 놀랐다.

그날의 사건으로 인해 같은 부모지만 라라와 나 사이에는 커다란 문화적 차이가 있음을 깨달았다. 나는 빈이 잠재력은 많지만 자제력은 거의 없는 아주 귀엽고 거친 존재라고 생각해 왔다. 이따금 빈이 말을 잘 들으면 동물적인 훈육이나 단순한 운 덕분이라고 생각했다. 아직 말도 못 하고 머리카락도 없으니까.

하지만 라라는 10개월밖에 안 됐어도 빈이 언어를 이해하고 자제하는 법을 배울 수도 있다고 생각했다. 라라는 빈이 어떤 일이든 '두스망' 할 수 있다고 믿었다. 그 결과 빈은 정말로 그렇게 했다.

돌토는 1988년 세상을 떠났다. 아기에 관한 돌토의 직관 중 일부는 과학을 통해 증명되고 있다. 과학자들은 아기들이 특정 사물을 다른 것보다 더 오래 바라보는지를 측정함으로써 아기가 무언가를 인지하고 구별한다는 사실을 밝혀냈다. 어른들처럼 아기들 역시 신기한 사물을 더 오래 바라본다. 1990년대 초반부터 시작된 연구는 '아기들도 사물을 통해 기본적인 수학을 할 수 있으며 정신활동을 실제로 이해한다'는 것을 보여주었다.

예일 대학교 심리학자 폴 블룸Paul Bloom은 이렇게 썼다. "아기들도 사람들이 어떻게 생각하고 왜 그렇게 행동하는지 어느 정도 이해한다." 브리티시컬럼비아 대학교의 한 연구는 8개월 아기도 확률을 이해한다는 것을 밝혀냈다.

아기들에게도 도덕성이 있다는 증거도 있다. 블룸과 연구자들은 각각 6개월, 10개월의 아기에게 동그라미가 언덕을 굴러 올라가는 인형극을 보여주었다. 이때 '조력자'가 나타나 동그라미가 언덕을 올라갈 수 있게 도와주고, '방해자'는 내려가게 밀어버린다. 인형극이 끝나고 아기들에게 조력자와 방해자가 담긴 쟁반을 내밀었다.

거의 모든 아기들이 조력자에 손을 뻗었다. 폴 블룸은 설명한다. "아기들도 착한 사람에게 끌리고 나쁜 사람에게 반감을 갖는다."

물론 이런 실험이 '아기들도 언어를 이해한다'는 돌토의 주장을 증명하지는 못한다. 그러나 매우 어린 아기들조차 이성적인 존재라는 돌토의 핵심 주장은 증명된 듯하다. 아기들의 이성은 '혼란이 벌떼처럼 윙윙거리는 가운데 그저 한 번 활짝 피어나는 것'이 아니다. 그러므로 최소한 아기들에게 하는 말은 매우 조심해야 한다.

프랑스 육아 용어 풀이

doucement 두스망: 가만히, 조심스럽게. 부모와 양육자들이 어린아이들에게 자주 하는 말. 아이들 스스로 행동에 주의를 기울이고 조절할 수 있다는 뜻을 포함하고 있다.

éveillé 에베이에: 깨어있는, 명민한, 자극을 받은. 이상적인 프랑스 아이의 모습 중 하나다. 또 다른 이상적인 모습은 '사쥬', 즉 현명하고 얌전한 모습이다.

⚜ 06 ⚜

탁아소?

프랑스 아이는 부모가 아니라,
온 나라가 함께 키운다

06

빈이 파리 시에서 운영하는 '탁아소'에 다니게 되었다는 소식을 전하자, 수화기 너머 엄마는 한동안 아무 말이 없었다.

"탁아소라고?" 엄마가 힘겹게 입을 뗐다.

미국 친구들의 반응 역시 회의적이었다.

"탁아소는 별로야. 우리 아이는 좀 더 개별적인 보살핌을 받았으면 좋겠어." 당시 빈 또래의 10개월 아들을 키우던 한 친구가 시큰둥하게 말했다.

그러나 프랑스 이웃들은 빈이 크레쉬에 들어가게 되었다는 소식을 듣고 환호에 가까운 축하를 건넸다. 진짜로 샴페인을 터뜨려주기까지 했다.

지금껏 목격한 두 나라의 차이 중 가장 극명한 대비였다. 미국에서 탁아소란 결코 좋은 이미지가 아니다. 그 자체로 더럽고 어두침침한 방에서 울부짖는 아기들을 연상시킨다. '좀 더 개별적인 보살핌을 받았으면 좋겠다'는 친구의 말은 "너와 달리 나는 내 아이를 정말 사랑해서 그런 기관에는 보내지 않을 거야."라는 표현을 완곡하게 바꾼 것이다. 여유가 있는 부모라면 대체로 종일제 보모를 고용하고, 아이가 두세 살이 되면 유아원에 보낼 것이다. 탁아소에 아이를 보내야 하는 부모는 심려가 크고 죄책감마저도 느낀다.

그러나 프랑스의 중산층 부모들은 주 5일(오전 8시~저녁 6시) 동안 가까운 크레쉬에 아이를 보내려고 치열한 경쟁을 한다. 임신 때부터 지원서를 넣고 자기 아기를 받아줘야 하는 이유에 대해 열변을 토하며 호소한다. 크레쉬는 정부 보조로 운영되며 부모는 각자 수입에 따라 차등교육비를 지불한다.

"완벽한 제도 같아요. 정말로 완벽해요." 변호사로, 딸을 9개월부터 크레쉬에 보냈다는 에스테는 신이 나서 칭찬을 퍼붓는다. 전업주부들도 아이를 크레쉬에 보내고 싶어 한다. 그게 안 되면 차선책으로 시간제 탁아소나 보모를 고려한다. 여기에도 정부 보조가 주어진다.

나는 이 모든 상황에 문화적인 현기증을 느꼈다. 미국에서 보았던 무시무시한 헤드라인대로, 탁아소는 내 아이를 공격적이고 발달이 늦고 애정결핍으로 만들까? 아니면 프랑스 부모들이 장담한 대로 아이가 사회성을 배우고 '일깨워지며' 노련한 보살핌을 받게 될까?

포크를 왼손에 쥐고 식사하거나 낯선 사람을 보고도 목례를 하지 않는 것 같은 차이는 이 문제에 비하면 아무것도 아니었다. 두 나라의 문화 차이를 경험하자고 내 아이를 볼모로 맡길 수는 없는 노릇이다. 우리 가족은 너무나 쉽게 파리에 적응해 가는 것일까? 푸아그라라면 몰라도 크레쉬까지 꼭 시도해 볼 필요가 있을까?

결국 나는 이 재미난 이름의 탁아소에 대해 자세히 알아보기로 결심했다. 프랑스에선 왜 탁아소를 크레쉬(구유)라고 부르는 걸까? 예수 탄생에서 따온 이름일까?

알고 보니 프랑스 크레쉬의 역사는 1840년대에 시작되었다. 야심찬 젊은 변호사 장 바티스트 피르멩 마르보Jean-Baptiste-Firmin Marbeau는 파리 제1구역의 부시장이었다. 당시는 산업혁명이 한창이라 파리 같은 대도시에는 침모나 여공이 되기 위해 농촌에서 상경한 여성들이 무척 많았다. 마르보는 2~6세 아이들을 위한 무료 보육시설에 관해 보고서를 쓰고 있었다. 그는 현실을 보고 깊은 인상을 받았다. "우리 사회는 가난한 아이들을 얼마나 세심하게 돌보고 있는가! 나도 모르게 감탄했다."

그러나 그는 가난한 집 엄마가 일하러 간 사이 신생아~2세 아이들은 누가 돌보고 있는지 궁금했다. 그는 제1구역의 '극빈층 명단'을 열람하고는 몇몇 엄마들을 찾아갔다. "불결한 뒷마당 구석에 서서 세탁부로 일하는 제라르 부인을 불렀다. 부인이 내려왔지만 집이 너무 지저분해 내게 보이고 싶지 않다고 해서 집안으로 들어가지는 않았다. 부인은 품에 갓난아기를 안고 한 손으론 18개월 된 아이의 손을 잡고 있었다."

마르보는 제라르 부인이 세탁일을 하러 갈 때면 아이들을 보모에게 맡긴다는 것을 알게 되었다. 비용은 하루에 70상팀(1상팀=0.01프랑)으로 일당의 삼분의 일가량을 차지했다. 보모 역시 극빈층 여성으로 마르보가 찾아갔을 때 "추레한 방바닥에서 세 어린아이를 돌보고 있었다."

당시 기준으로 보면 가난한 이들에게 그 정도의 육아는 그다지 최악의 상황이 아니었다. 어떤 엄마는 아이들만 집에 남겨두고 밖에서 문을 걸어 잠그거나 낮 동안 침대 기둥에 묶어두기도 했다. 조금 큰 아이는 동생들을 돌봐야 했다. 보모가 돌보는 많은 아기들 역시 생명을 위협받을지도 모를 상태로 지내고 있었다.

마르보에게 한 가지 생각이 스쳤다. 크레쉬! 성탄절의 편안한 구유가 떠오른 것이다. 출생부터 2세까지 가난한 아이들을 종일제로 돌보는 시설 말이다. 기금은 부유층의 기부금으로 조달할 요량이었다. 마르보는 소박하면서도 깔끔한 건물을 떠올렸다. 그곳에서 보모들이 아기들을 돌보고 엄마들에게도 위생과 도덕을 가르쳐준다. 아직 젖을 떼지 못한 아기들은 하루 두 번 엄마에게 데려가 젖을 먹인다.

마르보의 생각은 이내 사람들의 심금을 울렸다. 곧 크레쉬 위원회가 생겼고, 후원자를 물색했다. 마르보는 자비심과 더불어 경제적 이점을 호소했다. 1845년에 발행된 크레쉬 안내서에서 마르보는 설득했다. "이 아이들은 우리와 똑같은 시민이자 형제입니다. 이들은 가난하고 불행하고 약하므로 여러분이 구해줘야 합니다. 서두르십시오. 여러분이 만 명의 아이들을 구할 수 있다면 연간 이만 개의 팔이 생기는 셈입니다. 팔은 곧 노동력이고 노동력은 부를 창출할 것입니다."

그는 크레쉬가 엄마들에게 마음의 평화를 선사해서 더욱 열심히 일에 매진할 수 있을 거라고 주장했다. 당시 안내서를 보면 크레쉬의 운영시간은 당시의 노동시간을 고려해 '오전 5시 30분~오후 8시 30분'으로 되어있다. 당시 마르보가 묘사한 엄마들의 삶은 오늘날 워킹 맘의 삶과 크게 다르지 않다. "오전 5시가 되기도 전에 일어나 아이 옷을 갈아입히고 집안일을 한 다음 크레쉬로 달려갔다가 다시 직장으로 달려간다. 저녁 8시가 되면 서둘러 직장을 나와 하루 종일 더러워진 담요와 함께 아이를 데리고 집으로 돌아온 다음 가엾은 어린것을 침대에 눕히고 다음 날 딸려 보낼 담요를 빨아 말린다. 이런 일이 매일 똑같이 반복된다. 대체 엄마들은 어떻게 이렇게 할 수 있단 말인가!"

마르보는 꽤나 설득력이 뛰어난 사람이었던 모양이다. 최초의 크레쉬가 파리의 샤이오 거리, 기부받은 건물에 들어섰다. 2년 뒤 크레쉬는 열세 개로 늘었다. 특히 파리에서 이 숫자는 계속 증가했다.

제2차 세계대전이 끝난 후 프랑스 정부는 크레쉬를 새로 생긴 모자보호서비스PMI의 관할 하에 두었고, 전문적으로 아기를 돌보는 '퓌에리퀼트리스puéricultrice(육아전문가)'를 양성하는 공식적인 교육기관도 신설했다.

1960년대 초반에 이르자 프랑스의 빈곤층이 줄어들고 상황도 개선되었다. 그러나 일하는 중산층 엄마들이 늘면서 크레쉬는 이들까지 흡수하기 시작했다. 10년 사이 크레쉬는 두 배로 늘어나 1971년에는 삼만 이천 개에 달했다. 이제 크레쉬에 자리를 얻지 못해 안달이었다. 크레쉬는 일하는 중산층 엄마들 사이에서도 일종의 특권처럼 여겨지기 시작했다.

크레쉬의 종류도 다양해졌다. 시간제 탁아소, 부모가 참여하는 가족형 크레쉬, 직장인들을 위한 직장 내 크레쉬도 생겨났다. 또 프랑수아 돌토가 '아기도 어엿한 인간'이라고 주장하면서 육아에 대한 새로운 관심이 생겨났다. 이제 육아는 질병과 상해 없이 아이를 돌보는 차원에 국한되지 않았고, 아이들을 잠재적 범죄자로 취급하지도 않았다. 곧 크레쉬는 '사회화'와 '일깨우기' 같은 중산층의 육아철학을 꽃피우게 되었다.

처음 크레쉬에 대해 알려준 사람은 임신 중에 만난 디에틀린드였다. 시카고 출신인 그녀는 프랑스에서 대학을 졸업한 후 줄곧 유럽에 머물고 있었다. 디에틀린드는 온화한 성격으로 프랑스어에 능통했으며, 자신을 '매력적인 페미니스트'라고 소개했다. 그녀는 이 세상을 더 좋은 곳으로 만들기 위해 실천적인 노력을 해온, 내가 아는 소수 중 한 명이다. 디에틀린드의 유일한 단점은 요리를 못 한다는 것이다. 그래서 가족들은 프랑스 대표 냉동식품인 피카르만 먹고 산다. 한번은 얼렸다 녹인 생선초밥을 내온 적도 있다.

하지만 디에틀린드는 누구보다 모범적인 엄마다. 그래서 그녀가 두 아이들을 집 근처 크레쉬에 보냈었다는 이야기를 했을 때, 주목할 수밖에 없었다. 더군다나 크레쉬를 입에 침이 마르도록 칭찬했다. 아이들이 크레쉬를 다닌 지 몇 년이 지났는데도 가끔 원장과 교사들을 만나려고 그곳에 들르곤 했다. 아이들도 크레쉬 시절을 즐거운 경험으로 기억한다.

디에틀린드는 원장에게 빈에 대해 좋게 말해주겠다고 제안하기까지 했다. 그러면서도 계속 '크레쉬는 그다지 고급스럽진 않다'고 거듭 말했다. 나는 그게 무슨 뜻인지 알 수가 없었다. 내가 뭔가 거창한 걸 기대한다고 생각한 걸까? 아니면 '더럽다'는 걸 완곡하게 표현한 것인가?

우리 엄마의 눈엔 내가 무모하게도 프랑스 문화에 녹아든 것처럼 보였겠지만, 솔직히 내게도 엄마와 똑같은 의심이 있었다. 시가 운영한다는 게 왠지 싸구려 느낌을 풍기는 건 사실이었다. 빈을 우체국이나 화물운송부 같은 곳에 떨어뜨리고 오는 느낌이었다. 빈이 절박하게 우는데도 무표정한 공무원들이 빈의 요람 앞을 심드렁하게 지나치는 모습을 상상했다. 정확한 의미는 알 수 없지만, 나는 진짜로 '고급스러운' 무언가를 원했는지도 모른다. 혹은 내가 직접 빈을 돌보고 싶었는지도 모른다.

하지만 그럴 상황이 아니었다. 빈이 태어나기도 전에 계약한 책을 집필 중이었는데 두세 달 동안 단 한 줄도 쓰지 못했던 것이다. 한 번 연장한 마감일이 또 다시 다가오고 있었다. 차선책으로 필리핀 출신의 사랑스러운 보모 애들린을 고용했다. 애들린은 아침에 출근해 하루 종일 빈을 돌봤다. 문제는 내 작업실이 집에 있었다는 것이다. 원고를 쓰면서도 아이 상태를 엿보고 싶은 욕망을 억누를 수가 없었다. 나에게도 애들린에게도 좋을 턱이 없었다. 왠지 이제 막 말을 배우는 빈이 필리핀어를 배울 것만 같았다. 결국 고급스럽진 않아도 크레쉬가 더 나을 것이라는 생각이 들었다.

크레쉬는 기대 밖으로 편리했다. 우리 집에서 큰길을 하나 건너면 바로 크레쉬가 있다. 19세기의 세탁부들처럼 나도 종종 크레쉬에 들러 빈에게 모유도 먹이고 콧물을 닦아줄 수도 있다. 무엇보다 프랑스 엄마들의 압력에 저항하기가 힘들었다. 이웃들은 일제히 크레쉬의 장점을 칭송했다. 결국 구청에 지원서를 냈다.

왜 우리는 탁아소에 그토록 회의적인 걸까? 그 답 역시 19세기에 기원을 두고 있다. 1800년대 중반 마르보가 설립한 크레쉬 소식은 미국에도 당도했다. 소문 중에는 침대 기둥에 묶여 지내는 가엾은 아이들 이야기도 포함되어 있었다. 호기심 많은 박애주의자들과 사회사업가들이 파리를 방문했고, 깊은 인상을 받고 돌아왔다. 이후 수십 년간 자선기금으로 만들어진 크레쉬가 보스턴, 뉴욕, 필라델피아, 버펄로의 빈곤층 자녀를 위해 문을 열었다. 프랑스식 이름을 그대로 쓰는 곳도 있었지만 대다수는 '주간 탁아소day nurseries'라고 불렸다. 1890년대에 이르자 주간 탁아소는 아흔 곳으로 늘었다. 이민자 자녀들이 주된 이용자였는데, 아이들이 거리로 나가지 않게 보호하고 '미국인'으로 만드는 게 주임무였다.

20세기에 접어들자 2~6세 아동을 위한 사설 어린이집과 유치원을 설립하는 '보육운동'이 활발해졌다. 조기교육, 사회·정서적 발달을 중시하는 새로운 사조로부터 출발한 것인데, 처음부터 중산층과 중상위 계층을 대상으로 한 운동이었다.

100년도 더 지난 오늘날까지 '탁아소' 하면 빈곤층, '어린이집day care' 하면 중산층을 떠올리게 되는 건 이런 배경 때문이다. 오늘날 대다수 미국의 어린이집이 하루 서너 시간만 운영되는 이유도 여기 있다. 어린이집에 아이를 보내는 엄마들은 일을 하러 갈 필요가 없거나 따로 보모를 구할 여유가 되기 때문이다.

미국에서 탁아소에 대한 선입견이 존재하지 않는 유일한 곳은 군대다. 세계 곳곳의 군부대에 팔백여 개의 아동발달센터가 존재한다. 여기에는 생후 6주부터 들어갈 수 있는데 통상 오전 6시~오후 6시 30분이 운영시간이다. 군대의 탁아소는 프랑스의 크레쉬와 상당히 비슷하다. 운영시간은 법정 노동시간과 비슷하며, 교육비 역시 부모의 수입에 따라 차등 부과된다. 정부가 비용의 절반을 보조하며, 프랑스의 크레쉬처럼 인기가 높아 대기자가 많다.

군대 밖의 탁아소에 대해 선입견을 갖는 것은 아마도 그 이름 때문이 아닌가 생각된다.

"영유아 조기교육기관이라고 부르면 훨씬 긍정적으로 받아들일 겁니다." 수십 년간 탁아소를 추적 연구해 온 컬럼비아 대학교의 쉴라 캐머먼Sheila Kamerman 교수는 말한다. 요즘엔 탁아소를 '유아원child care'이라고 부르기도 한다.

미국인들은 탁아소가 아이의 심리에 악영향을 미칠까 염려한다. '탁아소가 학습지체의 원인이 되거나 공격적인 아이, 애착불안을 만들어낸다'는 식의 헤드라인이 여전히 우리를 괴롭힌다. 탁아소에 보내느니 차라리 직장을 그만두겠다는 사람도 있다. 미안하게도 미국 탁아소의 질은 고르지 않기에 때로 이런 걱정은 사실이 되기도 한다. 공통 규정도 없고 보모가 소정의 교육을 받지 않는 곳도 있다. 좋은 곳도 있지만, 그런 곳은 매우 비싸거나 특정 기업 구성원에게만 열려 있다. 또 어떤 곳은 마치 대학 입학 준비단계라도 되는 듯 강도 높은 교육을 시키기도 한다.

프랑스 엄마들은 크레쉬가 자녀에게도 좋다고 굳게 믿고 있다. 파리에서는 세 살 미만 중 약 삼분의 일이 크레쉬에 다니고 절반은 집단 육아시설에 다닌다. 물론 처음 크레쉬에 아이를 맡기고 나올 때의 괴로움을 토로하는 부모들도 있다. 분리 문제 때문이다. 하지만 대부분은 크레쉬에 들어가지 못할까 봐 걱정한다.

크레쉬에선 읽기나 쓰기를 가르치지 않는다. 조기교육도 시키지 않으며, 다만 다른 아이들과의 사회화만을 가르친다. 프랑스 부모들은 크레쉬를 사회생활로 가는 입구로 여긴다. 엔지니어인 엘렌은 막내딸이 태어난 후 몇 년이나 일을 쉬었지만, 주 5일 동안 아이를 크레쉬에 보냈다. 미국 엄마들처럼 죄책감을 느끼거나 미안해하지도 않았다. 자신을 위한 시간을 갖는 것도 좋지만, 아이가 공동체 경험을 하게 해주려는 목적이라고 했다.

프랑스에서 크레쉬에 들어가기 위한 경쟁은 그야말로 치열하다. 파리 스무 개 구의 공무원과 크레쉬 책임자로 구성된 크레쉬 위원회가 합리적인 자리배분을 논의한다. 돈이 많은 제16구에선 경쟁률이 8:1이다. 파리 동부의 수수한 동네인 우리 구는 오히려 경쟁률이 3:1로 더 낮다.

크레쉬에 자리를 얻기 위한 경쟁은 새내기 부모들이 치러야 할 통과의례로 꼽힌다. 임신 6개월에 구청에 지원서를 낼 수 있지만, 여러 잡지들은 일단 임신진단키트에 양성이 나오면 바로 크레쉬 책임자와 미팅 약속을 잡으라고 조언한다.

한 부모 가정, 쌍둥이 가정, 입양 가정, 자녀가 셋 이상인 가정, 그 밖에 '특별한 어려움'이 있는 가정에 우선권이 주어진다. 마지막으로 애매모호한 범주가 존재하는데, 이는 종종 격렬한 논쟁의 대상이 되곤 한다. 구청 공무원에게 '곧 직장에 복귀해야 하는데 다른 대안이 전혀 없다'는 눈물 섞인 편지를 보내라는 조언도 있다. 그 편지를 복사해 주지사와 대통령에게 보낸 다음, 시장과의 면담을 요구하라는 제안도 있다. "시장을 만나면 아기를 품에 안고 절박한 표정으로 편지에 썼던 이야기를 다시 전하세요. 그러면 분명 효과가 있을 거예요."

사이먼과 나는 우리의 유일한 조건인 '외국인 신세'를 활용하기로 했다. 지원서에 첨부한 편지에는 아직 말도 못하는 빈의 다언어성이 싹틀 것이며, 빈의 앵글로아메리칸 특질이 크레쉬를 풍성하게 해줄 거라고 설명했다. 약속대로 디에틀린드가 크레쉬 책임자에게 우리 이야기를 좋게 해주었다. 나는 책임자를 만났고 절박함과 매력을 적절히 섞어 보여주려고 노력했다. 한 달에 한 번 구청에 전화를 걸어 '우리의 지대한 관심과 필요'를 주지시켰다. 나는 프랑스인도 아니고 투표권도 없었으므로 대통령은 건드리지 않기로 했다.

놀랍게도 정말 효과가 있었다. 빈이 9개월이 되던 9월 중반에 크레쉬에 들어갈 수 있게 되었다는 축하편지가 구청으로부터 도착했다. 나는 의기양양하게 사이먼에게 전화를 걸었다. 우리는 승리에 취해 들떠 있었다. 그러나 왠지 자격이 안 되는 상을 받아버린 기분이었고 그 상을 정말 원하는지조차도 확실히 알 수가 없었다.

빈을 크레쉬에 데리고 간 첫날 품었던 의문이 아직도 생생하다. 크레쉬는 길모퉁이 3층짜리 콘크리트 건물에 있었다. 건물 앞에는 인조잔디가 깔린 작은 마당이 있다. 미국의 공립학교와 비슷했지만 모든 게 아주 작았다. 고급스러운 정도는 아니었지만 대체로 깨끗하고 밝은 느낌이었다.

아이들은 연령별로 '대, 중, 소'로 나뉜 구역에 배속됐다. 빈이 속한 반은 햇볕이 잘 드는 방에 소꿉놀이 부엌과 작은 가구, 연령에 맞는 장난감들이 가득했다. 유리칸막이로 나뉜 취침공간에는 아이들 각자의 침대와 공갈 젖꼭지, '두두doudou'라고 부르는 끌어안고 자는 봉제인형이 있었다.

빈의 책임 교사인 안느마리가 우리를 맞아주었다. 안느마리는 60대의 할머니로 짧은 금발에 크레쉬 아이들이 여행지에서 기념품으로 사다 준 티셔츠를 입고 있었다. 크레쉬 직원들의 평균 재직기간은 13년이라고 한다. 안느마리는 훨씬 더 오래 일했다. 안느마리는 다른 보모들처럼 '육아전문가' 과정을 이수했는데, 미국에서는 이와 정확히 일치하는 교육과정이 없다.

주 1회 소아과 의사와 심리학자가 방문하는데, 그때 보모는 아이가 매일 어떻게 식사, 낮잠, 배변을 했는지 기록하고 보고한다. 빈 또래의 아이들은 한 명씩 무릎이나 푹신한 의자에 눕히고 식사를 먹인다. 매일 같은 시간에 아이들을 재우고 일부러 깨우지는 않는다고 한다. 초기 적응기간 동안에는 빈이 잘 때 옆에 놓아주겠다며, 내가 입었던 셔츠를 가져오라고 했다. 뭔가 개에게 하는 방법 같았지만 그대로 따랐다.

안느마리와 다른 교사들의 자신감은 놀라울 정도였다. 이들은 연령별로 아이들이 필요로 하는 게 뭔지 정확히 알고 있으며 그걸 자신이 제공할 수 있다고 확신했다. 그런 표현을 할 때 젠체하거나 무게를 잡지도 않았다. 처음 의심을 품었던 것은 안느마리가 나를 내 이름이 아니라 '빈 어머니'라고 불렀을 때였다. 부모 이름을 일일이 외우기 힘들다고 했다.

우리의 의심을 감안해 우선 주 4일, 9시 30분~3시 30분만 맡기기로 했다. 또래들은 더 여러 날 더 오랜 시간을 크레쉬에서 보냈다. 이곳의 운영시간은 오전 7시 30분~오후 6시다.

깨끗한 기저귀 하나를 갖고 가야 하는 점은 크레쉬의 창시자 마르보 시절과 비슷했다. 첫 2주는 적응기간으로 크레쉬에 머무는 시간을 점차 늘려갔다. 떨어질 때마다 빈은 조금 울었지만 내가 떠난 후엔 곧바로 울음을 그쳤다고 안느마리가 안심을 시켜주었다.

행여 크레쉬가 빈에게 해를 끼치고 있었다 해도 우리로선 알 수가 없었을 것이다. 하지만 빈은 크레쉬에 데려다줄 때에도 쾌활했고 데리러 갔을 때도 활달했다. 빈의 크레쉬 생활이 어느 정도 적응되자, 나는 이곳이야말로 프랑스식 양육의 소우주라는 것을 깨달았다. 물론 약간의 단점도 있었다. 안느마리와 교사들은 빈이 9개월이나 되었는데도 아직 모유를 먹는다는 데 놀랐다. 특히 내가 크레쉬에서 빈에게 젖을 물릴 때면 당황스러운 반응을 보였다. 내가 매일 점심시간 전에 유축기로 모유를 짜놓았다가 갖다 주어도 별반 감동하지 않았다. 물론 그런 나를 만류하지도 않았지만.

그러나 대범하고 긍정적인 프랑스 양육의 장점들도 두드러지게 보였다. 프랑스에선 최선의 양육에 대한 큰 합의가 존재했기 때문에, 혹여 탁아소에서 양육하는 방식이 나의 방식과 충돌할까 봐 걱정할 필요가 없다. 대부분 교사들도 부모와 같은 일정, 같은 습관을 강화시켜 준다.

일례로 크레쉬 교사들은 아무리 어린 아기라도 다 이해할 수 있다는 완벽한 확신을 품고 아기에게 말을 건다. 카드르에 관해서도 많이 언급한다. 부모 모임에서 한 교사는 시를 읊듯 말했다.

"모든 게 틀에 딱 맞춰집니다. 아이들이 도착하고 떠나는 시간이 그렇지요. 하지만 그 틀 안에서 우리는 아이들과 교사 모두를 위해 융통성, 유동성, 자발성을 발휘하려고 합니다."

빈은 하루 중 대부분 자기가 원하는 것을 갖고 놀거나 방 안을 천천히 돌아다니며 놀았다. 나는 그게 걱정이었다. 음악 수업이나 조직 활동은 어디 있지? 그러나 곧 이 모든 자유가 계획에 의한 것임을 알 수 있었다. 프랑스식 카드르의 본보기인 것이다. 아이들에게 단호한 경계가 주어지지만 그 경계 안에서 많은 자유가 주어진다.

또 아이들은 혼자 노는 법도 배워야 한다. '아이들은 놀면서 스스로를 만들어나간다'고 빈의 또 다른 선생님은 말했다.

파리의 크레쉬는 '활발한 발견정신'을 요구한다. "아이들은 발견정신을 통해 자신의 오감과 근육 사용, 지각, 물리적 공간 등을 실험하고자 하는 욕구를 연습한다." 시 보고서는 이렇게 쓰고 있다. 일부는 커갈수록 조직적 활동에 참여하지만 의무는 아니다.

아이들이 낮잠을 잘 때는 편안한 음악을 틀어주고 침대에서 읽을 수 있도록 책도 비치되어 있다. 아이들은 자발적으로 오후 간식 시간인 구테에 맞게 깨어난다. 크레쉬는 화물운송부가 아니라 온천 휴양지에 더 가까웠다.

놀이터에서도 규칙이 거의 없었는데 이 역시 의도가 있다. 아이들에게 가능한 자유를 많이 주자는 생각이다.

"아이들이 밖에 나가 있을 때 교사들은 거의 개입을 하지 않아요." 교사 메리가 말했다.

크레쉬는 아이들에게 인내심도 가르쳐준다. 어느 날 두 살 아이가 메리 선생님에게 안아달라고 하는 모습을 목격하게 되었다. 메리는 방금 점심식사를 끝낸 탁자를 치우고 있었다.

"당분간 선생님은 자유롭지 않아요. 2초만 기다려주렴."

메리는 아이에게 부드럽게 말했다. 그러고 나서 내 쪽으로 몸을 돌려 설명했다.

"우리는 아이들에게 기다리는 법을 가르치려고 해요. 몹시 중요하거든요. 아이들이 원하는 게 뭐든 즉시 얻을 수는 없어요."

교사들은 아이에게도 '권리'라는 말을 쓰고 차분하게 존중하는 언어를 사용한다. "네겐 이렇게 할 권리가 있단다.", "네겐 저렇게 할 권리가 없단다." 프랑스 부모들의 말투에서 엿보았던 철저한 확신을 품고 이렇게 말한다. 누구나 카드르가 불변이며 영원히 지속되어야 한다고 믿는다.

"금지에는 언제나 일관성이 있어야 해요. 우리는 아이들에게 늘 금지의 이유를 말합니다."

크레쉬가 특정한 것에 매우 엄격하다는 사실을 나는 빈이 배워온 말 덕택에 알게 되었다. 빈이 프랑스어를 배울 수 있는 유일한 원천은 교사들이므로, 빈이 하는 말은 곧 '크레쉬 언어'다. 마치 아이에게 하루 종일 도청장치를 달아놓았다가 나중에 테이프를 들어보는 것 같았다. 빈이 반복하는 말은 대부분 명령형이었다. 일테면 "옹 바 파 크리에(소리를 지르지 않아요)!"와 같은 말이었다. 운율이 맞아나 역시 입에 붙어버린 말은 "쿠쉬 투아(자러 가)!"와 아이 얼굴에 휴지를 대며 말하는 "무쉬 투아(코 풀어)!"다.

한동안 빈의 프랑스어는 명령형과 선언문으로만 구성됐다. 집에서 놀 때도 의자 위에 올라서서 손가락을 까딱거리며 가상의 아이들에게 큰소리로 지시를 내리는 바람에 깜짝 놀랐다.

그러나 이내 명령문이 아닌 노래를 집에 들여오기 시작했다. 빈은 "토몰라 토몰라 바토비!"라는 노래를 부르기 시작했는데, 팔을 휘휘 돌리며 점점 크게 불렀다. 알고 보니 빨리 돌아가는 풍차에 대한 프랑스의 유명한 동요, '통 물렝 통 물렝 바 트로 비트'였다.

크레쉬가 우리를 진정으로 사로잡은 것은 바로 식사였다. 크레쉬는 매주 월요일, 입구 게시판에 주간 식단을 공고한다. 나는 가끔 이 메뉴를 사진으로 찍어 이메일로 미국의 엄마에게 보냈다. 마치 파리 레스토랑에 세워놓은 칠판 메뉴처럼 보이기 때문이다. 점심은 네 가지 코스 요리다. 차가운 채소 전채, 곡물이나 채소를 곁들인 메인 요리, 매일 다른 치즈, 신선한 과일이나 퓌레 후식. 연령에 따라 식단은 조금씩 변형되는데, 어린 아기에겐 같은 음식을 으깨서 먹이는 식이다.

전형적인 메뉴를 예로 들면, 야자 순과 토마토 샐러드 전채로 시작한다. 메인 요리는 바질을 넣어 구운 칠면조 고기에 크림소스를 얹은 쌀밥이다. 거기에 생 넥테르 치즈와 갓 구운 바게트 한 조각, 후식은 신선한 키위다.

크레쉬마다 요리사가 있어 모든 것을 직접 조리한다. 주 몇 회 신선한 제철재료나 유기농재료를 실은 트럭이 온다. 가끔 쓰는 토마토 페이스트 같은 것을 제외하고는 가공식품이나 반조리식품은 일절 없다. 채소 중에는 냉동이 아주 조금 있지만 미리 조리를 거치진 않는다.

두 살짜리 아이가 이런 코스 요리를 가만히 앉아 다 먹는 모습은 상상하기 힘들었다. 결국 크레쉬는 수요일 점심시간을 할애해 참관을 허락해 주었다. 그날 빈은 베이비시터와 함께 집에 있었다. 내 딸이 매일 어떻게 점심을 먹는지 알고 정말 깜짝 놀랐다. 빈의 친구들이 정사각형 유아용 식탁에 네 명씩 둘러앉아 있는 동안, 나는 취재수첩을 들고 조용히 앉아있었다. 선생님이 뚜껑이 달린 서빙용 접시와 신선도를 유지하기 위해 비닐로 싸둔 빵을 수레에 가득 싣고 왔다. 각 식탁마다 선생님이 배석했다.

먼저 교사가 뚜껑을 열고 접시를 보여준다. 전채 요리는 비네그레트소스로 버무린 선명한 붉은색의 토마토 샐러드였다.

"다음은 생선입니다." 선생님이 말하자 아이들이 알겠다는 눈빛으로 쳐다보았다. 선생님은 버터소스를 얹은 얇은 흰살생선과 콩, 당근, 양파를 보여주었다. 다음은 치즈를 보여주었다.

"오늘은 르블뢰 치즈예요." 선생님은 무른 푸른색 치즈를 보여주며 말했다. 다음은 후식으로 통사과를 보여주었다. 나중에 선생님이 직접 식탁에서 썰어준다.

음식은 신선하고 맛있어 보였다. 접시가 멜라민 소재라는 점, 조각이 한입 크기로 작게 잘려 있다는 점, 일부 손님은 옆구리를 찔러야 겨우 "고맙습니다."라고 말한다는 점만 빼면 고급 레스토랑과 똑같았다.

그렇다면 빈을 돌봐주는 이들은 과연 어떤 사람들인가? 이를 알아보기 위해 바람 부는 어느 가을 아침 크레쉬 교사들의 교육기관인 ABC 퓌에리퀼튀르 입학시험장에 가보았다. 초조해하는 20대 여성들과 소수의 남성들까지 수백 명이 두꺼운 참고서의 실전문제를 마지막으로 확인하거나 서로를 수줍게 바라보며 서 있었다.

이들이 초조해하는 것도 당연하다. 여기 오백 명 이상의 인원 중에 이 학교에 입학할 수 있는 사람은 단 서른 명뿐이다. 지원자들은 추론, 독해, 수학, 인체생물학 시험을 치른다. 1차를 통과하면 심리학 시험, 구술 발표, 전문가 패널과의 면접이 기다린다.

이 과정을 모두 통과한 서른 명의 승자들은 1년간 정부가 지정한 교과과정에 따라 수업을 듣고 인턴과정을 거친다. 유아영양, 수면, 위생의 기본을 배우고 분유 타는 법, 기저귀 가는 법 등을 연습한다. 경력과정 중에도 지속적으로 일주일 단위의 교육을 추가로 받는다.

프랑스에서는 탁아소 교사가 선망의 직업 중 하나다. 크레쉬 교사 중 절반은 '육아전문가'나 그에 상응하는 학위 소지자이며, 사분의 일은 건강, 여가, 사회사업 학위를 보유하고 있다. 따로 자격을 요구하지 않는 나머지 사분의 일 역시 반드시 내부연수를 받아야 한다. 빈이 다니는 크레쉬는 열여섯 명의 교사 중 열세 명이 전문학위 소지자다.

크레쉬 교사인 안느마리와 다른 이들이 마치 '육아의 달인'으로 보이기 시작했다. 그들의 자신감이 이해가 되었다. 이들은 한 분야에 통달했고 부모들의 존경을 받았다. 실제로 나 역시 그들에게 큰 신세를 졌다. 빈은 크레쉬에 다닌 3년 동안 배변훈련을 마쳤고 식사예절을 배웠으며 프랑스어도 집중적으로 훈련받았다.

빈이 크레쉬에 다닌 지 3년째 되던 해, 갑자기 앞으로 더 많은 자극이 필요한 것은 아닌지 의문이 들었다. 곧 어린이집으로 옮길 준비를 했다. 그러나 빈은 여전히 크레쉬를 좋아했다. 하루 종일 제일 친한 친구 마키와 릴라 이야기를 떠들어댔다. 빈은 틀림없이 사회화를 해내고 있었다. 사이먼과 내가 빈과 함께 바르셀로나로 긴 주말여행을 떠났을 때, 빈은 끊임없이 다른 친구들은 어디에 있느냐고 물었다.

빈과 친구들은 많은 시간을 인조잔디가 깔린 마당에 나와 뛰어다니고 소리를 지르며 놀았다. 작은 스쿠터와 수레도 탔다. 내가 데리러 가면 빈은 보통 밖에 나와있었다. 나를 발견한 빈은 힘껏 달려와 행복하게 내 품에 털썩 안겨서 그날의 소식을 큰소리로 전해주었다.

크레쉬에서 마지막 날 작별파티를 하고 사물함을 정리한 뒤, 빈은 책임 교사였던 실비 선생님을 와락 안아주고 작별 뽀뽀를 했다. 전문가의 모범이었던 실비 선생님은 빈이 안아주자 울음을 터뜨렸다. 나도 울었다.

크레쉬와 작별하며 사이먼도 나도 그동안 빈이 좋은 경험을 했다는 것을 고스란히 느낄 수 있었다. 솔직히 매일 빈을 탁아소에 두고 오면서 가끔 죄책감을 느끼기도 했다. 탁아소의 악영향에 대한 미국 언론의 경고가 눈에 밟혔던 것이다.

그러나 대륙의 유럽인들은 더 이상 탁아소에 의문을 품지 않는다. 컬럼비아 대학교의 쉴라 캐머먼에 따르면 유럽인들은 학급 규모가 작고, 자애롭고 잘 교육받은 전문 양육자가 있는 고품질 탁아소가 당연히 자녀에게 좋다고 생각한다. 물론 질이 나쁜 탁아소는 제외다.

그에 반해 미국인들은 탁아소에 지나치게 큰 불안과 염려를 품고 있다. 미국 정부는 탁아제도가 아동발달과 행동양식에 미치는 영향에 대한 사상 최대 규모의 연구를 수행했다. 탁아소에 관한 미국 언론의 헤드라인 기사 상당수는 이 연구가 집대성한 자료에서 출발한다. 그러나 연구가 밝혀낸 바는 탁아제도가 그다지 의미심장한 영향을 끼치지는 않는다는 것이다.

"양육의 형태나 양보다는 양육의 질이 훨씬 더 중요한 아동발달의 예측지표다." 연구보고서는 설명한다. 아이들은 교양 있고 풍요로운 환경, 책과 놀잇감이 많은 환경, 도서관 방문과 같은 '정신고양의 경험'이 많은 환경에서 더 잘 성장한다. 주 30시간 이상을 탁아소에서 보내느냐, 집에서 엄마와 보내느냐는 큰 차이가 없다.

결국 중요한 것은 양육자의 '민감성', 즉 아이가 세계를 경험해 가는 과정을 양육자가 얼마나 잘 맞춰주는가다. 탁아소에서도 마찬가지다. '아이의 요구에 세심하게 신경 쓰고 언어적·비언어적 신호와 징후에 반응하며 아이의 호기심과 욕구를 자극하는 온화하고 기댈 만하며 관심을 쏟아주는 양육자'를 만났을 때 아이는 '고품질' 탁아소를 다니는 셈이라고 연구자는 말한다.

아이는 베이비시터든 조부모든 탁아소 교사든, 민감성이 높은 양육자와 함께할 때 더 잘 살아간다.

"추가 정보가 전혀 없는 상태에서 아무 교실에나 들어가 이 중 어떤 아이가 탁아소에서 자랐는지 가려내는 것은 불가능하다." 보고서는 결론짓는다. 그러므로 탁아소냐 아니냐가 아니라 아이가 불쾌해 할까를 염려해야 한다. 인지발달만 지나치게 걱정한 나머지 탁아소에 다니는 게 행복한지 아닌지는 아이에게 묻지 않는다. 그러나 프랑스 부모들은 그것을 중시한다.

우리 엄마도 어느새 크레쉬에 익숙해졌다. 엄마는 '탁아소'라는 말 대신 '크레쉬'라고 하는데, 그 편이 훨씬 도움이 될 것이다. 크레쉬는 분명 우리에게 많은 혜택을 안겨주었다. 좀 더 프랑스에 속하게 됐다는, 아니 적어도 이웃의 일부가 되었다는 느낌을 받았다. 고맙게도 우리는 계속 파리에 살 것인가 말 것인가 논의하기를 중단했다. 다른 곳으로 이사 가서 또 다시 유아교육 기관을 찾아 헤맬 생각은 아예 하고 싶지도 않았다. 프랑스에 계속 살고 싶은 다음 구실이 곧 생겨났다. 거의 누구나 들어갈 수 있는 무료 공립 어린이집 '에콜 마테르넬école maternelle'이 그것이다.

우리가 크레쉬를 좋아한 것은 빈이 좋아하기 때문이었다. 빈은 거기서 블루 치즈를 먹고 장난감을 나눠 가졌으며 '토마토케첩' 놀이를 했다. 빈은 프랑스어 명령형을 완벽하게 습득했고, 약간은 공격적이 되어서 내 정강이를 걷어차는 걸 좋아했다. 하지만 그 면은 아빠를 닮아서인지도 모른다. 단점을 탁아소 탓으로만 돌릴 수는 없다.

마키와 릴라는 여전히 빈의 친구다. 이따금 우리는 빈과 크레쉬에 찾아가서 입구 너머로 안마당에서 놀고 있는 아이들을 물끄러미 쳐다보기도 한다. 그럴 때마다 빈은 내 쪽으로 휙 돌아서며 말한다.

"실비 선생님이 울었어."

빈은 이곳을 몹시 소중하게 생각한다.

프랑스 육아 용어 풀이

doudou 두두: 어린아이들을 편안하게 해주는 필수품. 보통 헐렁헐렁한 봉제인형이다.

école maternelle 에콜 마테르넬: 프랑스의 무료 공립 어린이집. 아이가 만 세 살이 되는 해 9월에 시작한다.

07

분유 먹는 아기들

모유가 좋다는 건 안다, 그러나
엄마 인생이 더 소중하다

07

크레쉬를 좋아하는 건 알고 보니 쉬운 편이었다. 다른 엄마들을 좋아하게 되는 일은 그렇지 못했기 때문이다. 여자들끼리 금세 친해지는 미국식 패턴이 프랑스에선 희귀했다. 이곳에서 여자들끼리의 우정은 아주 서서히 시작되고, 커나가려면 몇 년이 걸리기도 한다. 대신 한번 형성되면 그 끈끈함은 두말할 나위가 없다고 한다.

파리에 사는 동안 몇몇 프랑스 여자들과 친구가 되었다. 그러나 대부분 아이가 없거나 멀리 살았다. 당연히 이웃들 중 빈 또래의 아이가 있는 다른 엄마들과 친구가 될 수 있을 거라고 생각했다. 서로 레시피를 교환하고 함께 소풍을 가고 남편 흉도 보는 그런 사이. 미국에선 흔한 일이다. 우리 엄마도 내가 어렸을 때 놀이터에서 만난 엄마들과 지금껏 친하게 지낸다.

그래서 크레쉬의 프랑스 엄마들이 내게 무관심했을 때 당황할 수밖에 없었다. 아침에 각자 아이들을 나란히 크레쉬에 데려다줄 때에도 그들은 '봉주르'라는 인사조차 거의 하지 않았다. 나는 빈의 같은 반 친구들 이름을 겨우 다 외웠지만 다른 엄마들은 1년이 넘도록 빈의 이름조차 몰랐다. 내 이름은 말할 것도 없고.

어디서도 우정이 피어날 조짐은 보이지 않았다. 크레쉬에서 일주일에 몇 번씩 마주치는 엄마들도 슈퍼마켓에서 스쳐 지나갈 때는 나를 못 알아보았다. 어쩌면 내 사생활을 보호해 주고 있는 걸지도 모른다. 말을 건다는 것은 관계를 형성한다는 뜻이고, 관계에는 책임이 따르니까. 아니면 그냥 콧대가 높아서일지도 모른다.

놀이터에서도 같은 일이 반복됐다. 가끔 만나는 캐나다나 호주 출신 엄마들은 생각이 나와 비슷했다. 엄마들에게 놀이터란 평생의 친구를 만날 수도 있는 곳이다. 서로를 발견한지 단 몇 분 만에 우리는 고향, 결혼생활, 외국인학교에 대한 견해를 교환했다. 우리는 금세 상대방에게서 자기 자신을 발견했다.

"견과류 시리얼을 사려고 콩코드까지 걸어갔다고요? 나도 그랬는데!"

하지만 보통 놀이터에는 나와 프랑스 엄마들뿐이다. 그리고 그들은 "나도!" 따위의 말은 하지 않았다. 아니, 눈도 마주치지 않았다. 심지어 아이들끼리 장난감을 놓고 다투고 있을 때조차 말이다. 침묵을 깨려고 "아이가 몇 살이에요?"라고 물어봐도 보통은 숫자만 중얼거리며 나를 스토커 보듯 바라볼 뿐이다. 어떤 질문도 되돌아오지 않았다. 되묻는 사람이 딱 한 명 있었는데 알고 보니 이탈리아 사람이었다.

나는 세계에서 가장 낯을 가리는 게 틀림없는 파리 한복판에 살고 있었다. 코웃음은 아마 여기 사람이 발명했을 것이다. 심지어 프랑스 사람들조차 파리지앵은 차갑고 쌀쌀맞다고 할 정도다. 나도 그냥 무시하는 게 좋았을지 모른다. 하지만 내 엄청난 호기심을 억누를 수가 없었다. 언뜻 보면 파리 사람들은 꽤나 훌륭해 보인다. 아침에 빈을 크레쉬에 데려다줄 때도 나는 보통 머리를 질끈 묶고 침대 발치에 널브러진 옷을 대충 꿰고 나간다. 하지만 그들은 머리도 완벽하게 단장하고 향수까지 뿌리고 온다. 프랑스 엄마들이 스키니 진에 하이힐 부츠를 신고 갓난아기를 유아차에 태워 공원으로 사뿐히 뛰어들어 와도, 더 이상 새삼스럽지 않다.

이 엄마들은 그저 '시크'하기만 한 게 아니다. 이상하리만큼 침착하다. 공원 저 너머에 있는 아이의 이름을 큰소리로 부르지도 않고, 울부짖는 아이를 데리고 도망치듯 공원을 빠져나가지도 않는다. 그냥 분위기 자체가 좋다. 나를 포함해 내가 아는 대부분의 미국 엄마들이 뿜어내는 피로와 걱정, 아슬아슬함의 조합을 방출하지 않는다. 아이가 옆에 없다면 아이 엄마라는 것조차 모를 것이다.

이 엄마들에게 기름진 고기요리를 억지로 마구 퍼 먹이고 싶은 충동이 일었다. 또 한편으로는 비결이 뭘까 궁금해 죽을 지경이었다. 잘 자고 기다릴 줄 알며 울고불고 떼를 쓰지도 않는 아이를 키운다면, 분명히 침착한 태도를 유지하는 데 도움이 될 것이다. 그러나 그게 전부는 아닐 것이다. 혹시 뭔가 몰래 노력을 기울이는 건 아닐까? 대체 저들의 복부지방은 어디로 간 것일까? 프랑스 엄마들은 타고나길 완벽한 존재일까? 정말 그렇다면, 그들은 과연 행복할까?

출산 직후 프랑스 엄마들과 미국 엄마들 사이에 가장 두드러지는 차이는 모유수유 여부다. 영어권 엄마들에게 모유수유 기간은 마치 월스트리트의 보너스 액수처럼 실적의 척도다. 영어권 놀이그룹에서 만난 전직 사업가 엄마는 걸핏하면 내게 가만히 다가와 순진한 척 물어댔다.

“어머, 아직도 젖을 먹여요?”

이 질문이 거짓인 이유는 모유수유 기간이 곧 경쟁거리임을 우리 모두가 알기 때문이다. 분유를 섞여 먹이거나 유축기에 지나치게 의존하거나 과도하게 오래 모유를 먹이면(이 정도면 이 엄마는 미친 히피로 보이기 시작한다.) 감점이다.

미국 중산층 엄마들에게 분유는 곧 아동학대나 다름없다. 모유수유는 인내심, 불편함, 육체적 고통을 수반한다는 점에서 그 가치가 더욱 높다. 모유수유를 장려하지 않고 심지어 많은 이들이 수유 장면을 불편하게 여기는 프랑스에서 모유를 먹이는 미국 엄마는 더더욱 보너스 점수를 받는다.

“프랑스에서 모유를 먹이는 엄마는 괴짜까지는 아니어도 뭔가 의무를 넘어선 행위를 한다는 취급을 받는다.” 파리에 거주하는 영어권 엄마들의 조직인 ‘마사쥬’가 발행한 양육가이드의 일부다. 이따금 유두가 갈라지거나 유관이 막혀 병원을 찾았다가 프랑스 의사로부터 분유로 바꾸라는 경고를 들었다는 무서운 이야기들이 나돌았다. 빈을 분만하기 전, 한 엄마는 출산 후에 절대 병원 직원에게 아기를 맡겨선 안 된다고 신신당부를 하기도 했다. 나 몰래 젖병을 물릴지도 모른다는 것이다. 이런 역경 탓에 파리에 거주하는 영어권 엄마들은 스스로를 아기의 항체를 훔쳐가려는 사악한 의사와 맞서 싸우는 모유수유 슈퍼히어로쯤으로 여겼다.

프랑스 엄마들은 왜 모유에 집착하지 않는지 이해가 안 됐다. 물론 프랑스 엄마의 63% 정도는 잠시 모유를 먹인다. 그러나 산부인과를 나오면 곧 모유를 끊는 경우가 많다. 길게 먹이는 경우는 극히 드물다. 미국 엄마들은 74%가 부분적으로나마 모유를 먹이고 삼분의 일은 생후 4개월까지도 모유만 먹인다. 그러니 7개월 아기에게 유기농 부추를 쪄서 으깨 먹이고 세 살짜리를 아프리칸 드럼 강좌에 보내는 열혈 중산층 프랑스 엄마들이 왜 모유는 고집하지 않는지 이해하기 힘들다.

"우리와는 전혀 다른 의학정보를 갖고 있는 게 아닐까?" 의심 가득한 한 미국인 엄마가 물었다. 우리가 추측한 바, 프랑스 엄마들이 모유를 먹이지 않는 이유에 대한 가설은 여러 가지다. 귀찮아서, 가슴라인이 더 중요해서, 혹은 그냥 모유수유가 중요하다는 것을 잘 몰라서.

물론 프랑스에도 모유수유 광신도들이 있다. 그러나 사회적인 압력 따위는 거의 없다. 파리에서 영어를 가르치는 영국인 친구 앨리슨이 의사에게 '13개월 된 아이에게 아직도 젖을 먹인다'고 했더니 의사가 물었다고 한다.

"남편은 뭐라고 하나요? 정신과 의사는요?"

프랑스의 대중 육아지 《앙팡》은 단언한다. "3개월 이후에도 모유를 먹이면 주위 사람들이 좋게만 보지는 않을 것이다."

두 딸을 둔 엄마이자 크레쉬 교사인 알렉산드라는 모유를 단 한 방울도 먹이지 않았다고 했다. 그 말을 하면서 일말의 미안함이나 죄책감도 내비치지 않았다. 소방관인 남편이 딸들을 보살펴야 했고 그러려면 분유를 먹이는 편이 더 좋겠다 여겼단다. 그리고 두 딸 모두 완벽할 정도로 건강하게 자랐다.

"아이 아빠가 밤에 젖병을 물리는 동안 저는 쉴 수 있죠. 잠을 잘 수도 있고 와인을 마셔도 되고요. 엄마로서 그리 나쁘지 않았어요."

프랑스 소아과 의사이자 모유수유의 오랜 지지자인 피에르 비통 Pierre Bitoun은 프랑스 여성 중에는 모유가 충분하지 않은 경우가 많다고 말한다. 프랑스의 산부인과에서는 신생아에게 몇 시간에 한 번씩 젖을 물리라고 권장하지 않는다. 모유가 충분히 나오려면 출산 직후 며칠이 결정적으로 중요하다. 처음부터 젖을 자주 물리지 않으면 어쩔 수 없이 분유에 의존하게 된다.

"사흘 후면 아기 몸무게는 200g 정도 줄어듭니다. 그러면 다들 '모유만으로는 충분하지가 않아. 분유를 더 주자.' 이렇게 나오죠. 정말 미칠 일입니다."

비통 박사는 프랑스의 병원에서 모유수유의 과학과 장점을 강연한다. 하지만 '과학보다 문화의 힘이 더 세다'고 지탄한다.

"청중의 사분의 삼가량은 모유가 분유보다 건강에 더 좋다는 사실을 믿지 않아요. 별 차이가 없다고 생각하죠. 분유도 괜찮다고들 합니다. 분유를 먹이는 것에 죄책감을 품지 않으려고 그렇게들 말하는 거죠."

프랑스 아이들이 어마어마한 양의 분유를 소비하고 있음에도 불구하고, 건강에 대한 평가를 비교해 보면 미국 아이들보다 우세하다. 프랑스는 유니세프 건강평가 등급이 선진국 평균보다 약 6점 이상 앞선다. 이 등급에는 영아사망률, 만 2세까지 면역성, 19세까지 사고사망률과 부상률 등이 포함된다. 미국은 평균보다 약 18점 아래다.

프랑스 부모들은 '분유는 끔찍하고 모유는 신성하다'고 말할 만

한 어떤 근거도 없다고 주장한다. 이들은 모유가 파리의 중산층 아기에게보다 아프리카 사막국가의 가난한 집 아기들에게 더 필요하다고 여긴다.

"분유를 먹고 자란 아이들도 모두 괜찮아요. 저도 분유를 먹고 자랐는 걸요." 두 아이를 키우는 기자 크리스틴의 말이다.

그러나 나는 그리 관대할 수 없다. 모유수유 상담사와 대화를 한 후, 나는 모유수유를 사수하겠다는 엄청난 열정에 사로잡혔고 산부인과에서 아기와 24시간 내내 같이 있기로 결정했다. 그러자니 빈이 울 때마다 잠을 깨는 바람에 산모로서 필요한 휴식을 취할 수 없었다. 그러나 이 정도 고통과 자기희생은 자연스러운 것으로 보였다.

그러던 며칠 뒤 그 병원에서 모유수유로 스스로를 고문하는 엄마는 내가 유일하다는 것을 알게 됐다. 설령 모유수유를 하더라도 밤이면 복도 끝 신생아실로 아기를 넘겨주었다. 단 몇 시간만이라도 잠을 자야 하기 때문이다.

결국 나는 몸 상태가 엉망이 되었다. 마음속엔 여전히 태만한 엄마가 되지 말아야 한다는 강박이 남아있었지만, 곧 두 손을 들고 말았다. 다행히 소문과 달리 병원 간호사들은 빈이 젖을 먹어야 할 때면 아기침대를 밀고 내 병실로 데려다주었다.

모유수유 문제를 제외하고 프랑스는 육아의 천국이나 다름없다. 프랑스에는 '모자보호서비스PMI'가 있다. 이 정부기관은 파리 전역에 사무소를 두고 만 6세까지 모든 아이들에게 무료 건강검진과 예방접종을 해준다. 심지어 불법체류자도 이 서비스를 이용할 수 있다. 그러나 중산층 부모들은 거의 이용하지 않는다. 건강보험이 소아과 비용을 거의 대부분 보장하기 때문이다.

나 역시 보건소는 잘 이용하지 않았다. 혹시 비인간적이거나 관리가 소홀하지는 않을까 걱정했던 것이다. 그러나 한 가지는 확실했다. 백 퍼센트 무료라는 것. 우리 동네 PMI 사무소는 집에서 도보로 10분 거리에 있다. 갈 때마다 같은 의사가 상주해 있었다. 티끌 하나 없이 깨끗한 대기실에는 커다란 실내놀이터도 있다. 산부인과에서 퇴원을 하면 PMI는 집으로 육아전문가를 보내 엄마와 아기를 검진해 주기도 한다. 산후우울증을 호소하면 정신과 의사를 불러준다. 이 모든 게 무료다. 청구서 같은 것도 없다.

나는 끝까지 모유수유를 고집했다. 미국 소아과학회는 12개월 동안 모유를 먹이는 것이 좋다고 권고했고, 나는 정말로 딱 그 날짜에 맞춰 젖을 먹였다. 빈의 첫돌에 마지막 고별 젖을 먹였다. 때로 젖을 먹이는 일은 정말 즐거웠다. 하지만 뭔가 하던 일을 중단하고 젖을 먹이거나 유축기를 사용하려고 집으로 달려가는 건 때때로 짜증스러웠다. 책에서 읽은 모유의 이점을 누리고 놀이그룹의 여자에게 본때를 보이고 싶어 끝까지 버텼다.

미국사회에서 모유수유에 대한 사회적 압력은 공공보건 목적에 부합한다. 하지만 정작 엄마들로서는 미칠 지경이다. 프랑스 여성들이라면 저 멀리 불안감과 죄책감이라는 육중한 트럭이 서서히 눈앞으로 다가올 때 그에 저항하려고 노력을 기울일 것이다. 비통 박사는 모유수유 장려 운동을 하는 내내 프랑스 엄마들은 '모유수유가 지능을 높이고 면역력을 좋게 한다'는 식의 주장에 절대 넘어가지 않는다는 사실을 절감했다. 프랑스 엄마들을 설득하려면 그게 아기와 엄마 둘 다에게 얼마나 즐거운 경험인지를 강조해야 했다.

"유일하게 효과를 봤던 게 바로 즐겁다는 면이었습니다."

앞으로 더 많은 프랑스 엄마들이 모유수유를 선호하게 될 것은 분명하다. 하지만 그것이 혹여 도덕적 속박이나 과시 때문이라면 그들은 하고 싶어 하지 않을 것이다. 분유가 모유보다는 부족할지 몰라도, 자신들을 더 편하게 만들어주는 것만은 확실하기 때문이다.

모유수유에는 미적지근한 프랑스 엄마들도 출산 후 원래 몸매를 되찾는 일에는 매우 적극적이다. 한 카페에 거의 매일 글을 쓰러 가는데, 그곳의 날씬한 직원이 다 큰 아이를 둔 엄마라는 걸 알고 깜짝 놀랐다. 최신유행에 민감한 20대 초반의 미혼여성이라고 생각했기 때문이다.

미국에는 '밀프MILF, Mom I'd Like to Fuck(섹시한 기혼여성)'라는 은어가 있다고 가르쳐주었더니 무척 재미있어 했다. 프랑스어에는 이런 표현이 없단다. 아이 엄마라고 해서 섹시하지 않을 이유가 전혀 없기 때문이다.

엄마들 가운데 펑퍼짐한 몸매가 모성과 헌신의 상징이라고 여기는 사람도 있지만, 출산 후에 불어난 살을 서서히 빼는 것은 전 세계적인 추세라 할 수 있다. 하지만 프랑스, 특히 파리에선 임신 중에 지나치게 몸무게를 늘리지 말라는 사회적 압력이 존재하듯 출산 후에도 곧바로 몸무게를 줄이라는 압력이 존재한다. 당분간 불어난 상태로 남아있어도 되는 '엄마 안전지대' 같은 것은 없다. 더군다나 '엄마는 여성이 아니'라는 인식도 없다. 프랑스 남자들 역시 자기 아내가 출산과 함께 성적 매력과 자신을 돌보는 일을 송두리째 포기하도록 놔두지 않는다.

프랑스에서는 3개월이 마법의 숫자다. 어느 연령대든 대략 산후 3개월이면 임신 전의 몸매로 돌아간다. 저널리스트인 오드리는 두 번 출산 때마다 곧바로 예전 몸매로 돌아갔다고 말했다. 한 번은 심지어 쌍둥이 출산이었다.

"물론이지. 자연스럽게 빠졌는 걸. 넌 안 그러니?"

프랑스 남편을 두지 않은 관계로 나는 이 3개월 규칙으로부터 자유로웠다. 빈이 6개월이 될 때까지 살과 관련된 그 어떤 말도 들어본 적이 없다. 마치 아직 태반이 남아있기라도 한 것처럼 배와 엉덩이 둘레에 두둑하게 살집이 있었다. 가시 돋친 말을 해줄 프랑스 시댁식구들이 있었다면 틀림없이 더 날씬해졌을지 모른다. 비만이 사회적인 관계망을 타고 퍼져나가듯, 날씬한 몸매도 마찬가지다. 주변의 모든 이들이 몸무게를 빼는 걸 당연시하면 스스로도 그렇게 될 것이다. 아니, 임신 때부터 심하게 몸무게가 불어나지 않도록 조심했을 것이다.

출산 후 살을 빼기 위해 프랑스 여성들이 남달리 강도 높게 하는 일이 있다.

"조심을 많이 하죠."

세 아이의 엄마인데도 날씬하기 그지없는 비르지니가 설명해 주었다. 그녀의 얘길 들을 때 나는 눈앞의 음식을 게걸스럽게 탐닉 중이었다. 비르지니는 프랑스어로 '레짐régime'이라고 부르는 다이어트를 절대 하지 않는다고 한다. 그저 얼마간 많이 조심을 한다.

"그게 무슨 뜻이에요?" 내가 후루룩 쩝쩝 소리를 내가면서 물었다.

"빵을 안 먹어요." 그녀가 단호하게 말했다.

"빵을 먹지 않는다고요?" 나는 어리둥절해하며 되물었다.

"네. 빵을 먹지 않아요." 비르지니는 냉정하고도 침착하게 대답했다.

평생 먹지 않는다는 말이 아니었다. 평일에는 빵을 먹지 않는단다. 주말이나 가끔 주중에 외식을 할 때만 먹고 싶은 대로 먹는다고 한다.

"먹고 싶은 대로 먹는다는 것도 결국엔 적당히 먹는다는 뜻이겠죠?" 내가 물었다.

"아니에요. 정말로 먹고 싶은 대로 먹어요." 그녀는 다시금 단언조로 말했다.

《프랑스 여자는 살찌지 않는다》에서 미레유 길리아노가 처방한 방법과 비슷하다. 길리아노는 단 하루 자유롭게 먹되 그때도 너무 과식하지는 말라고 제안한다. 실제 이 방법을 통해 엄청난 성공을 거둔 사람을 눈앞에서 목격하자 감동이 몰려왔다.

'조심한다'는 의미는 프랑스 여성들이 직관적으로나마 최선의 과학을 따르고 있다는 징표다. 연구자들에 의하면 적당한 체중을 지속적으로 유지하려면 식사일지를 쓰고 매일 몸무게를 재는 등 세심하게 관리하는 것이 최고의 방법이라고 한다. 특정 음식을 무조건 배제하지 않고 나중에 언제든 먹을 수 있다고 여길 때 의지력이 더 강해진다.

어린아이들에게 '착하게 굴라'고 말함으로써 죄책감을 유발하거나 사기를 꺾는 것과 '먹는 것은 나쁜 일'이라고 여기는 미국식 다이어트 방식은 비슷하다. 그보다는 '조심한다'는 중립적이고 실용적인 프랑스식 표현이 더 마음에 든다. 조심하기를 잠시 중단하고 케이크를 조금 먹는다 해도 얼마든지 스스로를 용서하고 다시 마음을 다잡아 조심하면 된다.

비르지니는 이 방법이 파리 여자들의 시크릿이라고 말했다.

"날씬한 사람들은 다들 아주 미세하게나마 조심을 하고 있다고 봐야 해요."

1~2㎏ 정도 체중이 늘면 좀 더 세밀하게 조심한다. 저널리스트인 크리스틴은 이 시크릿을 아주 간단한 말로 축약해 주었다.

"파리 여자들은 많이 안 먹어."

비르지니는 내가 조심하고 있지 않다고 여긴 모양이다. 갑자기 내게 물었다.

"혹시 카페크렘 마셔요?"

파리지앵들이 카페오레를 일컫는 말이다. 에스프레소 샷에 뜨거운 우유 한 컵을 부은 것으로, 우유 거품은 넣지 않는다. 거품을 넣으면 카푸치노가 된다.

"네. 하지만 무지방 우유를 넣어 먹어요." 나는 힘없이 말했다. 집에서만 그렇게 한다.

비르지니는 아무리 무지방이라도 소화가 어렵다고 말했다. 자기는 에스프레소를 뜨거운 물로 희석한 카페 알롱제를 마신다고 한다. 아니면 그냥 아메리카노나 차를 마시라고 권했다. 나는 신탁이라도 받은 사람처럼 비르지니의 말을 일일이 받아 적었다. 물을 많이 마셔라! 계단을 이용해라! 산책을 하라!

나는 어디로 보아도 비만은 아니다. 그저 약간 엄마스러울 뿐이다. 빈을 무릎 위에 앉혀도 아이가 튀어나온 뼈 때문에 아파할 위험이 없다. 하지만 나 역시 날씬해지고 싶다. 책 집필을 마치고 목표

체중에 도달할 때까지는 임신을 다시 하지 않겠다고 다짐했다.

프랑스 엄마들이 모두 날씬한 것은 아니다. 또 미국 엄마들 중에도 출산 3개월이면 임신 전에 입던 청바지를 입는 사람이 있다. 하지만 날씬한 미국 엄마들조차 멀리서부터 엄마라는 게 확 눈에 띈다. 늘 아이를 향해 몸을 숙이고 위험한 건 없는지 주위를 꼼꼼히 살피고 장난감이나 잡동사니를 아이에게 건네준다. 누가 봐도 신경이 온통 아이에게 가 있다.

프랑스 엄마들은 몸만이 아니라 정체성까지도 임신 이전으로 돌아간다. 언뜻 보면 아이들과 꽤 거리를 두는 듯 보인다. 정글짐이나 미끄럼틀을 함께 타거나 밑에서 기다리는 엄마, 시소 같은 걸 같이 타는 엄마를 본 적이 없다. 막 걸음마를 배운 아기가 아니라면, 대개 놀이터나 모래사장 주변에 가만히 떨어져 있다.

미국 가정을 가보면 집안 곳곳에 장난감이 넘쳐난다. 어떤 집은 거실 책장을 정리하고 아이 장난감으로 채우기도 한다. 물론 프랑스 부모들 중에도 거실에 장난감을 두는 경우가 있다. 그러나 대다수는 그렇게 하지 않는다. 아이 장난감이 많아도 가족 공용 공간까지 침범하게 두지는 않는다. 최소한 저녁이면 장난감을 정리한다. 잠자리에 들기 전에 마음을 깨끗이 비우듯 장난감을 정리한다. 낮 동안은 자기 아이를 미친 듯이 사랑하는 이웃의 사미아 역시 딸아이가 잠자리에 들면 일체의 아이 물건을 정리한다고 한다.

"장난감은 더 이상 보고 싶지 않아요. 아이의 우주는 아이 방에 있으니까요."

물리적인 공간만 분리하는 게 아니다. 아무리 좋은 엄마도 아이를 돌보는 것에서 얼마간 자유로워야 하고, 그런 이유로 죄책감을 가질 필요가 없다고 여긴다.

미국 양육서 역시 '엄마에게도 자기 삶이 있어야 한다'는 식의 말을 형식적으로 덧붙인다. 하지만 '육아는 엄마, 특히 전업주부에게는 온전히 자기 일이므로 베이비시터를 둔다는 것은 사치'라는 식의 통념을 내비친다. 하지만 파리에서는 전업주부 역시 자기만의 시간을 갖기 위해 유아를 탁아소에 맡기는 일을 당연하다고 여긴다. 그 시간에 요가 수업을 듣거나 미용실에 가는 것에 죄책감을 느끼지 않는다. 그렇다 보니 전업주부라고 해서 아무렇게나 흐트러진 모습으로 다니지 않는다. 자기를 돌볼 충분한 시간이 있기 때문이다. 그런 모습을 보면 프랑스 엄마와 미국 엄마는 마치 전혀 다른 종족처럼 보일 정도다.

물리적인 시간만 허락하는 게 아니다. 정신적으로도 아이와의 분리를 허락한다. 할리우드 영화를 보면 여자주인공에게 자녀가 있는지 없는지 금세 알 수 있다. 가끔 그 자체가 영화의 주제이기도 하다. 그러나 프랑스 로맨스 영화나 코미디를 보면 주인공에게 자녀가 있는지 여부가 전체 줄거리나 구성과 별 상관이 없다. 전형적인 프랑스 영화 〈후회Les Regrets〉에는 작은 마을의 여교사가 병든 어머니 때문에 고향으로 돌아온 옛 남자친구와 다시 사랑에 빠지는 이야기가 등장한다. 영화를 보면 여교사에게 딸이 있다는 것을 어렴풋이 짐작만 할 따름이다. 딸은 아주 잠깐 등장할 뿐, 나머지는 온통 정사장면으로 가득한 사랑이야기다. 그렇다고 주인공을 나쁜 엄마로 묘사하지도 않는다. 그저 엄마라는 사실이 별로 중요하지 않은 것뿐이다.

부모가 된다는 것은 매우 중요한 일이지만 부모라는 사실이 다른 역할까지 잠식해서는 안 된다는 게 프랑스 사회의 지배적인 메시지다. 파리에서 만난 여성들은 엄마가 아이의 '노예'가 돼서는 안 된다는 말을 자주 한다. 물론 프랑스의 여성들 중에도 엄마 노릇에 푹 빠져 있는 사람이 있고, 미국 엄마인데도 그렇지 않은 여성들도 있다. 그러나 양쪽이 이상적으로 그리는 모습은 완전히 다르다.

프랑스 엄마들이 즐겨 보는 한 잡지에서 프랑스 여배우 제랄딘 파일라Géraldine Pailhas의 화보를 보고 깜짝 놀랐다. 서른아홉 살의 파일라는 두 아이의 엄마이지만 전혀 다른 엄마의 전형을 보여준다. 화보 속 파일라는 유아차를 밀면서 동시에 먼 곳을 바라보며 담배를 피우고 있다. 또 다른 사진 속에선 금발 가발을 쓰고 이브 생로랑Yves Saint Laurent의 전기를 읽고 있다. 세 번째 사진에선 검은색 이브닝 드레스를 입고 아찔한 스파이크 힐을 신고 복고풍 유아차를 밀고 있다.

피처 기사에선 파일라를 프랑스의 이상적인 어머니상으로 묘사한다. "그녀는 그 자체로 여성해방의 표상이다. 엄마로서 행복을 느끼고 새로운 경험에도 왕성한 호기심을 품으며 위기상황에도 지혜롭게 대처하지만, 완벽한 엄마가 되기 위해 발버둥 치지도 않는다."

파일라를 보면 그간 나에게 낯설게 대했던 프랑스 엄마들이 떠오른다. 그들은 현실적인 엄마지만, 동시에 아이와 독립적으로 죄책감 없이 '자유'의 순간을 즐기고자 한다. 파일라는 미국 은어 'MILF'들처럼 발악하는 듯이 보이지 않는다. 섹시하면서도 편안해 보인다. 아이가 행복하기에 행복한 것이 아니라, 그저 여자로서 행복한 모습이다. 그렇다고 '엄마'이기를 거부하고 '여성'으로서만 부각되기를 원하는 게 아니라, 엄마와 여성의 역할이 잘 융합돼 있다. 그 둘이 동시에 보이지만 둘은 서로 갈등하지 않는다.

⚜ 08 ⚜

완벽한 엄마는 없다

모든 것을 헌신하는 엄마는 불행한
아이를 만들 뿐이다

08

드디어 첫 책을 다 썼다. 책이 서점에 나왔다는 이유로 불현듯 내 안의 '여성성'이 잠에서 깨어났다. 홍보 투어도 해야 했다. 이것 역시 나의 여성성에 불을 댕겼다. 남편과 딸을 두고 뉴욕으로 훨훨 날아갔다.

진정한 변신은 책이 프랑스어로 발간되었을 때 시작됐다. 이방인으로 지냈던 바로 그 파리에서, 나는 갑자기 주변의 주목을 받게 됐다. 내 첫 책은 기자의 시선으로 본 일종의 문화별 불륜 보고서다. 미국인들은 그 책을 진지한 도덕적 탐구로 조망한 반면, 프랑스인들은 그저 재미로 쓴 책이라고 여겼다.

생방송 토크쇼에 게스트로 초대되기도 했다. 어설픈 프랑스어 탓에 해프닝도 있었지만, 그 과정을 거치면서 낯설기만 했던 프랑스 사회와도 보조를 맞춰가는 느낌이 들었다.

프랑스 엄마들은 출산 후 재빨리 모유를 끊고 몸과 마음을 추스른 뒤 다시 직장으로 돌아간다. 대다수의 엄마들이 아기를 낳고도 직업을 버리지 않는다. 아이를 낳은 미국 엄마에게는 통상 "일은 하시나요?"라고 묻지만, 프랑스 엄마에게는 "무슨 일을 하십니까?"라고 묻는다.

미국에선 많은 여성들이 육아를 위해 직장을 그만두는 것을 보았다. 하지만 프랑스에선 딱 한 명 보았을 뿐이다. 원고로부터 자유로워진 후, 빈을 데리고 공원으로 산책을 나갔다가 '프랑스에서 전업주부로 산다는 것'에 대해 처음으로 생각해 보게 되었다.

빈과 함께 공원 정자에 앉아 있는데, 미국식 영어가 들려와 고개를 돌렸다. 한 여성이 어린아이 둘을 데리고 왔다. 우리 둘은 곧바로 살아온 이야기를 주고받았다. 에디터였던 그녀는 교수인 남편을 따라 파리에 왔다고 한다. 남편이 일을 하는 동안, 그녀는 아이를 돌보며 파리 곳곳을 샅샅이 찾아다니며 즐기기로 했다.

그러나 9개월이나 지나도록 도무지 '빛의 도시'를 즐기고 있다는 실감이 나질 않았다. 어린애 둘을 데리고 공원만 왔다 가는 일상이 반복됐다. 그녀는 말을 약간 더듬으면서 그때마다 내게 사과했는데, 누군가와 대화를 나누는 일이 좀처럼 없기 때문이라고 했다. 영어권 엄마들의 모임이 있다는 얘긴 들었지만, 프랑스에서 보내는 소중한 시간을 미국인들과 보내고 싶지는 않단다. 프랑스어를 꽤 잘하는 것으로 보아, 주변의 프랑스 엄마들과 어울리는 것 아닐까 짐작하는 찰나, 그녀가 불쑥 물었다.

"대체 여기 엄마들은 다 어디에 있는 거죠?"

어디 있긴? 당연히 직장에 있다. 프랑스 엄마들은 대부분 아이를 낳고 직장으로 돌아간다. 크레쉬가 있고 보모를 채용하면 보조금이 나오며, 육아에 다양한 보조를 받을 수 있기 때문이다. 그들이 출산

3개월 만에 예전 몸매를 되찾는 것도 우연이 아니다. 직장 복귀 시기와 맞아떨어진다.

단순한 생계 때문이 아니라, 그들 자신이 직장으로 돌아가기를 원한다. 2010년 퓨 리서치 조사에 의하면 프랑스 성인의 91%가 가장 만족스러운 결혼생활 형태로 맞벌이를 꼽았다. 대신 아이 엄마는 어린이집이나 초등학교가 쉬는 수요일마다 아이들과 집에 머물 수 있도록 '주 4일 근무'를 한다. 전업주부는 거의 찾아보기 힘들다. 특히 대졸 중산층의 경우 더더욱 그렇다.

"한 명 아는데 이혼을 준비 중이에요." 변호사인 에스테가 말해주었다. 그 여성은 세일즈 일을 했었는데, 아이를 돌보려고 일을 그만두었다. 하지만 남편에게 재정 의존도가 높아지자, 자기 의견을 적극적으로 내세우지 못하게 됐다고 한다.

"감정과 불평이 쌓이고 쌓여서 점점 더 나빠졌어요."

에스테는 혹여 직장을 쉬게 되더라도 어디까지나 막내가 만 두 살이 될 때까지만이라고 덧붙였다. 특히 전문직 여성의 경우 몇 년의 공백은 불리한 선택이라고 말한다.

"당장 내일이라도 남편이 실직할 수 있잖아?" 친구 다니엘은 말했다.

아이 셋을 키우는 엔지니어 엘렌은 남편의 월급만으로 살아가는 것도 나쁘지 않겠지만, 일을 그만두고 싶지 않다고 말한다.

"남편이란 존재는 언제라도 사라질 수 있으니까."

프랑스 여성이 일하는 이유는 경제적 안정만이 아니다. 그들은 사회적 지위를 추구한다. 적어도 파리에서는 전업주부의 위상이 그리 높지 않다. 프랑스에서 전업주부에 대한 이미지는 다소 소극적이고 고립된 모습이다.

시니컬하게 들리겠지만, 10대 딸을 둔 50대 초반의 저널리스트 다니엘은 가감 없이 말한다.

"아이들이 다 크고 나면 사회적으로 무슨 쓸모가 있겠어요?"

프랑스 여성들은 아이에게 올인하면 엄마 자신의 삶의 질은 누가 책임지느냐고 공개적으로 의문을 던진다. 프랑스 언론 역시 전업주부들이 느낄 상실감을 감싸려 하지 않는다. 한 기사에는 이런 구절이 있다. "전문적인 활동을 하지 않음으로써 아이가 자라는 걸 온전히 볼 수는 있을 것이다. 하지만 전반적으로 고립과 고독이라는 불편함을 안겨줄 뿐이다."

사정이 이렇다 보니, 파리에는 주중에 놀이그룹, 동화구연, 부모참관 수업 같은 게 거의 없다. 그나마 존재한다면 주로 영어권 엄마들을 위한 것이다. 내가 참여하는 놀이그룹에 프랑스 아이가 하나 있긴 한데, 부모가 아니라 베이비시터가 아이를 데리고 온다. 아이 엄마는 아이가 영어를 사용하길 원하는 듯하다. 그 엄마는 자기가 모임을 주관할 차례가 되고 나서야 비로소 얼굴을 내밀었다. 하이힐에 정장차림으로 사무실에서 서둘러 달려왔다. 그녀는 운동화를 신고 불룩한 기저귀 가방을 든 영어권 엄마들을 이국의 동물 떼 보듯 바라보았다.

미국에선 양육을 위한 전문설비와 시설이 당연하게 됐다. 뉴욕에 갔을 때, 값비싼 아파트 단지 내의 놀이터를 보고 입이 떡 벌어졌다. 낮은 미끄럼틀, 스프링 동물 등으로 이루어진 유아용 놀이터가 높은 담으로 둘러싸여 공원 한쪽에 분리되어 있었다. 철저히 유아들을 위해 마련된 곳이다. 외국인 베이비시터들이 벤치에 앉아 아이들을 지켜보며 수다를 떨고 있었다.

그때 한 백인 엄마가 아이를 안고 놀이터로 들어왔다. 여성은 아이를 졸졸 쫓아다니며 끊임없이 독백을 하고 있었다.

"개구리 타고 싶니, 칼렙? 그네 타러 갈까?"

칼렙은 엄마가 귀찮은 듯했다. 하지만 엄마는 아이에게 착 달라붙어 떨어질 줄을 몰랐다.

"우리 칼렙이 걷고 있네!"

나는 어쩌다 만난 열정이 지나친 엄마려니 생각했다. 하지만 곧 이어 또 다른 엄마가 들어왔다. 그녀 역시 아이의 모든 행동을 말로 표현하기 시작했다. 아이가 잔디밭이 보이는 문 쪽으로 걸어가자, 엄마는 조바심을 내며 달려가 대뜸 아이를 거꾸로 안아 들었다.

"자, 거꾸로! 거꾸로 매달려 보자."

그러더니 셔츠를 걷어 올리고 아이에게 젖을 물렸다. 아기가 젖을 먹는 동안에도 여성은 계속 노래하듯 독백했다.

"우리가 공원에 왔네! 여기는 공원이구나!"

놀라운 것은 이후로도 여러 엄마들이 똑같은 풍경을 연출했다는 점이다. 한 시간 정도 사태를 관찰하고 나자, 나는 아이 엄마가 든 핸드백 브랜드만 보아도 저 엄마가 독백놀이를 할 것인지 아닌지 정확히 예측할 수 있게 되었다. 가장 충격적인 것은 그들 스스로 자기 모습을 전혀 부끄러워하지 않는다는 점이었다. 아이에게 조근조근 설명하기 위해 속삭이는 수준이 아니라 거의 방송을 하는 수준으로 주변이 떠나가라 독백을 해대면서도 말이다.

뉴욕의 프랑스인 소아과 의사 미셸 코헨에게 내가 본 장면을 설명해 주었다. 그랬더니 그는 단번에 무슨 상황인지 이해했다. '자기가 얼마나 좋은 엄마인지 과시하려고 일부러 큰소리로 말하는 것'이며 뉴욕에서 요즘 흔히 볼 수 있는 모습이라고 했다. 오죽하면, 자기가 쓰는 양육서에 '자극'이라는 장을 따로 할애해 '제발 독백놀이를 그만두라'고 강조할 정도라고 한다. 그는 미국 엄마들의 이른바 '집중intensive양육'이 도를 넘어섰다고 말한다.

미국 엄마들은 여전히 그 옛날 피아제에게 던졌던 미국식 질문을 퍼붓고 있다. "어떻게 하면 내 아이가 빠른 속도로 발달할까?" 아이의 일거수일투족에 관여하고 끊임없이 자극을 주지 않으면, 내 아이만 도태되어 어마어마한 희생을 치를 것만 같다. 특히나 모든 부모가 다 그렇게 하고 있다면, 나만 빠져선 안 될 것 같은 기분이 든다.

미국 중산층 엄마들이 생각하는 '아이에 대한 개입'의 기준은 심히 상향조정된 것 같다. 사회학자 아네트 라로Annette Lareau는 백인이나 아프리카계 중산층 부모 사이에서 목격한 '집중양육'의 현실을 이렇게 꼬집는다. "이들은 자녀를 일종의 프로젝트로 본다. 일련의 조직활동, 집중적인 추론과 언어발달 과정, 교육기관에서의 경험을 세밀하게 관리 감독함으로써 아이의 재능과 기술을 한층 계발할 수 있다고 믿는다."

사실 내가 프랑스에서 아이를 키우겠다고 결심한 것도 일종의 집중양육을 위한 선택이었다. 2개 국어 능통, 국제적인 인간, 치즈를 즐길 줄 아는 사람으로 키우고 싶었다. 하지만 막상 프랑스에 오니까 다른 좋은 방법들이 있었고, 더군다나 여기엔 영재유치원 같은 건 없었다.

미국에서 중산층으로 살면서 집중양육을 피해 갈 방법은 별로 없어 보인다. 더하면 더했지 그 열기는 줄어들 줄 모른다. 워킹 맘인

한 친구는 딸아이의 축구 경기만이 아니라 연습까지 참관해야 한다며 불평이 이만저만이 아니다.

남보다 뛰어나야 한다는 압력은 아이가 걸음마를 하기도 전에 시작된다. 뉴욕의 한 엄마는 만 한 살 아이를 위해 프랑스어, 스페인어, 중국어 가정교사를 채용했다. 아이가 두 살이 되자 프랑스어를 그만두고 미술, 음악, 수영, 수학 수업을 추가했다. 결국 자기 일을 팽개친 엄마는 대부분의 시간을 유명 어린이집에 지원서를 내는 데 투자한다.

극소수 뉴요커들의 이야기가 아니다. 마이애미에서 분별력 있어 보이는 주부 다니엘과 식사를 한 적이 있었다. 치맛바람에서 자유로운 사람을 꼽으라면 단연코 다니엘일 거라고 생각했다. 유행에 휘둘리지도 않고 남의 눈치를 보지도 않는 타입이다. 어린 시절을 이탈리아에서 보낸 다니엘은 3개 국어를 하고 MBA 학위에다 화려한 경력의 소유자다. 더군다나 과열된 양육 풍토에 난색을 표했다. 그런 다니엘도 마음속 갈등을 털어놓았다.

"옆집 아이는 저렇게 많은 걸 하는데 내 아이는 어떻게 경쟁에서 살아남을 수 있을까? 자꾸 그런 생각이 드는 거죠. 그럴 때마다 스스로 다짐해요. 그런 게 중요한 게 아니라고, 우리 아이가 그런 걸로 경쟁하는 걸 원하지 않는다고."

하지만 그런 다니엘조차 아이들의 일정을 쫓아다니느라 눈코 뜰 새가 없다. 네 아이의 학교 운동연습에 따라다니고 교회 학생부, 도자기 수업, 외국어교실, 금요모임, 방과 후 숙제를 봐주는 일만 해도 여유가 없을 정도다.

"MBA에서 배운 관리학 기술을 어디 써먹고 있는 줄 알아요? 아이들 라이딩 계획을 세우는 데 쓰고 있어요.”

과외활동을 그만두게 하면 된다는 걸 알지만, 모두들 비슷한 스케줄에 휘둘리기 때문에 동네에 놀 아이들이 없어서 어쩔 수 없다고 한다. 결국 다니엘은 직장에 복귀하지 못했다.

“아이들이 초등학교에만 들어가면 이 생활이 끝날 줄 알았죠.”

프랑스 정부가 육아를 제공하고 보조함으로써 프랑스 엄마들의 삶은 확실히 편안해졌다. 그러나 프랑스에 와서 직접 보니 그런 여유 있는 삶을 만드는 주체는 프랑스 엄마들 자신이었다. 엄마와 아이가 모두 모여 노는 미국식 놀이그룹과 달리, 프랑스에선 한 집에 아이들만 데려다줄 뿐 부모는 참석하지 않는다. 프랑스 부모들이 무뚝뚝하고 퉁명해서가 아니다. 실용적인 것이다. 그 시간에 각자 할 일을 한다. 물론 아이를 데리러 갔다가 차를 한잔 같이할 때는 있다.

생일파티도 마찬가지다. 미국과 영국은 파티 내내 엄마가 참여해 몇 시간이고 ‘사교’를 한다. 누구도 사실대로 말하진 않지만 자기 아이가 안전한지 지켜보려는 목적도 있다. 하지만 프랑스에선 만 세 살만 되어도 부모가 배석하지 않는다. 엄마가 없어도 잘 놀 거라고 믿는다. 부모는 보통 파티 끝 무렵에 다시 와서 샴페인을 한잔하거나 다른 부모들과 허물없이 대화를 나눈다. 사이먼과 나는 초대를 받을 때마다 감격했다. 무료로 애를 봐주면서 칵테일파티까지 열어주다니.

프랑스에서 엄마가 종일 아이를 데려다주고 데려오는 행위를 따로 부르는 말이 있다. ‘마망탁시maman-taxi(택시엄마)’다. 칭찬이 아니다. 파리의 건축가 나탈리는 토요일에 세 아이들을 각자 활동에 데려다주는 베이비시터를 따로 고용했다. 그 시간에 자신은 남편과 함께 외식을 한다.

"아이들에게 헌신할 때는 하지만, 손을 뗄 때는 확실히 떼는 거죠."

내 다이어트 스승인 비르지니는 아들의 초등학교 친구 엄마들과 거의 매일 아침 카페에서 모인다. 어느 날 아침 나도 그 모임에 참석했는데 어느새 화제가 과외활동으로 넘어갔다. 테이블 온도가 급격히 상승했다. 비르지니가 상반신을 곧추세우고 좌중을 향해 말했다.

"아이들은 혼자 놔둬야 해요. 조금은 심심할 필요도 있어요. 놀 시간도 있어야 하고요."

비르지니를 포함해 거기 모인 엄마들은 게으름뱅이가 아니다. 누구보다 헌신적인 엄마다. 집에는 책이 가득하고, 아이들은 펜싱, 기타, 테니스, 피아노, 레슬링 수업까지 받는다. 그러나 대부분 한 학기에 한 가지 활동만 선택한다.

엄마들 가운데 하나가 얼마 전부터 테니스 강좌를 그만두게 했다고 말했다. 수업이 너무 무리라는 생각이 들었다는 것이다.

"누구한테 무리였는데요?" 내가 물었다.

"저한테요." 그녀가 대답했다.

"아이들을 데려다주고 1시간 후에 다시 가서 데려와야 했어요. 음악 수업을 들으니까 저녁에 집에서 연습도 시켜야 하잖아요. 저한테는 시간낭비예요. 아이들도 그렇게까지 할 필요가 없고요. 숙제도 많고 동아리 활동도 하니까요. 아이가 둘이라 심심할 틈도 없어요. 그래서 우리 부부는 아이들만 두고 주말마다 외출을 해요."

너무도 많은 프랑스 엄마들이 이런 식으로 양육하는 것은 우연의 일치가 아니다. 아이를 그냥 내버려 두는 원칙은 프랑스 양육의 수호성인인 프랑수아 돌토로부터 유래한다. 돌토는 아이 스스로 헤매다 문제를 해결할 수 있도록 혼자, 안전하게, 놔두라고 분명히 말한다.

돌토의 책 《아동기의 주요 단계The Major Stages of Childhood》는 이렇게 묻는다. "왜 엄마가 아이를 위해 모든 것을 해야 하는가? 아이가 설령 아침에 혼자 옷을 갈아입고 신발을 신느라 시간을 다 써버려도 스스로 문제를 해결했다는 데 꽤나 흡족해한다. 스웨터를 거꾸로 입거나 바짓가랑이가 서로 꼬여 있거나 동네 골목을 휘젓고 다녀도 무척 행복하다. 아이가 엄마를 졸졸 따라 시장까지 같이 나서지 않는다면? 그거야말로 한결 기분 좋은 일이다!"

프랑스혁명 기념일에 빈을 데리고 동네 공원에 놀러 갔다. 이미 부모들과 어린아이들로 가득했다. 나는 상당 시간을 빈이 장난감을 갖고 노는 걸 거들거나 옆에서 책을 읽어주며 보냈다. 독백놀이까지는 하지 않았다.

우리 바로 옆에 프랑스 엄마 하나도 아이를 데리고 자리를 잡았다. 그 여성은 걸음마 할 나이의 딸이 별다른 장난감도 없이 혼자 노는 동안, 친구와 수다를 떨고 있었다. 오후 내내 놀기 위해 가져온 것이라곤 달랑 공 하나뿐이었다. 점심을 먹고 나서 아이는 풀을 갖고 장난을 치며 뒹굴다가 멍하니 풍경을 바라보기도 했다. 그러는 와중에도 엄마는 계속 친구와 대화를 나누었다.

똑같은 태양과 똑같은 풀이다. 그러나 나는 미국식 소풍을, 그녀는 프랑스식 소풍을 즐기고 있었다. 정도는 달랐지만 나 역시 뉴욕에서 보았던 그 극성엄마들과 별반 다를 것이 없었다. 어떻게든 빈의 발달 속도를 높이려고 노력하며, 그것을 위해 나 자신의 즐거움은 기꺼이 희생했다. 반면 프랑스 엄마는 자기 딸이 온전히 스스로 자신을 '일깨우게' 놔두는 데 만족했다. 딸 역시 그런 엄마로부터 철저히 독립적이었다.

바로 이 풍경이 그동안 내가 목격한 프랑스 엄마들의 신비할 정도의 차분한 분위기를 설명해 주는 듯했다. 그러나 그게 전부가 아니다. 결정적으로 빠진 게 있다. 프랑스 엄마들은 이런 상황에 죄책감을 느끼지 않는다!

오늘날 미국 엄마들은 1965년의 엄마들보다 육아에 훨씬 더 많은 시간을 쓴다. 그러기 위해 집안일, 휴식, 수면을 줄인다. 그런데도 더 많은 시간을 자녀와 보내야 한다고 스스로를 다그친다. 그 결과 밀려오는 것은 엄청난 죄책감이다.

남편과 18개월 딸과 애틀랜타에 살고 있는 에밀리를 만났을 때 나는 그걸 똑똑히 목격했다. 에밀리는 불과 하루 동안 여섯 번쯤 "나는 나쁜 엄마야."라고 말했다. 우유를 더 달라는 딸의 칭얼거림에 굴복했을 때, 아이에게 책을 두 권 이상 읽어주지 못했을 때도 그렇게 말했다. 일정에 맞춰 딸을 억지로 재우려고 할 때, 밤에 잠에서 깬 아이를 울게 놔뒀을 때도 그 말을 했다.

미국 엄마들은 일종의 말버릇처럼 "나는 나쁜 엄마야."라는 말을 되뇌는 것 같다. 때론 자기위안의 주문으로도 쓴다. 아이를 놔두고 일하러 갈 때, 이유식 준비를 못 해놨을 때, 자기 볼일을 보려고 아이를 TV 앞에 앉혀야 할 때, 이 말은 일종의 감정 세금처럼 사용된다.

프랑스 엄마들도 죄책감을 느낄 때가 있다고 인정한다. 하지만 한편으로 드는, 스스로 무리하고 있고 뭔가 공평하지 않다는 느낌을 무시하지 않는다. 일과 육아를 병행하려면 어느 것 하나 완벽하게 해내지 못한다는 기분에 시달리기 십상인데, 죄책감을 건강하지 않고 즐겁지 못한 것이라 여겨 몰아내려고 노력한다.

"죄책감은 덫입니다." 에이전트인 샤론은 말한다. 친구들과 한잔하면서 의도적으로라도 스스로에게 자유와 해방을 허락한다.

"'이 세상에 완벽한 엄마는 없어!' 우리는 서로를 위로하면서 말합니다."

겉으로 보면 프랑스 엄마들은 눈높이가 높다. 엄마이면서 동시에 섹시해야 하고 성공해야 하며 매일 저녁 집에서 요리한 음식을 내놔야 한다. 단, 이 모든 일에 죄책감을 얹지 않으려고 노력한다. 《완벽한 엄마는 바로 당신The Perfect Mother Is You》의 공저자이자 기자인 다니엘은 5개월 된 딸을 처음 크레쉬에 맡기고 나올 때의 심정을 기억한다.

"아이를 놔두고 나오자니 속상했어요. 하지만 일을 하지 않고 아이와 함께 있었어도 속상하긴 마찬가지였을 거예요."

그녀는 죄책감에 매몰되지 않으려고 의도적으로 노력했다.

"잠깐 죄책감을 느끼고, 또 내 삶을 사는 거죠."

세상의 모든 엄마이자 여성을 위로하듯, 다니엘은 덧붙였다.

"완벽한 엄마란 존재하지 않잖아요."

프랑스 여성들이 죄책감에 대응하는 힘은 '엄마가 24시간 아이와 함께 있는 것이 그다지 건강하지 않다'는 확신이다. 지나친 관심과 걱정이 아이들을 짓누르고, 엄마와 아이의 욕망이 뒤얽혀 끔찍한 관계의 융합이 일어날 수도 있다고 믿는다. 아이는 엄마의 개입 없이도 스스로 내면의 삶을 일궈가야 한다.

“엄마의 유일한 삶의 목표가 아이라면, 아이로서도 숨이 막힐 거예요. 정신분석학자들은 그 귀결을 잘 알죠.” 다니엘은 말한다.

물론 때때로 그 분리가 지나칠 때도 있다. 법무부장관 라시다 다티Rachida Dati가 딸을 낳고 단 5일 만에 업무에 복귀했을 때, 프랑스 언론은 경악했다. 설문조사에서 응답자의 42%가 다티를 ‘과도한 출세주의자’라고 했다. 그러나 다티가 싱글 맘이고 아빠의 신원을 밝히려 들지 않았다는 점이 오히려 논란을 비켜가게 했다.

미국인은 흔히 일과 생활, 일과 가정의 균형을 언급할 때 ‘저글링’에 비유한다. 프랑스인들도 ‘에킬리브르équilibre(균형)’를 말한다. 하지만 그들이 사용하는 의미는 다르다. 양육을 포함해 삶의 어떤 영역도 다른 영역을 압도해서는 안 된다는 뜻이다. 단백질과 탄수화물, 과일, 채소가 균형을 이룬 식단과 비슷한 개념이다. 그런 의미에서 ‘출세주의자’ 다티는 전업주부와 마찬가지로 불균형의 문제를 안고 있는 셈이다.

물론 이 균형은 그저 이상일 뿐이다. 그러나 완벽해야 한다는 게 아니라 어느 한쪽이 좀 부족해도 좋다는 의미로 사용된다는 점에서 위안이 되기도 한다. 변호사인 에스테에게 ‘엄마로서 자신을 어떻게 평가하느냐’고 물었더니 깜짝 놀랄 만큼 단순하고 느긋한 대답이 돌아왔다.

“내가 좋은 엄마인지 아닌지 생각해 본 적이 없어요. 그냥 난 좋은 엄마라고 생각하니까요.”

이네스 드 라 프레상쥬Ines de La Fressange는 평범한 프랑스 여성이 아니다. 1980년대 그녀는 칼 라거펠트의 뮤즈이자 샤넬의 메인 모델이었다. 얼마 후 그녀는 우표와 시청 흉상의 모델인 프랑스혁명의 상징 '마리안느Marianne'의 새 얼굴이 되어달라는 요청을 받게 된다. 앞서 브리지트 바르도, 카트린느 드뇌브가 거쳐 갔던 자리다. 그녀는 수락했고 라거펠트는 그녀와 결별했다. 라거펠트는 "기념물에 옷을 입히고 싶지 않다."고 말했다.

이제 막 50대에 들어선 드 라 프레상쥬는 여전히 긴 다리와 사슴 같은 눈망울, 나른한 갈색머리를 간직하고 있다. 자기 이름을 딴 패션브랜드를 소유하고, 여전히 가끔 런웨이에 선다. 2009년 《마담 피가로》는 그녀를 가장 파리지앵다운 여성으로 뽑았다.

그녀 역시 엄마다. 두 딸은 벌써 모델 일을 시작했다. 하지만 드 라 프레상쥬는 스스로 '가무잡잡한 아스파라거스'라고 낮춰 부르며, 누구보다 불완전한 엄마라고 대놓고 말한다.

"아침 요가는 생각도 못 하고 늘 자동차 안에서 립스틱과 마스카라를 칠하죠. 중요한 건 완벽하지 못한 것에 죄책감을 갖지 않는 거예요."

분명 드 라 프레상쥬는 전형적인 여성이 아니다. 그러나 균형에 대한 프랑스식 이상형을 체현한다. 《파리 마치》와의 인터뷰에서 그녀는 남편과 사별한 지 3년 만에 딸들과 함께 간 알프스의 스키 리조트에서 남자를 만난 이야기를 들려준다. 그녀는 아직 준비가 안 되었다는 이유로 몇 달 동안 남자의 구애를 거절했다. 그러나 결국 수락했다.

"좋아요. 난 엄마고 일하는 사람이기도 하지만, 동시에 여자니까요."

그녀는 딸들에게 사랑에 빠진 엄마의 모습을 보여주는 것도 좋다고 생각했다.

프랑스 육아 용어 풀이

équilibre 에킬리브르: 균형. 부모 되기를 포함해 삶의 어떤 부분도 다른 부분을 지나치게 압도하지 않도록 하는 것을 말한다.

maman-taxi 마망탁시: 택시엄마. 자유시간의 상당 부분을 자녀를 과외활동에 실어 나르며 보내는 여성. 균형 잡힌 상태가 아니다.

⚜ 09 ⚜

똥 덩어리

극단적 자유와 독재적 제한이 공존하는
프랑스의 습관 교육

⚜ 09 ⚜

빈이 세 살쯤 되었을 때, 난생 처음 듣는 말을 쓰기 시작했다. 처음에는 '카카 붓다(부처 똥)'라고 하는 줄 알았다. 불교신자들이 들으면 기분이 상할 수도 있는 말이다. 그러나 얼마 후 그 말이 '카카 부뎅caca boudin(똥 덩어리)'이라는 걸 알게 되었다.

다른 모든 욕설이 그렇듯, 카카 부뎅은 아주 폭넓게 쓰인다. 빈은 친구들과 노느라 기분 좋을 때도, 상관하지 말라는 뜻으로도 이 말을 썼다. 한 마디로 만능 말대꾸다.

나: 오늘 어린이집에서 뭐 했어?

빈: 카카 부뎅(코웃음 친다)!

나: 브로콜리 더 먹을래?

빈: 카카 부뎅(신경질적으로 웃는다)!

사이먼과 나는 대체 이 말이 무슨 뜻인지 알 수가 없었다. 무례한 걸까, 귀여운 걸까? 화를 내야 할까, 같이 웃어야 할까? 프랑스에서 어린 시절을 보낸 적이 없기에 이 말의 사회적 맥락을 이해할 수 없었다. 그래서 결국 안전한 방법으로 이제 그 말은 그만하라고 했다. 빈은 그 말을 계속 쓰되 "안 돼. 나쁜 말이야."라는 말을 덧붙이는 선에서 타협했다.

빈의 프랑스어 실력은 무럭무럭 자라고 있었다. 크리스마스를 맞아 미국에 갔을 때 엄마 친구들은 빈에게 프랑스어를 해보라고 시키고 또 시켰다. 빈은 할머니들의 요청대로 어린이집에서 배운 프랑스 동요를 열 곡이 넘게 신나게 불러댔다. 빈이 크리스마스 선물을 풀어보며 "울랄라oh la la!"라고 외쳤을 때는 나도 깜짝 놀랐다.

2개 국어를 할 줄 안다는 것은 자랑거리나 테크닉을 뛰어넘는 뭔가가 있었다. 빈의 프랑스어 실력이 늘어갈수록 표현만이 아니라 새로운 생각과 규칙까지 집으로 가져오기 시작했다. 새로운 언어는 아이를 점점 프랑스 사람으로 만들어갔다. 그걸 아무렇지 않게 받아들일 수 있을지 나 스스로도 확신이 서지 않았다. 솔직히 '프랑스 사람'이 어떤 건지도 알 수 없었다.

프랑스가 우리 집으로 유입되는 주요 통로는 어린이집이었다. 빈은 프랑스의 무료 공립 어린이집 에콜 마테르넬에 들어갔다. 수요일을 제외하고 주 4일 종일반이다. 마테르넬은 의무교육 과정이 아니므로 파트타임으로 다니는 아이들도 있다. 그러나 프랑스의 세 살 아이들은 대부분 종일반으로 마테르넬에 다니며, 거기서 다들 비슷한 경험을 해나간다. 어린아이를 프랑스 사람으로 만들어가는 프랑스만의 방식인 셈이다.

마테르넬의 목표는 거창하고 고매하다. 전국의 유치한 세 살 아이들을 문명적이고 다른 인간과 공감할 수 있는 사람으로 만들어 내겠다는 전 국가적인 계획이다. 교육부에서 배포한 소책자엔 이렇게 쓰여있다. "아이들은 마테르넬에서 자신이 속한 집단의 다양성과 소속감을 발견한다. 환영받고 인정받는 즐거움을 느끼고 그 자신 역시 집단 구성원을 환영하고 인정하는 데 참여한다."

30년간 마테르넬 교사로 일하는 샬롯트는 아이들이 입학 첫해에는 몹시 자기중심적이라고 말한다.

"선생님이 모두를 위해 존재한다는 걸 아직 알지 못해요."

아이들은 서서히 교사가 모두를 향해 말하는 것이 자신들 각각에게 따로따로 말하는 것과 같은 무게라는 것을 이해해 간다. 아이들은 보통 혼자 혹은 서너 명이 함께 탁자에 앉아 자기가 선택한 활동을 한다.

언뜻 보기에 마테르넬은 어린이 미술학교 같다. 빈이 입학하고 얼마 지나지 않아 교실 벽은 온통 아이들이 그린 그림으로 도배되었다. '인지하고 느끼고 상상하고 창조하기'가 마테르넬의 목표다. 손가락 하나만 펴서 공중을 가리키는 프랑스식 손 들기도 이때 배운다.

사실 마테르넬에 빈을 보내는 문제로 고민을 많이 했다. 크레쉬가 커다란 놀이방처럼 생겼다면 마테르넬은 좀 더 학교와 비슷하다. 학급 규모도 더 크다. 또 어떻게 굴러가고 있는지 부모에게 별로 정보가 전달되지 않는다는 말도 들었다. 한 미국 엄마는 마테르넬 선생님에게 평가의 말을 부탁했다가 머쓱해진 경험을 들려주었다.

"제가 아무 말도 하지 않으면 아이가 아주 잘 지낸다는 뜻이에요."

빈이 첫해에 만난 선생님 역시 무뚝뚝한 편으로, 1년 내내 빈에 대해 평가해 준 유일한 말이 '매우 차분하다.'였다. 하지만 정작 빈은 그 선생님을 무척 좋아했고 같은 반 친구들도 선생님을 따랐다.

마테르넬은 무엇보다 지시사항을 따르는 것을 매우 중요하게 여긴다. 빈의 첫해에 학급 전체가 정확히 똑같은 그림을 그리는 것을 보고 놀란 적이 있다. 어느 날 아침에 가보니 교실 벽에 초록색 눈이 달린 노란색 막대인간 그림 25장이 나란히 붙어있었다. 마감일이 없으면 글 한 줄도 못 쓰는 나로서는 어느 정도 구속이 필요하다는 걸 인정한다. 하지만 똑같은 그림들을 보고 있자니 마음이 편치만은 않았다.

이내 교실 벽에 알파벳 글자 같은 것은 단 한 줄도 없다는 것을 발견했다. 부모들과 만난 자리에서도 읽기에 대해 말하는 엄마는 아무도 없었다. 오히려 교실에서 키우는 달팽이에게 상추를 먹이는 문제가 훨씬 더 뜨거운 논쟁거리였다.

나중에 알게 되었지만 마테르넬에선 6세까지 읽기를 가르치지 않는다. 다만 글자와 발음, 자기 이름 쓰는 법만 배운다. 혼자서 읽기를 터득했다는 아이들 이야기를 듣긴 했지만, 부모들이 입을 다물고 있기 때문에 그 아이가 누군지는 알 수가 없었다. 읽기는 아이들이 초등학교에 들어가는 7세까지 정규 교육과정 어디에도 들어가지 않는다.

이런 느긋한 태도는 '빠를수록 좋다'는 미국식 신조와 상반된다. 서두르는 부모는 없다.

"아이들이 지금부터 읽기를 배우는 것보다는 모르고 지내는 편이 더 좋아요." 저널리스트인 마리온은 말한다. 마리온 부부는 이 단계의 아이들은 사회성을 기르고 자기 생각을 조직해 제대로 말할 수 있는 걸 배우는 게 훨씬 중요하다고 생각한다.

부부의 관점에서 다행한 일이다. 마테르넬은 읽기는 가르치지 않지만 말하기는 확실하게 가르치기 때문이다. 사실 모든 아이들이 프랑스어를 완벽하게 말할 수 있게 하는 것이 마테르넬의 핵심목표 중 하나다. 프랑스 정부가 발행한 학부모용 소책자에는 이렇게 되어있다. "프랑스어를 풍부하고 조직적이며 다른 사람이 이해할 수 있게 잘 전달해야 한다." 샬롯트는 9월에 입학할 때는 전혀 프랑스어를 못하던 이민자 아이들도 이듬해 3월이면 상당히 잘하게 된다고 말한다.

프랑스식 논리에 의하면, 분명하게 말할 줄 아는 것은 곧 분명하게 사고할 줄 아는 것과 상통한다. 어법을 익히면 관찰, 질문, 의문 등을 더욱 합리적으로 해내며 타인의 의견을 받아들일 수 있다. 논리적인 사고를 시작하면 추론의 맛도 알게 된다. 셈, 분류, 정렬, 묘사 등도 배운다. 결국 프랑스 방송에서 거드름을 피우는 철학자나 지성인들은 이 마테르넬에서부터 분석적인 훈련을 받은 셈이다.

나로선 마테르넬이 고마운 존재다. 미국 친구들은 연간 학비를 만 이천 달러나 퍼부으며 반일제 사립유치원엘 보내지 않는가? 어린이집까지 꼬박 왕복 두 시간을 차로 데려다주는 엄마도 있다. 집에 돌아와 샤워를 하고 빨래바구니에 옷을 집어던지자마자 다시 아이들을 데리러 나서야 한다. 압도적인 양육비를 감당해야 하는 것은 부유층만이 아니다. 평범한 두 자녀 가족의 지출 중 대부분은 육아에 들어간다.

물론 마테르넬은 결코 완벽하지 않다. 교사들은 잘하든 못하든

정년이 보장된다. 만성적인 기금문제에 시달리고 이따금씩 자리도 부족하다. 빈의 반은 정원이 25명이다. 꽤 많은 수지만 이보다 더 많은 곳도 있다.

궁정적인 것은 마테르넬을 다니는 데 들어가는 유일한 비용이 점심 식대라는 것이다. 그것도 부모의 수입에 따라 하루 13센트~5유로[5]로 차등 부과된다. 빈의 마테르넬은 집에서 도보로 7분 거리에 있다. 마테르넬 덕분에 엄마들은 걱정 없이 직장에 다닌다. 주 4일, 운영시간은 오전 8시 20분~오후 4시 20분이다. 이른 저녁이나 수요일에도 저렴한 비용으로 아이들을 돌봐주는 '레저센터'가 운영된다. 레저센터는 휴가시즌이나 여름방학에도 운영되며, 아이들을 공원과 박물관에도 데려간다.

마테르넬은 미국인 빈을 프랑스 인간으로 바꾸는 데 커다란 역할을 했다. 심지어 엄마인 나조차 조금 더 프랑스 사람이 되어갔다. 크레쉬에 다닐 때와는 달리 다른 부모들이 빈뿐 아니라 나한테까지 관심을 보였다. 마테르넬에 다니게 된 이상 프랑스 사회의 일원으로 보는 것 같았다. 빈과 같은 반 아이 엄마 중에는 또 다시 아이를 낳아 출산 휴가 중인 이들이 몇몇 있었다. 마치는 시간에 빈을 데리러 갔다가 그 엄마들과 함께 공원에서 어울렸다. 생일파티, 구테, 저녁식사에 초대받는 빈도가 늘어갔다.

마테르넬 덕분에 좀 더 프랑스와 가까워지면서, 프랑스 가족들이 얼마나 엄격한 사회규범을 따르는지도 실감하게 되었다. 빈과 동갑인 아이 엄마 에스테의 집에 초대받았을 때, 그녀는 딸아이가 제 방

5 2023년 6월 현재 한화 약 180~7,000원. (편집자)

에서 나와 예의 바르게 배웅인사를 하지 않는다며 크게 화를 냈다. 결국 에스테는 딸아이를 강제로 끌고 나왔다.

"오르부아." 이제 겨우 네 살인 아이는 공손하게 말했다. 그제야 에스테는 마음을 풀었다.

물론 나도 빈에게 마법의 말을 시킨다. '해주세요please'와 '고맙습니다thank you'가 그것이다.

하지만 프랑스에선 마법의 말이 네 개나 된다. '실부플레s'il vous plait(해주세요), 메르시merci(고맙습니다), 봉주르bonjour(안녕하세요), 오르부아au revoir(안녕히 가세요)'.

특히 봉주르와 오르부아는 필수다. 봉주르를 배우는 게 프랑스 사람이 되는 기초라는 걸 예전엔 미처 몰랐다.

"아이들에게 메르시, 봉주르라고 말하는 법을 꼭 가르쳐야 한다는 강박관념이 있어요. 한 살 때부터 하루 열다섯 번씩은 가르쳤어요." 세 아이를 키우는 기자 오드리의 말이다.

말하는 것만으론 충분하지 않다고 주장하는 엄마도 있다.

"자신 있는 목소리로 말해야 해요. 인간관계의 첫 부분이니까요." 전업주부인 비르지니는 '봉주르 무슈, 봉주르 마담' 하는 식으로 예의의 정도를 높여야 한다고 말한다.

친구 에스테는 벌을 주겠다는 위협을 주어서라도 봉주르를 고집한다.

"손님에게 봉주르라고 인사를 하지 않으면 손님이 계신 동안 저녁을 같이 못 먹고 제 방에 있어야 해요. 그래서 아이는 꼭 봉주르라고 말하죠. 물론 마음 깊은 곳에서 우러나온 인사는 아니지만 암송하듯이 하면 습관이 될 거라고 생각해요."

어른이 되면 서로에게 봉주르라고 인사하는 게 당연하다. 종종 파리에서 푸대접을 받았다는 관광객들은 십중팔구 봉주르를 건네지 않은 게 틀림없다. 택시를 타거나 식당에서 직원이 테이블로 다가왔을 때, 옷가게 직원에게 사이즈를 물어보기 전에 봉주르라고 먼저 말하는 게 필수다. 봉주르는 상대의 인격을 인정하는 것이다. 상대방을 그저 서비스 종사자가 아니라 한 사람의 개인으로 바라본다는 신호다. 다정하면서도 분명한 말투로 봉주르라고 인사한 뒤 상대방의 태도가 눈에 띄게 편안해지는 것을 보면 정말 신기할 정도다. 비록 내가 쓰는 억양이 완벽하진 않더라도 서로 교양 있는 대면을 하게 될 것이라는 신호다.

미국에서는 어린아이가 남의 집을 방문할 때 반드시 인사를 하라고 요구받지 않는다. 부모들끼리 인사를 할 때 그 그늘 아래 슬그머니 숨어 있어도 된다. 나 역시 그런 모습이 거북하지 않다. 아이는 아직 완전한 인간이 아니라고 여겨서인지, 아이에게서까지 인정을 받을 필요를 느끼지 않는다. 아이는 아이들 영역만 있으면 된다. 아이가 얼마나 똑똑한지 부모가 자랑을 늘어놓을 때도 정작 그 아이는 말 한마디 할 필요가 없다.

가족 모임을 하면 어린 사촌들은 몇 번이고 꼬치꼬치 캐묻지 않으면 한마디도 하지 않는다. 어떤 아이는 마지못해 단답형으로 대꾸한다. 10대가 되어도 어른에게 자기 생각을 조리 있게 말하는 법을 배우지 못한다. 봉주르에 대한 프랑스식 강박은 '아이란 그림자 같은 존재'라고 믿지 않는다는 의미다. 인사를 해야 그곳에 존재할 자격이 있다. 내 집에 들어오는 어른이 나를 인정해야 하듯, 내 집에 들어오는 아이도 나를 인정해야 한다.

“인사는 상대방을 한 사람으로 인정하는 행위입니다. 프랑스에선 어린아이라도 인사하지 않으면 불쾌하게 생각합니다.” 두 아이의 아빠인 브누아는 말한다.

이는 사회적인 관습을 넘어 전 국가적인 규범이다. 빈의 어린이집 목표 중 하나는 아이가 어른들의 이름을 외우고, 봉주르, 오르부아, 메르시라고 말할 수 있게 하는 것이다. 정부가 발행한 학부모용 소책자에도 쓰여있다. “마테르넬의 아이들은 하루를 시작할 때와 마칠 때 선생님에게 인사하기, 질문에 대답하기, 도와준 사람에게 감사의 말 건네기, 말하는 도중에 끼어들지 않기 등을 포함해 교양과 예절을 이해했음을 보여주어야 한다.”

프랑스 아이들이라고 늘 봉주르를 잘하는 것은 아니다. 종종 부모들이 옆구리를 찌른다. 그럴 땐 인사를 받는 쪽 어른이 잠깐 기다리며 아이 부모에게 다정한 말투로 염려 말라고 말해준다.

아이에게 봉주르를 시키는 것은 어른들만을 위해서가 아니다. 아이들로 하여금 이 세상에 감정과 요구를 가진 사람이 자기만이 아니라는 것을 가르쳐주기 위해서이기도 하다.

“이기적인 아이가 되지 않게 해주죠. 사람들을 못 본 척하고 인사하지 않는 아이는 비눗방울 속에 갇혀있는 것과도 같아요. 그런 아이는 받기만 하는 게 아니라 주기도 해야 한다는 생각을 가질 수 없지요.” 딸아이를 끌고 나와 인사를 시켰던 에스테의 말이다.

미국 아이들의 마법의 말 ‘해주세요’와 ‘고맙습니다’는 받는 역할에 초점을 둔 인사말이다. 반면 ‘봉주르’와 ‘오르부아’는 어른의 말이다. 아이도 어엿한 권리와 의무를 지닌 한 사람이라 보고 이 말을 시키는 것이다. 교양에 관한 첫 번째 규칙에서 아이를 면제해 준다면, 아이는 수많은 다른 규칙들도 면제받을 수 있다고 생각하기 쉽다. 그러므로 봉주르는 모든 예의와 교양의 출발점이 된다. 여기에서부터 어른과 아이 사이의 상호작용 틀이 형성된다.

"사실 먼저 봉주르 하고 인사를 건네는 건 쉽지 않아요." 일곱 살, 아홉 살 딸을 키우는 의사 드니스는 말한다. 그럼에도 드니스는 인사가 어른들 사이에서 매우 중대한 의미를 지닌다는 걸 깨닫도록 계속 강조한다고 한다.

"봉주르 하고 인사하지 않는 아이는 자신감이 부족해진다고 생각해요."

부모도 모범을 보여야 한다. '봉주르'라는 인사는 가정교육의 강력한 지표다. 마법의 말을 제대로 구사하지 않는 아이는 가정교육을 제대로 받지 못했다는 꼬리표를 달게 된다.

드니스의 막내딸이 친구를 데리고 왔는데, 그 아이가 고함을 지르고 농담처럼 친구 엄마인 자신을 '셰리chérie(달링)'라고 불렀다고 한다.

"다시는 그 애를 초대하지 않겠다고 남편에게 말했어요. 내 아이가 가정교육을 제대로 받지 못한 아이와 어울리는 건 원치 않아요."

저널리스트 오드리는 프랑스 양육의 해묵은 관습을 뒤집는 책 《가족 백서Le Grand Livre de la Famille》를 썼다. 그러나 그런 오드리마저도 봉주르의 중요성에는 의문을 품지 않는다.

"프랑스에서는 '봉주르 무슈, 봉주르 마담'이라고 하지 않는 아이는 무시당해요. 친구 집에 갔는데 그 집 아이가 TV에서 눈도 떼지 않고 손님을 아는 척도 하지 않으면 가정교육이 엉망이란 소리를 듣죠. 최소한 정상으로 보지는 않아요. 우리는 규약이 많은 사회에 살고 있어요. 따르지 않으면 사회에서 배척당합니다. 그러니 아이가 사람들과 만나 어울릴 기회를 줘야 해요. 제 책에도 최소한 아이에게 사회적 규약은 가르치는 게 좋다고 썼어요."

"봉주르!" 이 한 마디에 얼마나 많은 것이 달려있는지 미처 몰랐다. 미국으로 치면 치열이 가지런해야 하는 것만큼이나 중요한 문제다. 봉주르는 부모가 가정교육을 제대로 했는지를 여실히 보여준다. 빈의 또래 친구들은 이미 몇 년 동안이나 봉주르를 반복적으로 연습해 왔다. 하지만 빈은 그러지 못했다. 빈의 무기고에는 해주세요와 고맙습니다만 있기 때문에, 50% 모자란다. 어쩌면 벌써 '가정교육을 제대로 받지 못한 버르장머리 없는 아이'라는 꼬리표가 달렸을지 모를 일이다.

나는 빈의 내면에 사는 작은 인류학자에게 봉주르는 반드시 존중해야 할 이곳 원주민들의 관습임을 설명했다.

"우리는 프랑스에 살고 있고 프랑스 사람들은 봉주르라는 말을 몹시 중요하게 생각해. 그러니까 우리도 말해야 하는 거야."

생일파티나 프랑스 친구 집에 가야 할 때는 도착하기 전 엘리베이터에서 연습을 시켰다.

"저 집에 들어가면서 뭐라고 말해야 하지?" 불안한 어조로 물었다.

"카카 부뎅."

맙소사!

보통 다른 집에 처음 들어설 때 빈은 입을 다물었다. 그래서 다들 듣도록 옆구리를 찔렀다. 최소한 나만큼은 그 관습을 인정한다는 뜻이다. 아이에게도 계속 습관을 주입했다.

그러던 어느 날, 빈과 함께 어린이집에 들어서는데 빈이 내 쪽으로 돌아서더니 말했다.

“부끄러워도 봉주르라고 해야 하는 거지?”

어쩌면 어린이집에서 배운 것일지도 모른다. 어쨌든 알고 있다는 것만도 다행이다. 하지만 한편으론 점점 더 프랑스 사람이 되어가는 모습에 복잡한 기분이 들었다.

빈이 프랑스 사람이 되어가는 것에 대한 양가적인 감정이 존재했지만, 솔직히 2개 국어를 할 수 있게 된 것만큼은 감격이었다. 빈은 사이먼과 나와는 영어만 썼다. 어린이집에서는 프랑스어만 말했다. 가끔씩 내가 극도로 어려운 프랑스어까지 별 어려움 없이 술술 발음할 줄 아는 아이를 낳았다는 사실에 감탄을 금치 못한다.

나는 어린아이들은 언어를 들으면 바로 익히는 줄로만 알았다. 하지만 유아들도 긴 시행착오의 과정을 겪는다. 아직도 빈의 프랑스어에 미국식 비음이 섞여있다고 지적하는 사람도 있다. 부모가 영어권 사람이니 어느 정도 앵글로 느낌을 내뿜을 것이다. 어린이집이 쉬는 수요일 아침 빈을 음악 수업에 데려다주었더니, 선생님이 다른 아이들에게는 프랑스어로 말하면서 빈에게는 영어를 섞어서 말했다. 한 무용 선생님은 다른 아이들에게는 “크레페처럼 누우세요.”라고 말하고 빈에게만 “팬케이크처럼 누우세요.”라고 말하기도 했다.

빈이 프랑스어로 말할 때 실수도 많이 하고 단어를 이상하게 조합한다는 것을 나도 눈치 챌 수 있었다. 빈은 프랑스어로 ‘pour’라고 해야 할 자리에 'for'를 썼다. 또 교실에서 배운 어휘만 알고 있기 때문에 자동차나 저녁식사에 대해 말할 준비는 되어있지 않았다.

어느 날은 갑자기 내게 물었다.

"아비옹avion(비행기)이 에어플레인이랑 같은 말이야?"

빈은 여전히 이해 중이었다.

어떤 게 이중 언어 탓이고 어떤 게 나이 탓인지는 확실히 구별할 수가 없었다. 어느 날 함께 지하철을 탔는데 빈이 내게 기대더니 말했다.

"엄마한테 보멜라 냄새가 나." 알고 보니 '보미트(구토)'와 '파멜라'를 합한 말이었다.

집에서도 영어식 표현 대신 프랑스 표현이 자리를 차지할 때가 있다. 우리는 '피커부(까꿍)' 대신 '쿠쿠coucou' 놀이를 했고, 간질이기를 할 때도 '쿠치 쿠치 쿠' 대신 '길리길리guili-guili'라고 했다. 빈은 숨바꼭질이 아닌 카슈카슈cache-cache를 했다. 푸벨르poubelle(쓰레기통)에 휴지를 버렸고 빈의 공갈 젖꼭지는 '터탱tétine'이라고 불렀다. 우리 집에서는 방귀 대신 프루트prouts를 뀐다.

빈이 마테르넬에 입학한 첫해 봄이 되자 프랑스 친구들이 빈의 발음에서 미국식 비음이 사라졌다고 말했다. 빈은 진짜 파리지앵처럼 말했다. 프랑스어에 자신감이 붙자 빈이 과장된 미국식 억양으로 프랑스어를 하면서 친구들과 장난치는 소리도 들려왔다. 빈은 일부러 두 억양을 섞어 말하는 것을 좋아했고 '스프링클'을 '쉬프링켈스'라고 발음해야 한다고 주장하기도 했다.

나: 영어로 다코르d'accord(찬성)를 뭐라고 해?

빈: 알잖아! (미국 남부 억양으로) 다-코드.

아버지는 '프랑스' 손녀를 대견하게 여기셨다. 빈에게 당신을 '그랑페르grand-pére(할아버지)'라고 부르라고 시켰다. 빈은 콧방귀도 뀌지 않았다. 할아버지가 프랑스 사람이 아니라는 걸 잘 알고 있던 것이다. 그냥 그랜드파더라고 불렀다.

밤이면 빈과 함께 그림책을 본다. 빈은 어떤 단어는 프랑스어와 영어가 같다는 걸 확인하고 열광하면서 안심했다.

사이먼은 영국식 억양이 있지만 빈의 영어는 거의 미국식이다. 나의 영향인지 빈의 미국 친구 엘모의 영향인지는 확실히 모르겠다. 파리의 영어권 아이들은 제각기 독특한 억양이 있다. 아빠는 뉴질랜드, 엄마는 아일랜드 출신인 아이는 과도한 영국 영어를 쓴다. 엄마는 프랑스, 아빠는 미국 출신인 아이는 1970년대 미국 TV에 나온 프랑스 주방장처럼 말한다.

빈 역시 이따금 영어의 엉뚱한 음절을 강조해서 말하기도 한다. '샐러드'의 두 번째 음절을 강하게 발음하는 식이다. 영어 문장을 프랑스 어순으로 배열할 때도 있다. 프랑스어를 영어로 번역한 듯 말하기도 한다. 때때로 빈은 영어 원어민처럼 말하는 게 어떤 건지 갈피를 못 잡을 때도 있다. 물론 사소한 문제다. 여름 한철만 미국 캠프에 참가시키면 못 고칠 일은 없다.

영어 어휘를 몰아내고 침투한 또 한 가지는 '베티즈bêtise'였다. 사소한 버릇없는 행동을 뜻하는 말이다. 밥을 먹다가 도중에 식탁에서 일어나 사탕을 집을 때, 바닥에 완두콩을 던질 때 "베티즈!"라고 말한다. 경미한 나쁜 행동이다. 나쁘기는 하지만 그리 심하게 나쁘지는 않은 일이다. 이게 많이 쌓이면 벌을 받을 수도 있지만 단 한 번의 '베티즈'만으로 벌을 받지는 않는다.

'베티즈'에 해당하는 적절한 영어 표현이 없어서, 프랑스 표현을 그대로 가져다 쓴다. 영어 표현은 행동 자체를 꾸짖는 게 아니라 '버릇없이 군다, 말을 듣지 않는다, 나쁘다' 등 아이 자체에 꼬리표를 붙이는 말이 대부분이다. 더군다나 이런 말들은 행동의 정도를 나타내지 못한다. 탁자를 때리는 것과 사람을 때리는 것은 다르다. 하지만 뭐든 경미한 수준의 잘못을 의미하는 '베티즈'라는 평가는 부모가 효과적으로 대응할 수 있는 행동 기준이 된다. 잘못을 하거나 부모의 권위에 도전할 때마다 일일이 흥분하고 단속할 필요가 없다. 때로는 그저 '베티즈'에 불과하다. 이 단어를 쓰기 시작하면서 쉽사리 마음을 가라앉힐 수 있게 됐다.

빈에게서만 새로운 프랑스 어휘를 배우는 게 아니다. 생일파티, 충동구매, 동네 차고세일 덕분에 다량으로 확보하게 된 프랑스 동화책에서도 배운다. 보통은 세 번쯤 읽어야 겨우 줄거리가 이해된다. 그러나 곧 프랑스어로 된 동화책이나 동요가 단지 언어만 다른 게 아니라는 걸 깨달았다. 줄거리도 메시지도 매우 다른 경우가 많다.

미국 동화책에는 보통 문제가 등장하고 그 문제를 해결하려는 노력, 그리고 유쾌한 결말이 이어진다. 숟가락은 자기가 포크나 칼이었으면 얼마나 좋을까 생각하지만, 결국 숟가락인 게 얼마나 행복한지 깨닫는다. 다른 아이들을 못살게 군 아이가 따돌림을 당해본 뒤에야 모두 함께 놀아야 한다는 것을 깨닫는다. 교훈을 배우고 삶은 발전한다. 뮤지컬 〈애니〉는 외로워도 슬퍼도 내일은 내일의 태양이 뜬다는 식의 미칠 듯한 희망의 메시지를 전한다. 영어권 세계에선 '모든 문제에는 해결책이 있고 성공과 번영은 코앞에 있다'고 노래한다.

프랑스 동화책도 비슷한 구조로 시작한다. 문제가 있고 주인공은 노력한다. 하지만 성공과 해피엔딩으로 끝나는 경우는 드물다. 어떤 때는 주인공이 비슷한 문제를 또다시 맞닥뜨리는 것으로 화들짝 책이 끝나버린다. 다 함께 배우고 성장하는 변화 따위는 드물다.

빈이 좋아하는 동화책 중에 사촌이자 친구인 두 여자아이가 등장하는 이야기가 있다. 빨강머리 엘리에트는 늘 갈색머리 알리스를 놀린다. 어느 날 알리스는 더 이상 못 참겠다며 다시는 엘리에트와 놀지 않겠다고 선언한다. 길고 외로운 고립이 이어진다. 마침내 엘리에트가 알리스의 집에 찾아가 용서를 구하고 달리지겠다고 약속한다. 알리스는 사과를 받아들인다. 한 페이지를 넘기면 두 아이가 병원놀이를 하고 있는데 엘리에트가 주사기로 알리스를 찌르려고 한다. 결국 아무것도 변하지 않았는데, 끝.

모두 다 이렇게 끝나지는 않지만 이런 책이 많다. 모든 결말이 해피엔딩일 필요는 없다는 메시지다. 삶은 늘 혼돈투성이고 복잡하다. 전적으로 나쁜 사람도 착한 사람도 없다. 누구나 양쪽 속성을 조금씩은 갖고 있다. 엘리에트는 으스대지만 동시에 무척 위트 있는 아이다. 알리스는 피해자이지만 스스로도 그걸 자초하는 구석이 있다. 엘리에트와 알리스의 작은 결함은 계속 돌고 돌 것이다. 우정이란 원래 그렇기 때문이다. 이런 걸 30대에 와서야 이해하지 않고 네 살 때 알았더라면!

작가 데브라 올리비에Debra Ollivier는 프랑스 소녀들의 차이를 이렇게 응집해 설명한다. "미국 소녀들은 데이지 꽃잎을 떼며 '그는 나를 사랑한다, 나를 사랑하지 않는다.'라고 말하는 반면, 프랑스 소녀들은 '그는 나를 조금 사랑한다, 많이 사랑한다, 열정적으로 사랑한다, 미친 듯이 사랑한다, 전혀 사랑하지 않는다.'라고 말하면서 애정의 미세한 종류를 인정한다."

프랑스 동화책의 등장인물들은 모순인 속성을 지닐 때가 많다. 완벽한 공주 시리즈에서 주인공 조에는 선물을 열어보고 마음에 들지 않는다고 분명히 말하는 아이다. 하지만 다음 페이지에선 천연덕스럽게 자리에서 일어나 선물을 준 사람에게 '메르시'라고 말한다. 미국식이었다면 조에는 지나치게 솔직한 결함을 극복하고 진짜 완벽한 공주가 되었을 것이다. 하지만 프랑스 동화책은 좀 더 현실에 가깝다. 조에는 자신의 성격이 지닌 양면성 때문에 늘 고군분투한다. 이 책은 공주 같은 습관을 가지라고 장려하지만, 아이들의 내면에는 베티즈에 대한 충동이 있다는 것도 인정한다.

4세용 동화책에는 유독 벌거숭이나 사랑 이야기가 많이 등장한다. 한 책에는 소년이 어쩌다가 벌거숭이로 학교에 가게 된 이야기가 나온다. 실수로 바지에 쉬를 한 남자애와 자기 바지를 남자애에게 빌려주고 대형손수건으로 치마를 만들어 입은 여자애 사이의 로맨스를 다룬 책도 있다. 이 책들은 어린아이들의 욕망, 부끄러움, 우정, 사랑을 진지하게 대한다.

미국인 부모와 함께 프랑스에서 자란 사람들을 몇 명 알게 되었다. 이들에게 당신은 프랑스인이라고 느끼느냐 미국인이라고 느끼느냐 물었더니, 거의 모두가 '상황에 따라 다르다'고 답했다. 프랑스에 있을 때는 미국인이라고 느끼고 미국에 있을 때는 프랑스인이라고 느낀단다.

빈도 비슷한 것 같다. 울며불며 떼쓰기와 나쁜 수면습관 등의 미국식 속성들은 큰 어려움 없이 바꿀 수 있었다. 그러나 훨씬 더 고생이었던 일도 있다. 프랑스에 살면서 미국의 명절 몇 가지를 건너뛰기 시작했다. 어떤 날을 쇠고 어떤 날을 넘길 것인가는 주로 요리해야 할 음식의 양을 기준으로 정했다. 핼러윈은 그냥 쇠기로 했다. 추수감사절은 건너뛴다. 독립기념일은 프랑스혁명기념일과 엇비슷한 시기라 두 축일을 한꺼번에 축하하는 듯한 기분이 들었다. 빈에게 미국인의 느낌을 심어주기란 쉽지 않았다.

우리가 외국인으로 사는 동안에는 빈 역시 영어 원어민이 되는 게 그리 나쁜 생각은 아니다. 물론 프랑스에서 영어는 '오늘의 언어'다. 40대 이하 파리지앵 대부분은 최소한 뜻이 통하게 영어를 말할 수 있다. 빈의 선생님 역시 영어권 출신 부모들에게는 정기적으로 영어로 된 책을 읽어주라고 당부했다. 빈 친구들 중에는 영어 수업을 받는 아이들도 있다. 그런 아이들 부모는 빈이 2개 국어를 할 줄 알아서 얼마나 좋으냐고 부러워한다. 그러나 부모가 외국인인 게 좋지 않은 점도 있다. 사이먼은 네덜란드에 살던 어린 시절 부모님이 사람들 앞에서 네덜란드어를 말할 때면 너무 창피했단다. 빈의 어린이집에서 연말공연을 했는데 학부모들이 다 함께 노래를 부르는 순서가 있었다. 다른 부모들은 다 가사를 알고 있는데 나는 빈이 눈치 못 채기를 바라며 입만 달싹였다.

내가 빈에게 주고 싶어 하는 미국인으로서의 정체성과 빈이 빠른 속도로 흡수하고 있는 프랑스인으로서의 정체성 사이에서 적절한 타협이 필요한 것 같았다. 이제는 빈이 신데렐라를 상드리옹이라고 부르고 백설공주를 블랑슈네쥬라고 불러도 익숙해졌다. 빈이 같은 반 남자아이가 스파이더맨이 아닌 스피더맨을 좋아한다고 말했을 때는 웃음을 터뜨렸다. 그러나 빈이 일곱 난쟁이가 '하이 호!' 노래를 프랑스어 더빙에서처럼 '헤이 호!'라고 부른다고 주장할 때는 확실하게 선을 긋는다.[6] 지킬 건 지켜야 하는 법이다.

어느 날 아침 빈을 데리고 어린이집에 가는데 우리 동네의 자랑거리 중세 거리를 지나며 빈이 갑자기 노래를 부르기 시작했다.

"내일은 내일의 태양이 떠오른다네~." 우리는 어린이집에 가는 내내 함께 그 노래를 불렀다. 희망에 가득 찬 나의 어린 미국인 아이가 거기 있었다.

결국 수수께끼의 말 '카카 부뎅'에 대해 프랑스 어른들에게 물어보기로 했다. 다들 내가 너무 진지하게 반응한다며 엄청나게 웃어댔다. 비속어이긴 하지만 어린아이들이나 쓰는 말이다. 변기 사용법을 배우기 시작하면서 주워듣는 말이란다.

카카 부뎅도 일종의 베티즈다. 하지만 부모들은 그 말의 재미를 이해해 준다. 이는 아이들이 세상을 조롱하고 도덕적인 제한을 살짝 일탈하는 한 가지 방법이다. 대부분의 어른들은 아이들에게 지나치게 많은 규칙과 제한이 존재하기 때문에 약간의 자유도 허락할 필요가 있다는 걸 인정했다. 카카 부뎅은 아이들에게 힘과 자율권을 준다. 빈의 크레쉬 선생님 안느마리에게 카카 부뎅에 대해 물었

---

6 헤이 호는 매춘부를 부르는 속어와 발음이 비슷하다. (옮긴이)

더니 너그럽게 웃었다.

“자연스러운 과정이에요. 우리도 어렸을 때 그런 말을 썼죠.”

그렇다고 하고 싶을 때마다 카카 부뎅이라고 말할 수 있는 것은 아니다. 양육지침서《당신의 아이》를 보면 아이들에게 나쁜 말은 화장실에서 하게 가르치라고 되어있다. 어떤 부모들은 저녁식사 자리에서는 절대로 그 말을 할 수 없게 금지한다고 했다. 무조건 금지하지는 않는다. 다만 적절하게 사용하도록 가르친다.

빈과 함께 브르타뉴의 프랑스 가정을 방문했을 때 그 집 어린 딸 레오니가 할머니에게 혀를 쏙 내밀었다. 할머니는 아이들을 앉혀놓고 그런 행동을 해도 될 때와 안 될 때를 자세히 일러주었다.

“네 방에 혼자 있을 때는 해도 돼. 화장실에서 혼자 있을 때도 해도 돼. 그럴 때는 맨발로 있어도 되고 혀를 내밀어도 되고 누구를 손가락으로 가리켜도 되고 카카 부뎅이라고 해도 돼. 너 혼자 있을 때는 그런 걸 다 해도 돼. 하지만 어린이집에서는 안 돼. 식탁에 있을 때도 안 돼. 엄마와 아빠와 있을 때도 안 돼. 길거리에서도 안 돼. 그게 인생이야. 차이를 반드시 이해해야 해.”

사이먼과 나는 카카 부뎅에 대해 자세히 알게 된 후 금지명령을 해제하기로 결정했다. 빈에게 그 말을 해도 좋지만 너무 많이 해서는 안 된다고 일렀다. 우리는 그 말 뒤에 숨은 철학이 마음에 들었다. 우리도 가끔씩 사용했다. 아이들만을 위한 비속어라니, 얼마나 기묘한가! 또 얼마나 프랑스다운가!

그러나 외국인이 카카 부뎅의 사회적 복잡성을 완전히 이해하기엔 여전히 모호한 구석이 있었다. 어느 날 빈의 어린이집 친구가 일요일 오후 놀이약속 때문에 우리 집에 놀러 왔다. 아이 아빠가 아이를 데리러 왔다가 빈이 거실을 뛰어다니며 카카 부뎅이라고 외치는 소리를 들었다. 은행가인 그 아빠는 경계의 눈초리로 나를 보았다. 틀림없이 이 일을 자기 아내에게 알릴 것이다.

그 후 그 아이는 다시는 우리 집에 오지 않았다.

프랑스 육아 용어 풀이

au revoir 오르부아: 안녕히 가세요. 아는 어른과 헤어질 때 프랑스 아이들이 반드시 해야 하는 인사말.

bêtise 베티즈: 사소하게 말을 듣지 않는 행동. 아이의 위반행위를 단지 베티즈로 여기면 부모도 온건하게 반응할 수 있다.

bonjour 봉주르: 안녕하세요. 좋은 하루 보내세요. 아이가 아는 어른을 만났을 때 반드시 해야 하는 인사말.

caca boudin 카카 부뎅: 똥 덩어리. 프랑스에선 어린아이들만 쓰는 비속어다.

tétine 터텡: 공갈 젖꼭지. 프랑스의 서너 살 아이들도 물고 있는 것을 흔히 볼 수 있다.

⚜ 10 ⚜

두 번째 경험

전혀 낭만적이지 못했던 쌍둥이 출산

10

드디어 두 번째 책을 끝냈다. 그리고 어느 날, 아침식사 전 '영광의 15분 동안'만이기는 했지만, 내 몸무게는 목표체중에 100g까지 근접했다. 이제 다시 임신할 준비가 된 것이다. 하지만 아이는 쉽게 생기질 않았다.

주변 사람들은 죄다 임신을 했다. 30대 후반의 친구들은 생식력의 마지막 순간에 도달한 듯 보였다. 빈 때는 사실 피자 배달과 비슷했다.

"아이를 원하세요? 그럼 수화기를 들고 주문을 하세요!" 첫 시도에 바로 결실을 맺었다.

그러나 이번에는 달랐다. 빈과 가상 동생의 터울은 점점 벌어지고 있었다. 시간이 없다. 얼른 둘째를 갖지 못하면 셋째는 없을지도 모른다. 담당의는 생리주기가 너무 길어졌다고 말했다. 난자가 난소에 오래 머물러 있어서 짝을 만나기가 힘들다는 것이다. 의사는 난자를 더 자주 배출시켜 준다는 클로미드를 처방해 주었다. 난자가 더 오래 건강하게 유지되도록 해준단다. 그 사이 더 많은 친구들이 전화를 걸어 소식을 알려왔다.

"나, 임신했어!" 그 소식이 정말 반가웠다. 진심이다.

8개월이 흐르고, 결국 나는 침술사의 연락처를 받아들었다. 임대료가 싼 파리의 한 상업 지구에서 한의원을 운영하는 그 침술사는 길고 검은 생머리의 소유자였다. 대부분 전 세계 대도시의 차이나타운은 하나밖에 없지만 파리엔 무려 대여섯 곳이나 된다. 침술사가 내 혀를 살펴보고 팔에 침을 놓더니 생리주기를 물었다.

"흠…, 너무 길군요."

침술사는 난자가 배출되기도 전에 쇠약해지고 있다고 설명했다. 한약도 처방해 주었다. 나무껍질 맛이 나는 물약이었다. 나는 열심히 약을 먹었다. 그러나 임신은 되지 않았다.

사이먼은 빈 하나로도 만족한다고 말했다. 사이먼의 뜻을 존중할까도 했지만, 이내 내 안의 원시적인 뭔가가 나를 충동질했다. 다윈의 진화론 따위는 아니었다. 그보다는 탄수화물이 당길 때의 느낌과 더 비슷하다. 나는 피자를 더 원한다. 결국 나는 산부인과 의사를 다시 찾아가 '판돈을 높일 준비가 되었다'고 말했다. 뭐가 더 필요하겠는가?

의사는 체외수정까지는 필요 없다고 했다. 그러고는 프랑스에선 의료보험으로 43세 미만 여성의 체외수정 비용을 6회까지 지원한다고 덧붙였다. 내 경우는 배란을 유도하는 약을 직접 허벅지에 주사하는 게 좋겠다고 했다. 난자가 시들기 전에 나오게 해준다고 한다. 이 방법이 효과를 보려면 생리주기 14일째 되는 날 주사를 놓아야 한다. 그리고 그 직후 관계를 가져야 한다.

그러나 첫 14일째 되는 날에 사이먼은 암스테르담 출장을 가기로 돼있었다. 한 달이나 기다릴 마음의 여유 따위는 없었다. 빈을 베이비시터에게 맡기고, 암스테르담과 파리의 중간 지점인 브뤼셀에서 사이먼과 만나기로 했다. 우리는 느긋하게 저녁을 먹고 호텔로 들어갈 작정이었다. 멋진 일상탈출 여행인 데다, 사이먼은 다음날 아침 암스테르담으로 돌아가면 된다.

그런데 바로 그날, 어마어마한 태풍이 불어서 네덜란드 서부 철도가 마비되었다. 저녁 6시 무렵 브뤼셀의 기차역에 도착했을 때, 사이먼은 기차가 로테르담에 멈춰버렸다고 전화로 알려왔다. 언제 다시 출발할지 알 수 없었다. 어쩌면 브뤼셀에 올 수 없을지도 모른다. 나중에 다시 통화하기로 하고 전화를 끊었다. 설상가상 비까지 내리기 시작했다.

주사액을 넣어온 박스 안의 냉동팩은 이제 몇 시간밖에 버티지 못할 것이다. 기차역 편의점으로 달려가 냉동 완두콩 한 봉지를 사서 박스 안에 넣었다.

사이먼이 다시 앤트워프로 가는 기차를 탔다고 알려왔다. 내가 앤트워프로 갈까? 머리 위 거대한 전광판에는 앤트워프행 기차가 몇 분 후면 출발한다고 한다. 나는 완두콩으로 감싼 주사액을 붙잡고 미친듯이 플랫폼으로 달려갔다. 비를 홀딱 맞으며 앤트워프행 기차에 막 올라타려고 했을 때, 사이먼에게서 전화가 걸려왔다.

"타지 마!" 그가 소리쳤다. 브뤼셀행 기차에 탔다는 것이다.

나는 택시를 타고 호텔로 갔다. 호텔은 편안하고 따뜻했으며 거대한 크리스마스트리가 장식돼 있다. 호텔에 도착한 것만으로도 감사하다. 그러나 벨보이가 안내한 방은 내가 생각한 분위기가 아니다. 벨보이는 다시 맨 꼭대기 층 다른 방으로 안내했다. 천장이 한쪽으로 기운 방이다. 아기를 기대할 만한 장소로 보인다.

사이먼을 기다리며 샤워를 하고 옷을 입고 차분하게 주사를 놓았다. 마약중독자라고 해도 그리 어색하지 않을 솜씨다. 하지만 나는 마약중독자보다는 두 아이의 좋은 엄마가 되고 싶었다.

몇 주 후, 일 때문에 런던에 가 있었다. 약국에서 임신진단키트를 샀다. 식당에서 베이글도 샀다. 베이글을 먹고 지하철의 더러운 화장실에 들어가 임신진단 반응을 보기로 했다. 놀랍게도 양성반응이 나왔다. 가방을 끌고 약속장소로 가는 길에 사이먼에게 전화를 걸었다. 그는 곧바로 아기 이름부터 생각하기 시작했다. 브뤼셀에서 생겼으니까 '양배추'라고 할까(브뤼셀은 양배추가 유명하다)?

한 달 후 사이먼과 함께 초음파진단을 받으러 갔다. 나는 반듯이 누워 모니터를 보고 있었다. 참 신비한 순간이다. 심장박동, 머리, 다리가 보였다. 그때 옆쪽으로 또 다른 검은 점이 보였다.

"저건 뭐죠?" 의사에게 물었다.

의사가 진단 봉을 조금 움직였다. 그러자 갑자기 작은 몸 하나가 다시 화면에 나타났다. 심장박동, 머리, 다리가 보였다.

"쌍둥이군요." 의사가 말했다.

내 인생 최고의 순간이었다. 거창한 선물을 받은 기분이었다. 한꺼번에 피자 두 판이라니! 게다가 30대 후반인 나로선 매우 효율적인 방법 아닌가! 그런데 사이먼을 돌아보니 그에게는 최고의 순간이 아닌 모양이다. 충격을 받은 표정이다. 무슨 생각을 하는지 묻고 싶지 않다. 나는 쌍둥이라는 생각만으로도 한껏 들떠버린 데 반해, 그는 한 방 맞은 것 같았다.

“이제 카페 나들이는 꿈도 못 꾸겠군.” 사이먼이 중얼거렸다. 벌써부터 여가의 종말을 걱정하다니.

“가정용 에스프레소 머신을 사세요.” 의사가 담담하게 말했다.

프랑스 친구들과 이웃들이 임신 소식을 듣고 축하해 주었다. 하지만 쌍둥이를 갖게 된 데 대해서는 무관심으로 일관했다. 반면 영어권 사람들은 신중하지 못했다.

“놀랐겠어요?” 놀이그룹의 한 엄마가 다짜고짜 물었다. 무언의 긍정을 보냈더니 다시 묻는다.

“의사도 깜짝 놀라던가요?” 축하 대신 신기하다는 말부터 건넸다. 하지만 나는 너무나 바빠서 기분이 나쁜 줄도 몰랐다.

이제 우리에겐 커피메이커가 아니라 더 큰 아파트가 필요하다. 지금 집은 방이 두 개밖에 없는 데다, 쌍둥이의 성별이 아들이라고 한 이상 더 큰 집은 훨씬 더 다급한 문제가 되었다.

나는 수십 군데의 아파트를 보러 다녔다. 다들 너무 칙칙하거나 비싸거나 코딱지만 한 부엌으로 이어지는 복도가 지나치게 길고 음침했다. 부동산 중개인은 늘 집을 둘러보기 전에 ‘매우 조용하다’는 걸 강조했다. 부동산에 하도 집중을 하느라 임신을 염려할 겨를이 없었다. 어느새 프랑스식 사고방식에 익숙해져버린 걸까? 빈 때와는 달리 ‘안전할까?’ 따위의 의문은 품지 않았다. 물론 쌍둥이는 조산 가능성이 높다는 것 때문에 잠깐 걱정하기도 했다. 그러나 그런 걱정 대부분은 보건제도가 무마해 주었다. 설령 조산을 한다 해도 병원비 걱정은 없다.

정작 예정일이 다가오자 가장 불안해진 사람은 사이먼이었다. 물론 걱정의 초점은 아기가 아니라 자기 자신이었지만. 치즈를 먹을 때면 그게 생애 마지막 치즈인 양 굴었다. 내 경우는 사람들의 관심을 최대한 즐겼다. 체외수정이 무료인데도 파리에선 여전히 쌍둥이가 색다른 존재다. 몇 주 안에 눈에 띄게 임신부 티가 났다. 6개월이 되자 출산 직전으로 보였다. 임부복이 꼭 끼기도 했다. 누가 봐도 뱃속에 한 명 이상 있는 게 분명해 보였다.

그 사이 쌍둥이 명명법도 공부했다. 프랑스에선 일란성, 이란성 하는 식으로 쌍둥이를 구분하지 않는다. 대신 '브래vrais(진짜)'와 '포faux(가짜)'로 구분한다. 나는 어느새 사람들에게 '가짜 쌍둥이 아들을 기다린다'고 말하는 데 익숙해졌다.

조산은 걱정할 필요가 없어졌다. 9개월이 되자 내 뱃속에는 빈과 거의 똑같은 몸무게의 아기 둘이 자리했다. 카페에 앉아 있으면 사람들이 나를 보며 수군댔다. 더 이상 계단을 오를 수도 없었다.

"아파트를 원하면 당신이 가서 하나 구해와." 나는 사이먼에게 당당하게 말했다. 사이먼은 일주일도 안 돼 아파트를 구했다. 보러 간 첫 집을 덜컥. 파리에서도 오래된 아파트로, 복도는 없고 대신 현관 앞에 지금 것보다 세 배는 넓은 보도가 있었다. 품이 많이 들었다. 출산 전날 리모델링 업자를 만나야 했다.

빈을 출산했던 개인병원은 작지만 깨끗했다. 24시간 보모가 있었고 수시로 깨끗한 수건이 지급됐으며 스테이크와 푸아그라가 룸서비스로 나왔다. 내 손으로 기저귀를 갈 필요도 없었다. 반면 쌍둥이를 낳기로 한 공립병원엔 화려한 서비스가 없다. 분만 전 산모가 준비해야 할 물품 목록에는 기저귀도 포함된다. 출산방법, 에피듀랄 사용 여부 등을 내 맘대로 선택할 수도 없다. 아기에게 시크한 모자를 씌워주지도 않는다. 그래서 공립병원을 컨베이어벨트 같다고 묘사하는 사람도 있다.

결국 공립병원을 택했다. 쌍둥이 출산을 위해서는 장비가 갖춰진 곳이어야 했기 때문이다. 애초에 욕조에서 아기를 낳을 생각 따윈 없었으니까. 그리고 막상 닥치면 뉴요커식 뻔뻔함으로 이런저런 주문을 하면 된다고 쉽게 생각했다. 게다가 '규모의 경제' 이점도 누릴 수 있다. 공립병원은 한 아이 가격으로 쌍둥이를 받아준다.

막상 진통이 시작되자 에피듀랄은 선택할 필요도 없었다. 의사는 필요하면 즉시 제왕절개수술을 할 수 있도록 무균수술실로 나를 데려갔다. 반듯이 누워 1950년대 스타일의 복고형 장비에 다리를 걸었다. 샤워 캡과 수술용 마스크를 쓴 낯선 사람들이 주위를 에워쌌다. 나는 상황을 직접 보고 싶어서 등에 베개를 좀 받쳐달라고 몇 번이나 부탁했다. 그러나 아무도 대꾸하지 않았다. 결국 누군가 내 등 밑에 접은 시트를 밀어넣어 주었지만, 시야가 트이지도 않고 이전보다 더 불편해지기만 했다.

분만이 시작되자 내 프랑스어는 어디론가 증발해버렸다. 의사의 말을 한마디도 알아들을 수가 없었고 내 입에선 영어만 나왔다. 이런 일이 잦은지 조산사가 통역을 시작했다. 하지만 의사의 말을 다 옮기지 않는 게 분명했다. 하는 말이라곤 '힘줘요'와 '힘 빼요'뿐이었다.

첫째 아기가 나오자 조산사가 아기를 안겨주었다. 나는 넋을 빼앗겼다. 그러나 아기 얼굴을 들여다보려 하는 찰나, 조산사가 내 어깨를 두드렸다.

"저기요, 아직 한 명 더 남았거든요."

조산사가 아기를 정체불명의 곳으로 데려갔다. 역시 쌍둥이는 복잡하구나!

9분 후 다른 아기가 나왔다. 짤막하게 '안녕'하고 인사를 했을 뿐인데, 그 아기 역시 채간다. 그리고 모두 다 나가버렸다. 사이먼, 아기들, 엄청난 숫자의 의료진 모두. 나는 허리 아래를 꼼짝달싹 할 수 없는 상태로 누워 있었다. 두 다리는 여전히 벌리고 장비 위에 올려둔 채. 스테인리스 테이블 위에 붉은 태반 두 개가 놓여 있다. 더군다나 수술 테이블의 커튼을 열어젖혀 놓아서 지나가는 누구라도 내 가랑이를 똑똑히 볼 수 있는 상태다.

내 곁에 남은 유일한 사람은 마취과 간호사였다. 하지만 그녀 역시 혼자 남겨진 게 별로인 모양이다. 잡담이라도 나누면서 무료함을 달래려는 요량인지, 내게 '어디서 왔냐, 파리는 마음에 드느냐' 등 쓸데없는 질문을 해댄다.

나는 잊어버린 프랑스어를 수습해 간신히 물었다.

"아기들은 어디에 있어요? 언제 볼 수 있어요?" 불행히도 그녀는 알지 못했고, 그걸 알아보러 내 곁을 떠날 수도 없었다.

20분이 흘렀다. 아무도 오지 않는다. 호르몬 탓인지 나 역시 아무렇지 않다. 간호사가 드디어 고맙게도 수술용 테이프를 이용해 내 무릎 사이에 소박한 작은 천 쪼가리 하나를 덮어주었다. 그 후론 그녀도 더 이상 수다를 원하지 않았다. 대신 메마른 어투로 한마디 덧붙인다.

"나는 이 일이 정말 싫어요."

드디어 누군가 내 침대를 끌고 회복실로 데려갔다. 그곳에서 사이먼과 아기들을 만났다. 우리는 사진을 찍었고 처음이자 마지막으로 두 아들에게 동시에 젖을 물리는 시도를 해보았다.

병원 직원이 며칠 동안 머무를 입원실로 데려다주었다. 호텔급은 아니고 모텔에 가깝다. 뼈만 앙상한 직원에게 도움을 청할 수 있고 새벽 1~4시에는 보모가 대기한다. 첫 출산이 아닌 나에게는 직원들이 별로 신경을 쓰지 않았다. 식사시간에 받는 플라스틱 식판에는 눅눅해진 감자튀김과 치킨너깃, 초콜릿우유가 담겨 있었다. 며칠 후에야 다른 산모들은 병원식을 거의 먹지 않는다는 걸 알게 되었다. 복도 끝에 공용 냉장고가 있어서 다들 거기에 음식을 보관해 두고 먹는다.

사이먼은 집에서 빈을 돌봐야 했기 때문에 대부분의 시간은 나 혼자 아기들을 돌봐야 했다. 아기들은 몇 시간씩 빽빽 울어댔다. 나는 다리 사이에 한 명을 끼워 포옹 비슷한 상태로 만들고 다른 한 명에게 젖을 먹였다. 몇 시간의 통곡과 수유가 이어진 끝에 겨우 두 아기를 모두 재우고 나자, 사이먼이 나타났다.

"여긴 정말 평화롭네." 사이먼이 말했다.

정신없는 와중에도 아기들 이름을 지어야 했다. 파리시는 3일의 기한을 주는데, 이틀만 경과해도 뿔난 공무원이 서류철을 들고 병실로 쳐들어온다. 사이먼은 자기가 존경하는 넬슨 만델라의 이름을 따서 '넬슨'만 넣어주면 오케이라고 했다. 그리고 골몰 끝에 곤조(미친)와 체어맨(회장)이라는 이름을 지어왔다. 나는 사이먼의 주장을 무시했다. 결국 아기들 이름은 조엘과 레오로 정했다.

아기들은 그야말로 이란성 쌍둥이다. 조엘(조이)은 밝은 금발만 빼곤 나를 닮았고, 레오는 사이먼을 빼닮아 가무잡잡한 지중해 남자아이 같다. 따로 떼놓고 본다면 혈연관계라고 짐작하기 힘들 정도다.

기나긴 4일이 지나고, 드디어 퇴원을 했다. 병원보다 집에 있는 편이 차라리 나았다. 아기들은 여전히 저녁부터 몇 시간이고 울어댔고, 밤새 깨어 있었다. 사이먼과 나는 한 아기씩 선택해 밤새 그 아기를 책임졌다. 더 수월한 쪽을 고르려고 갖은 잔머리를 썼지만, 둘의 상태는 계속 바뀌었다. 아직 이사 전이라 다 같이 한 방에서 잤고, 한 아기가 깨면 모두 다 깨어나는 일상이 계속됐다.

쌍둥이 아기에게 똑같은 옷을 입히는 게 이해가 됐다. 마치 교복을 입혀놓은 아이들이 규칙을 따라주길 바라는 것처럼, 최소한 시각적인 평화라도 얻고 싶은 것이다. 정신이 쏙 빠질 정도로 분주했지만, 갑자기 한 가지 생각이 나를 사로잡았다. 이름을 너무 서둘러서 지었다는 생각. 당장 구청에 가서 개명 신청을 해야 하나 고민했다. 얼마 되지도 않는 여가시간 몇 분 동안 갖가지 문제를 고민했다.

또 하나의 문제는 포경수술이었다. 프랑스 남아들은 대부분 포경수술을 하지 않는다. 유대인이나 무슬림들만 한다. 8월이라 유대인 할례를 해주는 모헬들도 휴가 중이었다. 추천받은 모헬(소아과 의사이기도 한)이 돌아올 때까지 기다려야 했다.

출산과 달리 할례는 한 사람 값으로 둘을 해주지 않는다. 패키지 할인도 없다. 나는 기다리는 시간에 모헬에게 '아기 이름을 잘못 지은 것 같다'고 고백했다. 그는 영적인 조언 따위는 해주지 않았고, 대신 프랑스에선 개명 절차가 미로처럼 복잡하며 엄청나게 고통스럽다고 말해주었다. 결국 나는 현실에 굴복했다. 다시는 아기들 이름 때문에 고민하지 않기로 한 것이다.

고맙게도 마이애미에서 엄마가 와주었다. 엄마까지 가세해 교대로 아기를 안고 돌봤다. 어느 날 한 여성이 초인종을 눌렀다. 동네

보건소에서 파견한 심리학자라고 했다. 모든 쌍둥이 엄마들에게 무료 왕진을 온다고 설명했는데, 나는 그 목적이 혹시 '내가 완전히 망가진 상태는 아닌지 확인'하려는 걸까 의심스러웠다. 며칠 후 또 다시 보건소에서 파견한 조산사가 찾아왔다. 그녀는 내가 조이의 기저귀를 가는 걸 가만히 지켜보더니 '아기 똥이 훌륭하다'며 감탄했다. 아기 똥에 대해 프랑스 정부의 공식인정을 받은 셈이다.

그동안 프랑스식 양육에 대해 배운 것을 쌍둥이에게 적용하기 시작했다. 서서히 식사시간을 하루 네 번으로 줄여갔다. 2~3개월부터는 구테 외에는 간식을 주지 않았다. 안타깝지만 '잠깐 멈추기'는 시도하기가 힘들었다. 두 아이가 수시로 우는 데다 옆방의 빈까지 깨울까 봐 그럴 여력이 없었다.

괴로움의 나날이 지속됐다. 거의 한 달 동안 잠을 설치자, 사이먼도 나도 좀비가 되어갔다. 결국 필리핀 보모들을 고용하기로 했다. 빈 때 알게 된 보모 애들린, 그녀의 사촌, 친척들이 동원됐다. 모두 네 명의 보모들이 24시간 교대로 아이들을 맡아주었다. 엄청난 금전적 출혈이 있었지만, 적어도 잠은 잘 수 있었다. 이제 쌍둥이 엄마들이 핍박받는 티베트 소수민족처럼 측은하게 느껴질 지경이었다.

모유수유도 힘들었다. 두 아이를 다 먹이려면 하루 종일 전기 유축기를 대고 있어야 했다. 빈은 유축기를 쓰는 동안에는 자기가 엄마를 독차지할 수 있다는 걸 금세 간파했다. 빈은 몇 초 내에 라이플총을 척척 조립하는 첩보원처럼 젖병과 유축기 소켓을 조립하는 법을 터득했고, 옆에서 유축기 소리를 감상하기도 했다.

하루 종일 거의 상처 입은 짐승처럼 지냈다. 모유를 아래층으로 내려다 주곤(때론 빈이 배달부 역할을 맡았다.) 나머지 시간은 내내 잠만 잤다. 보모들이 많아서 내가 조연이 되어버린 기분이었다. 아기들이 이 많은 여자들 중에서 내가 자기들 엄마인 걸 알기나 할까 하는 생각까지 들었다. 어찌나 멍한 상태였던지, 한번은 친구가 내 어깨를 흔들며 괜찮으냐고 물을 정도였다.

"괜찮아. 돈이 바닥나고 있어서 그렇지." 나는 말했다.

그 사이 새 집은 리모델링이 한창이었다. 잠깐 정신을 차리고 공사 진척을 보러 갔다. 60대의 관리인이 혀를 끌끌 차며 '이전 주인은 훌륭한 사람이었다'고 한탄했다. 그들은 최소한 분별력 있는 사람들이었다는 것이다.

깜짝 놀라 아파트로 올라가 봤더니, 정말이지 난장판이 되어 있었다. 리모델링 계획안을 승인한 날, 쌍둥이들은 미친 듯이 울어댔다. 뭘 제대로 보고 읽기나 했는지 확신이 없다. 그나마 이 아파트에서 가장 훌륭한 부분이었던 200년 된 문과 벽이 송두리째 없어지고, 야릇한 새것으로 바뀌어 있었다. 19세기풍의 고풍스러운 아파트는 마이애미의 최신 콘도미니엄처럼 보였다. 다시 엄청난 비용을 들여 일부를 원상복구했다. 묵직한 문과 정교한 몰딩을 포함한 파리의 건축이 얼마나 아름다운지 깨달은 수업비였다.

이제야 여유시간이 생겨서, 그때 일을 곱씹어 본다. 모든 것이 후회된다. 우주복 잠옷을 입은 두 아들은 빈 때와는 다른 경험들을 안겨주었다. 공격적이고 전위예술적으로 아이들이 벌여놓은 숱한 사건들이 하루하루를 수놓았다. 사이먼은 피로와 절망에 싸여 울적한 표정으로 집안을 어슬렁거리며, 소심하게 쏘아붙이곤 했다.

"커피를 마시러 가려면 아마 20년은 더 기다려야 할 거야."

이렇게 말한 적도 있다.

"집 앞에 도착했는데 문 너머로 아기 우는 소리가 들리면 얼마나 끔찍한 느낌인지 알아?" 세 살도 안 된 아이들이 셋이나 있다는 건 누가 봐도 벅찬 상황이다.

울음과 불평의 와중에도 간혹 희망의 순간은 찾아온다. 레오가 5분 동안이나 기분 좋고 조용한 상태였을 때, 나도 덩달아 기분이 날아갈 것 같았다. 레오가 7시간을 내리 잔 다음 날 아침, 사이먼은 콧노래를 부르며 집안 곳곳을 깡충깡충 뛰어다녔다.

여전히 쌍둥이를 낳았을 때 분만실에서 느꼈던 감정이 남아있다. 나처럼 쌍둥이 포함 아이 셋을 키우는 친구 엘렌에게 '아기를 또 가질 생각이 있냐'고 물어보았다.

"그럴 리가요. 지금도 벅찬 걸요."

나도 딱 그 느낌이다. 이미 한계를 넘어선 게 아닐까 두렵기까지 했다. 몇 년 동안 손자타령을 했던 엄마마저 더 이상 아이를 낳지 말라고 했다.

어느 날 어린이집에서 돌아온 빈이 나를 향해 외쳤다.

"마망 크로트 드 네maman crotte de nez!"

구글 검색을 해보니, 이런 뜻이란다. '엄마 코딱지!'

꽤 적절한 묘사가 아닐 수 없다.

⚜ 11 ⚜

죽지 못해 산다?

프랑스 여자들은 왜 남편 욕을
하지 않을까

11

쌍둥이 부모는 이혼 확률이 높다고들 한다. 맞는 통계인지는 몰라도, 왜 그런 말을 하는지는 확실히 이해할 수 있다.

쌍둥이가 태어나고 몇 달이 지나도록 사이먼과 나는 연신 다투기만 했다. 한번은 말다툼 끝에 사이먼이 내게 '리바베이티브rebarbative'라고 했다. 무슨 뜻인지 몰라 사전을 찾아보았다. '매력이 없고 정나미 떨어지는'이란다. 나는 곧장 사이먼에게 따지고 들었다.

"뭐? 내가 매력 없고 정나미 떨어진다고?"

아무리 지쳤어도, 그런 비열하기 짝이 없는 말을 던지다니.

나는 교양 있는 사람이란 걸 보여주기 위해, 말 대신 집안 곳곳에 경고문을 붙였다. '사이먼을 열 받게 하지 마시오!' 보모들도 잘 볼 수 있도록 공용화장실 거울 위에도 하나 붙였다. 너무나 지쳐 있던 나머지, 우리가 실은 너무 피곤해서 싸운다는 사실조차 깨닫지 못했다. 나는 그의 생각 같은 건 더 이상 알고 싶지 않았다. 보나마나 네덜란드 축구 생각이겠지만.

어쩌다 귀한 여가시간이 나면, 사이먼은 침대에 누워 잡지를 읽었다. 혹여 말이라도 걸려 하면, 매몰찬 선제공격이 들어왔다.

"지금 당신이 하려는 말이 이《뉴요커》기사보다 더 재밌어?"

어느 날 깨달음이 찾아왔다. '우리 부부는 꽤 조화롭게 사는지도 모른다. 사이먼은 짜증을 잘 내고 나는 프로 짜증 유발자니까.' 사이먼에게도 내 생각을 말해주었다.

당시 우리는 어떤 사악한 기운을 내뿜고 있던 게 분명하다. 아이가 없는 한 부부가 우리 집에 놀러 왔다가, 나흘 만에 아이를 낳지 않기로 결심하고 돌아갔다. 가족과 주말여행을 다녀온 후에, 빈마저 비장하게 자신의 계획을 말해주었다.

"난 아기 안 낳을 거야. 아기들은 너무 어려워."

그러던 우리 관계에도 청신호가 켜진 걸까? 쌍둥이 모두 운이 좋게도 크레쉬에 자리를 얻었다. 프랑스에서도 쌍둥이는 희귀했기 때문에 우선권을 얻은 것이다. 심지어 새로 이사한 집에서 겨우 두 블록 떨어진 거리에, 평소 결원이 없기로 유명한 곳이다.

크레쉬는 작은 희망의 싹을 틔워주었다. 하지만 아직 입원 날짜는 몇 달이나 남아있고, 그동안은 이 으스스한 상태가 지속될 터였다. 그 기간을 버텨낼 수 있을지 미지수다. 미국 중산층 사이에 '집중육아'가 유행하면서 결혼생활의 만족도가 떨어진다는 연구결과는 괜히 나온 게 아닌 듯하다. 사회학자들은 오늘날의 부모가 예전보다 훨씬 '덜' 행복하다고 지적한다. 많은 이들이 우울증을 겪고, 자녀의 수가 늘면 불행의 정도도 심해진다.

우리 부부에게도 밤 데이트가 필요한 걸까? 우리가 프랑스에 거주하기 시작한 이래, 미국에선 '밤 데이트date night'가 위태로운 부부

관계의 해법처럼 자리 잡았다. "배우자가 밉나요? 그럼 밤 데이트를 하세요! 아이 목을 조르고 싶다고요? 나가서 외식을 하세요!" 오바마 부부도 밤 데이트를 한다. 심지어 사회학자들도 밤 데이트의 효과를 연구한다. 캐나다에선 부부만의 여가활동이 관계 개선에 도움이 되고 활력을 되찾아 주며 양육에도 새로운 영감을 불러온다는 연구 결과가 나왔다. 하지만 정작 부부들은 시간을 내기가 어렵다고 호소한다.

물론 문제는 '집중육아'다. 가족의 최우선순위가 '아이의 발달 속도'가 되면서, 다른 요소들은 소홀해진다. 아이를 누군가에게 맡기고 부부끼리 시간을 보내는 건 꿈도 꾸지 못하는 이들이 많다. 미시간에 사는 한 화가는 아이를 단 한 번도 남의 손에 맡긴 적이 없다고 했다.

"우리 애는 저체중인 데다 굉장히 예민해요. 그런 아이를 다른 사람에게 맡길 수는 없죠."

양육방법을 놓고 양육자(대개 조부모)와 부모 간의 신경전도 엄청나다. 버지니아에 사는 한 할아버지는 과속방지턱을 넘을 때 유아차를 잘못 밀었다는 이유로 딸에게 큰 타박을 받았다. 아이 엄마는 턱을 넘을 때마다 유아차를 뒤로 돌려줘야 뇌 손상 가능성이 줄어든다는 기사를 읽고 자기 아버지에게 누누이 강조했던 것이다. 베이비시터를 둘 때도 시종일관 옆에서 감시하거나 CCTV를 설치해 하루 일과를 체크한다는 엄마들도 있다.

사이먼과 내 경우는 그런 부모들보다는 좀 더 자유로울 거라고 생각했다. 보모도 두고 있다. 그것도 여럿을. 그런데도 쌍둥이가 태어난 뒤로 집 밖에서 2~3시간 이상을 보낸 적이 없었다. 나야말로 보모에게 온전히 맡기지 못하고 조바심 내는 미국 엄마들과 다를 바가 없었다. 여전히 두 아기들 곁에 붙어 있었고, 보모들은 엉뚱하게 가사도우미가 되어 잡다한 집안일을 했다. 결국 나는 돈만 까먹고 부부관계도 망가뜨리는 파괴적인 육아에 골몰하고 있었던 것이다. 나는 사이면 말대로 '정나미 떨어지는' 사람이 되어갔다. 보모가 출근하는 시간이 임박해서 휴대전화가 울리면, 대번에 불안해졌다. 혹시 늦는다는 연락일까? 알고 보니 뉴스 알림이다. 남미에 지진이 발생했다는 재난 소식이다. 한심하게도 안도의 한숨이 나왔다.

물론 아기가 3개월 만에 통잠을 자고 혼자서도 잘 놀고 부모가 일일이 뒤치다꺼리를 하지 않아도 된다면, 부부관계는 훨씬 더 원만해질지 모른다. 프랑스처럼 육아, 의료보험, 대학 교육 등에 천문학적인 비용을 들여야 할 필요가 없다면 스트레스도 덜할 것이다.

그러나 무엇보다 프랑스 부모들이 느긋한 이유는, 부부 간의 로맨스를 매우 다른 시각으로 바라보기 때문이 아닌가 싶다. 이걸 어렴풋이 깨달은 것은 산부인과 의사가 '출산 후 재교육' 10회분을 처방해 주었을 때였다. 빈을 낳고 처음 이 교육을 받았고 쌍둥이를 낳은 후에도 받았다. 빈을 낳고 나서 받은 재교육은 '회음부 재교육'이었다. 사실 교육을 받기 전에는 회음부가 어디며 정확히 무슨 기능을 하는지조차 몰랐다. 회음부는 성기 아래쪽에서 항문 사이의 조직으로, 임신과 분만을 겪으면 이 부분이 해먹처럼 늘어난다. 여기가 느슨해지면 성감이 떨어지고 기침이나 재치기를 할 때 소변이 새어나오는 요실금의 원인이 되기도 한다. 미국 의사들 역시 이 회음부의 탄력을 강화하는 케겔운동을 제안한다. 하지만 보통은 따로 처방이 없다. 회음부 운동은 엄마들 사이에 공개적으로 논의되기보다, 비밀로 해야 할 무언가로 취급당한다. 하지만 프랑스에선 이걸 개인이 해결해야 하는 문제로 보지 않는다. 부인과 전문의들은 "남편이 행복해하나요?"라는 질문을 던짐으로써 '회음부 재교육'이 몇 회나 필요한지 가늠하고 처방한다.

사이먼은 내 회음부에 접근할 수만 있다 해도 행복해할 것이다. 빈을 낳고 한동안은 사이먼이 내 가슴 근처까지만 접근해도 경보장치가 가동됐다. 가슴을 자극하면 모유가 나왔고, 다른 그 어떤 쾌락보다 잠이 절실했다. 당시엔 6~7시간을 내리 자본 적이 거의 없었기 때문이다.

결국 나는 회음부 재교육을 받기로 했다. 담당자는 스페인 출신의 모니카라는 여성으로, 개인진료소를 운영하고 있었다. 첫 수업은 면담만으로 진행됐다. 45분에 걸쳐 나는 배변습관과 성생활에 대한 질문 수 십개를 받았다.

다음 수업에선 하의를 벗고 쪼글쪼글한 종이를 깔아놓은 푹신한 침대 위에 누웠다. 수술용 장갑을 낀 모니카가 내게 특정한 운동법을 가르쳐주었다. 뭐랄까? '가랑이를 위한 윗몸일으키기'라고밖에는 묘사할 방법이 없다. 힘을 줬다 뺐다 15회가 한 세트다. 아랫도리를 위한 필라테스라고 해야 할까?

운동이 끝나자 모니카가 날씬한 흰색 봉을 보여주었다. 성인용품 비슷했는데, 가랑이 윗몸일으키기를 할 때 전기 자극을 더해주는 기구라고 했다. 10회 교육 후에는 일종의 비디오게임이 이어졌다. 성기 주변에 센서를 달고 컴퓨터 화면 안 주황색 선을 넘을 수 있을 만큼 근육이 충분히 수축하는지 측정했다.

회음부 재교육은 굉장히 은밀한 행위임에도 대단히 전문적으로 시행됐다. 모니카는 내게 깍듯이 예의를 차렸고, 덕택에 이상하다거나 수치스럽다는 느낌은 전혀 없었다.

쌍둥이를 낳고 담당의는 다시 한번 출산 후 재교육 처방전을 써주었다. 출산 후 1년이 지났는데도, 내 허리둘레는 여전히 불룩했다. 일부는 지방, 일부는 늘어진 살, 일부는 정체불명의 물질이었다. 솔직히 뭐가 들었는지 나도 잘 알 수가 없다. 지하철을 탔는데 연세 지긋한 노부인이 자리를 양보한 적도 있었다. 내가 임신 중이라고 생각한 것이다. 뭔가 특단의 조치가 필요했다.

프랑스 여성들이 모두 출산 후 재교육을 받지는 않는다. 하지만 대다수가 받는다. 안 받을 이유가 없다. 의료보험이 모든 비용을 다 대주는데, 마다할 리 없다. 흰색 봉 가격까지 포함해서. 심지어 배가 치골 아래까지 늘어지거나 성생활에 방해가 된다고 판단되면, 복벽 성형 비용까지 지원해 준다.

당연히 이러한 재교육 덕분에 프랑스 엄마들은 출발선에서부터 혜택을 누린다. 배가 홀쭉해지고 골반의 위치를 알아볼 수 있게 되고 회음부가 탄력을 찾으면, 뭘 하고 싶겠는가?

물론 프랑스 엄마들 중 극히 일부는 오로지 아이에게만 집중한다. 하지만 프랑스 사회는 이를 장려하지도 않고 그 노고를 보상해주지도 않는다. 아이를 위해 부부의 성생활을 희생한다? 이것은 건강하지 못할뿐더러 균형이 깨진 것으로 취급된다. 출산 후 잠시 동안 부부의 모든 관심사가 아기를 향하는 건 당연하다. 그러나 점차 부부 쪽으로 균형이 되돌아간다.

"프랑스에선 모든 인간은 욕망을 가진 존재라는 기본적인 전제가 있어요. 그 욕망은 매우 오래 지속되며 결코 사라지지 않죠. 만약 욕망이 사라진다면, 그 사람은 몹시 우울하고 치료가 필요하다는 뜻이에요." 프랑스 엄마와 미국 엄마를 비교·연구한 텍사스 대학교 사회학자 마리앤 쉬조Marie-Anne Suizzo의 말이다.

프랑스 엄마들은 내가 아는 미국 부모들과는 완전히 다르다.

"당연히 아이들보다는 부부가 우선이죠."

먹는 걸 조심하라고 가르쳐준 전업주부 비르지니의 말이다. 비르지니는 세 아이의 엄마로, 원칙적이고 현명하며 헌신적이지만 동시에 낭만적으로 살기를 게을리하지 않는다.

"부부가 제일 중요해요. 살면서 자기가 선택한 유일한 것이니까요. 자식은 내가 선택한 게 아니잖아요. 하지만 남편은 내가 선택한 사람이고, 그와 함께 삶을 가꿔가야 해요. 그런 만큼 좋은 관계를 유지하려고 관심을 쏟는 거고요. 특히 아이들이 독립하고 나면 남편과 더욱 돈독히 지내야 해요. 내게는 가장 우선이에요."

프랑스 부부 모두가 비르지니식 순위에 동의하진 않을 것이다. 그러나 대체로 아기를 낳은 프랑스 부모들은 언제부터 부부의 낭만적인 일상을 온전히 되찾을 수 있을지를 중요하게 여긴다. "부부가 언제부터 진심으로 서로에게 다시 헌신할 준비를 갖춰야 하는지는 그 어떤 이데올로기로도 명령할 수 없다. 조건이 허락하고 준비가 되었다고 느끼면, 부모는 아기에게 부부 밖에 적당한 자리를 마련해 줄 것이다." 프랑스 사회학자 장 엡스탱Jean Epstein의 말이다.

미국의 전문가들도 때로는 부부만의 시간이 필요하다고 말한다. 닥터 스포크의 《유아와 육아》에는 '불필요한 자기희생과 과도한 몰두'라는 소제목이 있다. 거기엔 이렇게 쓰여있다. "오늘날 젊은 부모들은 때로 자유와 즐거움을 모두 포기하기도 하는데, 이는 원칙일 뿐 실행의 지침으로 삼지는 말아야 한다.” 부부끼리 외출을 할 때에도 ‘죄책감에 온전히 즐기지를 못한다’면서, 부부만의 질 높은 시간을 만들라고 당부한다. 그러나 이마저도 ‘아이에게 필요한 시간과 노력이라는 희생을 치른 뒤에’라고 못 박는다.

프랑스에선 부부만의 질 높은 시간이 나중 일로 치부되지 않는다. 필요하지만 우선순위는 아니라는 식의 양가적 감정도 없다. 이들은 매우 단호하다. 아이에게 올인하다 자칫 결혼생활 자체가 위협받을 수 있다는 걸 인정하기 때문인 듯하다. “상당수의 부부들이 아기가 태어난 후 몇 년 이내에 이혼하는 데는 다 이유가 있다. 모든 게 변해버리기 때문이다.” 한 기사는 꼬집는다. 그동안 읽은 프랑스 육아서의 중심에는 ‘부부’가 있다. 양육 관련 웹사이트에도 임신이나 육아 못지않게 부부에 관한 글이 압도적 비중을 차지한다.

“아이가 부부라는 우주에 침공해 들어와선 안 된다. 가족이 균형을 이루려면 부부만의 사적인 공간이 필요하다.” 소아과 의사 엘렌 드 레스니데르는 자신의 책에서 강조한다. “아이는 자기 부모에게도 업무, 집, 쇼핑, 자녀 외에 다른 시간이 필요하다는 걸 갈등 없이 아주 어렸을 때부터 이해할 수 있다.”

고치를 짜는 것과도 같은 초기 육아에서 벗어나면, 프랑스 부모들은 부부로 재빨리 복귀하고자 노력한다. 프랑스의 일과에는 ‘어른(부부)의 시간’이 따로 존재한다. 아이들이 자러 간 후다. 이 ‘어른의 시간’을 지키기 위해, 동화책을 읽어주고 노래도 불러주는 등 아이와 다정한 시간을 보낸 후에는 엄격히 취침시간을 강제한다. ‘어른의 시간’은 어쩌다 한 번 받는 보너스 같은 게 아니라 기본적인 인간으로서의 욕구다. 아이 셋을 키우는 주디스는 저녁 8시 30분에 아이들을 모두 재우는 이유가 '나를 위한 세상이 필요해서'라고 설명한다.

이 분리는 아이를 위해서도 필요하다. 자신을 돌보는 일방적인 시혜자로 보이는 부모조차도 자기만의 즐거움의 세계를 갖고 있다는 것을 아이 때부터 이해하고 깨달아야 한다. "아이는 자기가 세상의 중심이 아니라는 걸 이해해야 한다. 이는 발달을 위해서 반드시 필요하다." 프랑스 양육서 《당신의 아이》는 설명한다.

부부가 자유를 누리는 건 밤 시간만이 아니다. 빈이 어린이집에 다니는 동안 매 학기 2주간의 휴가가 주어졌다. 미국에서라면 이 휴가 동안 다른 부모와 함께 놀이그룹이라도 만들겠지만, 여기 아이들은 모두 시골이나 교외의 조부모 집에 가거나 해서 아무도 동네에 남아있지 않다. 그 기간 동안 부모는 일을 하거나 여행을 가거나 그냥 조용히 자기들만의 시간을 보낸다.

비르지니는 매년 남편과 단둘이 열흘 동안 여행을 간다. 이는 협상불가의 신성한 영역이다. 4~14살까지의 그 집 아이들은 파리에서 기차로 2시간 거리에 있는 외가에 가 있어야 한다. 비르지니는 죄책감 같은 건 느끼지 않는다고 말한다.

"부부 사이에 정이 돈독해지는 만큼, 아이들에게도 좋은 영향을 주지 않겠어요?" 여행이 끝나고 가족이 다시 모이면 훨씬 더 화기애애해진다고 한다.

내가 아는 프랑스 부모들은 가능할 때마다 어른의 시간을 갖는다. 물리치료사 카롤린은 친정엄마가 금요일 오후에 아들을 데려가 일요일까지 돌봐준다는 말을 아무렇지 않게 했다. 비번인 주말에는 남편과 함께 늦잠을 자고 영화를 보러 가기도 한다.

아이들이 집에 있을 때조차 어른의 시간은 이어진다. 3~6살의 세 자녀를 둔 플로랑스는 주말 아침에 부부가 나오기 전까지는 아이들이 부부 침실에 들어올 수 없다고 했다. 아이들은 기적처럼 혼자 노는 법을 배웠단다. 이 얘기를 듣고 우리도 한 번 시도를 해보았는데 놀랍게도 효과가 있었다. 물론 2~3주에 한 번씩 재교육이 필요하기는 했지만.

사정이 이러니 프랑스 친구들에게 밤 데이트의 개념을 설명하기란 쉽지 않다. 프랑스에는 '데이트'라는 말이 없다. 누군가와 함께 나가면 바로 단둘의 시간이 된다. 밤 데이트라는 말은 부부가 갑자기 전투화로 갈아신고 섹스를 위한 준비태세를 갖추는 것처럼 부자연스럽다. 평상시는 무료하기 짝이 없이 지내다가 마치 치과의사에게 예약을 하듯 일정을 짜서 애정행각을 벌인다는 것도 납득하기 힘들어한다.

아침에 침실로 뛰어드는 아이가 없는데도 프랑스 여자들은 미국 여자들보다 불평할 거리가 더 많아 보인다. 입법기관이나 대기업 임원의 여성비율 같은 양성평등 지표에서 프랑스는 미국에 뒤처져 있다. 남성과 여성의 소득차도 크다. 양성불평등은 가정에서 특히 두드러지는데, 여자들이 가사와 육아에 쏟는 시간은 남성의 거의 두 배에 달한다. 그런데도 왜 프랑스 여자들은 남편에게 불만이 더 적어 보일까?

미국 친구들은 틈만 나면 불만을 쏟아놓는다. '해달라고 요구할 때까지는 자발적으로 하지 않는다, 양말을 뒤집어 벗는다, 수건을 엉망으로 쓴다' 등등 친구들은 이메일, 저녁파티, 점심시간에 서로 불평을 늘어놓는다.

노력 면에서는 사이먼에게 큰 점수를 줄 수 있을 듯하다. 빈을 데리고 여권사진을 찍겠다며 시내로 나간 사이먼은 어린 사이코패스 범죄자처럼 찍힌 빈의 사진을 가져왔다. 그러나 쌍둥이가 태어나자 사이먼의 이런 무능력이 뿜어내던 매력은 현저히 줄어들었다. 그가 샤워를 하면서 비싼 영어잡지를 읽어도, 손목시계의 초침을 부러뜨려도, 더 이상 사랑스럽고 신비롭게 보이지 않았다. 오렌지주스를 따르기 전에 병을 흔들지 않았다는 이유 하나만으로 이 결혼생활에 마침표를 찍고 싶다는 욕망이 모락모락 피어오르기도 했다.

참 희한하게도 우리는 음식 때문에 자주 싸운다. 그는 자기가 그토록 사랑해 마지않는 치즈를 랩으로 싸지도 않은 채 냉장고에 넣어둬서 말라비틀어지게 만들곤 한다. 쌍둥이가 조금 더 크자 사이먼은 아이들 이를 닦아주면서 동시에 전화를 받았다. 아이들을 넘겨받고 보니 레오의 입안에 말린 프룬 하나가 통째로 들어있다. 불평이라도 하면 사이먼은 내가 세운 '복잡하기 그지없는 규칙들' 때문에 자기는 무능한 기분이 든다고 항변했다.

불평 대열에 끼지 않았던 영어권 친구가 합류하는 건 그저 시간문제다. 아이가 생기고 그 수가 늘어나면 예외 없이 불평이 시작된다. 한번은 파리에 사는 영어권 친구들 여섯 명이 모여서 저녁을 먹다가, 아이들을 재우는 얘기가 나왔다. 무려 세 명이 그 시간이면 남편이 화장실로 숨어든다는 공통점을 발견했다. 얼마나 불만이 심했던지, 식사 마무리로 '그래도 우리는 위기의 부부가 아니'라는 사실을 몇 번씩 서로 상기해줘야 할 정도였다.

이상하게도 비슷한 연배의 프랑스 여자들에게서 이런 식의 불평을 듣는 일은 거의 없다. 이쪽에서 꼬치꼬치 캐물으면 어쩔 수 없다는 듯 '자기 남편도 옆구리를 찔러야 겨우 집안일을 한다'며 어색한 미소를 짓는 게 고작이다. 남편은 주로 소파에서 쉬고 자기만 모든 일을 떠맡는 것 같아 속상하다는 여성도 있다. 하지만 그들은 미국 여자들처럼 '남편이 뭘 하고 뭘 안 했는지 머릿속에 집계를 내고 저장을 해두고 계속 주시하는 끔찍한 침묵의 과정'을 반복하진 않는다. 그들 역시 피곤하고 힘들기는 마찬가지다. 그런데도 반사적으로 남편 탓을 하진 않는다. 적어도 우리처럼 독기를 품고 비난하지는 않는다는 말이다.

어쩌면 프랑스 여자들이 사생활을 떠벌리지 않는 것인지도 모른다. 하지만 주변의 프랑스 여자(엄마)들은 힘들어 보일 때는 있어도 분노의 날을 세우고 있는 것처럼 보이진 않는다. 프랑스 여자들은 자기들이 부당한 취급을 받는다고 여기기보다, 남자와 여자는 다르다고 생각하는 것 같다. 예를 들면 남자를 선천적으로 보모를 고르고 식탁보를 구입하고 소아과 검진 일정을 외우는 일에는 영 소질이 없는 다른 종족쯤으로 본다는 말이다. "프랑스 여자들은 양성 간의 차이를 더 많이 인정하는 것 같다. 남자가 여자와 똑같이 꼼꼼한 주의력과 기민함을 갖고 태어났을 거라고 기대하지 않는다." 《프렌치 시크What French Women Know》의 저자 데브라 올리비에는 말한다.

자기 배우자의 실수를 얘기하면서, 그가 얼마나 사랑스럽게 서투른지 비웃는 투로 말한다.

"크게 신경 쓰지 말아요. 남자들은 그냥 능력이 안 되는 거예요. 우리가 훨씬 우월해요!" 비르지니가 농담을 시작하자, 그 자리에 모인 여자들이 일제히 크게 웃었다. 한 엄마는 남편에게 아이 머리 말리기를 시켰더니 빗질은 제대로 안하고 드라이어 바람만 잔뜩 쐬어서 폭탄머리를 만들었다는 일화를 소개했다.

이런 접근방식은 긍정적 순환을 만들어낸다. 아내는 남편의 단점이나 실수를 꼬집어 잔소리를 퍼붓지 않고, 남자들은 기가 꺾이지 않는다. 집안일의 세부사항을 '너그러운' 아내의 관리와 명령에 따라 수행하고 아내의 업적을 칭송한다. 칭찬의 선순환으로 힘든 상황이 한결 헤쳐나가기 쉬워진다.

"남편은 이렇게 말해요. '나는 도저히 당신처럼 못 하겠어!'" 카미유는 자랑스럽게 말했다. 미국판 강경 페미니즘과는 양상이 다르다. 상황이 한결 매끄럽다.

프랑스 여자들은 50:50의 평등을 지향하진 않는다. 물론 상황은 계속 변화한다. 하지만 최소한 지금의 엄마들은 현실 속에서 균형을 찾아가는 데 더 많이 신경 쓴다. 세 자녀를 둔 컨설턴트 로랑스의 남편은 주중에 장시간 근무를 한다. 반면 로랑스는 아이들 때문에 파트타임으로 전환했다. 둘은 집안일을 어떻게 배분할까를 두고 주말마다 충돌했다. 결국 로랑스는 매주 토요일 오전 합기도를 배우러 가라고 남편을 떠밀었다. 그 뒤로 남편이 한결 느긋해졌다고 한다. 로랑스는 자기가 설령 집안일을 조금 더 하게 되더라도 남편이 유쾌하고 차분해지는 쪽이 훨씬 낫다고 말한다.

프랑스 여자들은 집안일에 대한 기대치를 낮추고 더 많은 자유시간을 만들어냄으로써 스트레스를 줄이는 데도 능숙해 보인다. 게다가 무엇보다 연간 휴일이 미국보다 무려 21일이나 더 많다. 양성평등까지는 아니어도, 여자들이 일과 육아를 병행하게 도와주는 제도적 장치도 풍성하다. 출산휴가는 국가가 지원하며 크레쉬나 보모에게 아기를 싼값에 맡길 수 있고 3세부터는 어린이집이 무료다. 세금공제와 비과세 혜택도 많다. 여성에게 업무상 수혜를 주진 않지만, 아이를 낳고 기르는 것에 도움을 줌으로써 경력과 자녀 모두 포기하지 않아도 되게 해준다.

'완전한 평등' 같은 이상향을 포기하기만 한다면, 프랑스 남자들도 육아와 집안일에 꽤 헌신한다는 사실을 인정할 수 있다. 사랑스럽게 꾀죄죄한 몰골로 토요일 아침마다 유아차를 밀고 공원을 산책하고 장을 봐서 귀가하는 남자들을 쉽게 볼 수 있다. 남자가 아이들 숙제와 설거지를 맡는 식으로 확실한 가사 분담을 하고, 나머지는 더 이상 요구하지 않는다는 부부도 있다.

사이먼과 나는 시골에 사는 엘렌과 윌리엄의 집에 초대받았다가 우리의 현실을 직시할 수 있었다. 그 둘은 부모로서 헌신적이다. 하지만 매일 저녁 아이들을 재우고 나서는 음악을 듣고 와인을 마시며 분명한 '어른의 시간'을 보낸다. 주말이면 윌리엄은 아이들과 함께 일찍 일어난다. 우리가 갔던 그 주말 아침에 윌리엄은 집 근처 빵집에서 딱딱한 바게트를 사왔다. 아이들과 함께 서투르게 빵을 자르고 달걀 프라이를 했다. 엘렌은 흐트러진 머리에 잠옷 바람으로 내려와 식탁에 앉았다.

"와! 나 이 바게트 정말 좋아!" 엘렌은 빵을 보며 천진하게 외쳤다.

단순하면서도 달콤하고 솔직한 말. 나는 평소 사이먼에게 그런 말을 해본 적이 있는가 생각했다. 나라면 빵을 잘못 사왔다거나 주방을 마구 어질렀다고 잔소리를 퍼부었을 것이다. 곁에 있는 사람에게 너그러운 감정을 품는 일 따위는 생각하지 않았다. 기쁨으로 환하게 웃을 수 있는 순간을 만들지 않았다. 적어도 아침 첫 순간에 그런 적은 없다. 소녀 같은 기쁨, 그 단순한 희열이 우리 부부 사이에는 존재하지 않았다.

노란 꽃이 가득 핀 들판을 거쳐 집으로 돌아오는 길에, 나는 사이먼에게 그 바게트 이야기를 건넸다. 사이먼도 말했다.

"그래, 우리 사이에는 '나 이 바게트 정말 좋아!'가 아주 많이 필요한 것 같아."

그의 말은 옳았다. 우린 정말 그랬다.

⚜ 12 ⚜

한 입만 먹으면 돼

패스트푸드보다 채소 샐러드를 더
좋아하는 아이들

12

사람들은 쌍둥이를 보면 종종 '둘이 어떤 점이 다르냐'고 묻는다. 엄마라면 그 차이를 잘 안다.

"한 명은 주고 한 명은 받아요." 마이애미의 공원에서 만난 쌍둥이 엄마는 말했다.

"둘이 완벽하게 어울리죠!"

레오와 조이는 그렇지 못했다. 둘은 마치 오래된 부부 같다. 떨어져 살 수도 없으면서 늘 싸운다. 아마 나와 사이먼한테서 배운 것 같다. 둘의 차이점은 말을 배우고부터 더욱 뚜렷해졌다.

가무잡잡한 레오는 몇 달 동안 명사 하나로만 말했다. 그러던 어느 날 저녁, 밥을 먹다가 갑자기 로봇 같은 말투로 말했다.

"나 먹어." 레오가 현재진행형을 익힌 것은 우연이 아니다. 녀석은 사는 것도 현재진행형이다. 늘 빠르게 움직인다. 걸어다니는 법이 없이 늘 뛰어다닌다. 발걸음 속도만으로도 누가 다가오는지 구별할 수 있을 정도다.

조이가 선호하는 문법은 소유격이다. '내' 토끼, '내' 엄마. 녀석은 늙은이처럼 천천히 움직인다. 어딜 가든 아끼는 소유물을 가지고 다니려고 한다. 녀석이 좋아하는 품목은 다양하다. 어느 날은 주걱만 한 거품기를 끌어안고 자기도 했다. 결국 무엇 하나 포기 못 하고 좋아하는 물건을 모두 여행가방 두 개에 나눠 담고 이 방 저 방 끌고 다녔다. 레오는 이 가방을 훔쳐 달아나는 걸 좋아한다. 쌍둥이를 한 문장으로 요약한다면 이것이다. '한 명은 훔치고, 한 명은 저장한다.'

빈이 좋아하는 문법은 여전히 명령형이다. 더 이상 선생님 탓이라고 할 수도 없다. 명령을 내리는 게 딱 취향인 듯하다. 빈은 끊임없이 어떤 명분을 옹호했고 보통 그것은 자신을 위한 것이다. 사이먼은 빈을 '노조 설립자'라고 부르며 대화 때마다 써먹었다.

"노조 설립자께서 저녁으로 스파게티가 먹고 싶대."

빈 하나만 있을 때도 프랑스식 습관을 주입하는 게 어려웠다. 이제 아이가 셋으로 불어나자 프랑스식 카드르를 형성하는 게 훨씬 더 어려워졌다. 그러나 그만큼 시급하기도 했다. 아이들을 통제하지 못하면 아이들이 우리를 통제할 판국이었다.

성공을 거두고 있는 분야는 음식이었다. 그만큼 음식은 프랑스의 국가적인 자존심이 걸린 영역이고 프랑스 사람들이 말하기 좋아하는 주제다. 책상 하나를 빌려 쓰고 있는 사무실의 동료들은 점심시간 대부분을 저녁에 무엇을 먹을까를 논의하며 보낸다. 사이먼이 프랑스 축구팀과 경기를 하고 뒤풀이로 맥주를 마시러 갔는데 다들 여자 이야기가 아닌 음식 이야기를 하더란다.

미국에 놀러 갔을 때 우리 아이들의 식습관이 얼마나 프랑스적이 되었는지 분명하게 깨달을 수 있었다. 엄마가 몹시 흥분하며 빈에게 미국의 고전적인 식품인 마카로니앤드치즈를 소개했다. 그러나 빈은 한입 먹어보더니 다시는 입에 대려 하지 않았다.

"이건 치즈가 아니야." 빈의 첫 프랑스식 냉소를 감지한 순간이었다.

미국에 있을 때는 외식을 자주 했다. 미국 식당은 아동 친화적이지 않은가? 어린이 의자, 크레용, 화장실의 기저귀 교환대 등 프랑스에서는 구경도 못 해본 편의시설이 있다. 하지만 미국 식당의 '어린이 메뉴'는 점점 칼로리가 높아지고 있다. 해산물 식당, 이탈리아 식당, 쿠바 식당, 어딜 가도 어린이 메뉴는 똑같다. 햄버거, 치킨텐더, 플레인 피자, 스파게티…. 프렌치프라이나 포테이토칩을 빼면 채소는 거의 없다. 가끔 과일을 주는 경우는 있다. 심지어 햄버거 패티를 어떻게 조리할지 물어보지도 않는다. 법적인 이유라도 있는지 모든 햄버거가 음울한 회색을 띠고 있다.

아이들을 입맛이 발달하지 않은 미개인으로 취급하는 건 식당만이 아니다. 빈을 테니스캠프에 보냈더니, 마침 캠프에서 점심식사를 제공한다고 한다. 알고 보니 그 '점심식사'란 흰 빵 한 봉지와 슬라이스 치즈 두 장이었다. 내가 허락만 하면 매 끼니마다 파스타나 피자를 먹을 빈도 그 음식에는 손사래를 쳤다.

미국에서 아이들이란 본래 지나치게 단순하면서도 까다로운 미각의 소유자여서 햄버거를 넘어서는 모험을 하려는 어른은 위험을 각오해야 한다. 그리고 대개 믿는 대로 이루어진다. 미국 아이들은 대부분 몹시 까다롭고 단순한 미각을 갖고 있었다. 몇 년 동안이나 단일식단으로 살아간다. 애틀랜타에 사는 친구 아들은 쌀밥과 파스타 같은 백색음식만 먹고 산다. 또 다른 아이는 고기만 먹는다. 보스턴에 사는 친구의 조카는 크리스마스 무렵 이유식을 시작했다. 아기가 포일에 싼 초콜릿 산타 말고는 아무것도 먹으려 들지 않자, 부모는 크리스마스가 끝나면 그 상품이 품절될까 봐 몇 봉지나 사재기해 두었다고 한다.

까다로운 아이들을 만족시켜 가며 음식을 먹이기란 무척 힘든 일이다. 롱아일랜드의 한 엄마는 네 아이와 남편을 위해 다섯 가지 다른 메뉴로 아침식사를 준비한다. 가족과 파리에 놀러 온 한 미국인 아빠는 공손한 말투로 자기 아이가 음식 질감에 유난히 민감하다고 말했다. 일곱 살인 그 아이는 치즈와 토르티야를 따로는 먹지만 한 번에 조리하면 먹지 않는다고 한다. 그렇게 하면 토르티야가 너무 바삭거려서 싫다는 것이다.

육아서는 아이의 이런 까다로움에 조건부로 항복하라고 조언한다. 《임신한 당신이 알아야 할 모든 것》은 말한다. "어린아이가 시리얼, 우유, 파스타, 빵과 치즈만 먹으며 몇 달을 살게 하는 것은 태만이나 용납할 수 없는 일이 아니라 완벽하게 존중할 만하다. 어른들은 식탁에서 선택의 자유를 한껏 누리면서 아이한테는 주는 것만 먹으라는 주장은 본래부터 부당한 면이 있다."

그리고 간식! 미국에는 간식이 있다. 미국 아이들은 식사시간 사이사이 언제든 과자봉지를 꺼낸다. 뉴욕에 사는 프랑스인 엄마 도미니크는 딸아이의 어린이집에서 아이들에게 하루 종일 뭘 먹인다는 것을 알고 충격을 받았다고 한다. 놀이터에서 부모가 종일 간식을 먹이는 걸 보고도 놀랐다.

"아이가 떼를 쓰기 시작하면 달래려고 먹을 것을 주더군요. 위기로부터 벗어나기 위한 유도수단으로 음식을 사용하는 거지요."

그러나 프랑스는 전체적인 풍경이 다르다. 나는 주로 동네 슈퍼마켓에서 장을 본다. 그러다 보니 자연스럽게 당분이 많은 식품이나 장기보존 빵은 먹이지 않게 된다. 과일 맛 사탕 대신 과일을 먹인다. 신선식품에 익숙해진 아이들도 가공식품 맛을 낯설어한다.

앞서 말했듯이 프랑스 아이들은 보통 식사시간과 구테에만 먹는다. 오전 10시 공원에서 과자를 먹는 프랑스 아이를 단 한 번도 본 적이 없다. 일부 프랑스 식당에도 어린이 메뉴는 있다. 주로 동네의 작은 식당이나 피자집이 그렇다. 어린이 메뉴라 해도 프렌치프라이를 곁들인 스테이크가 고작이다. 거의 대부분의 식당에선 아이들도 일반 메뉴를 주문해야 한다. 꽤 멋진 이탈리아 식당에 갔을 때 빈 몫으로 토마토소스 스파게티를 주문했더니, 직원이 정중하게 조금 더 모험적인 요리, 일테면 가지를 곁들인 파스타 요리를 주문하는 게 어떻겠느냐고 제안한 적도 있다.

맥도널드는 프랑스에서도 성업 중이며, 원한다면 가공식품도 얼마든지 먹일 수 있다. 그러나 '최소한 하루 다섯 가지 과일과 채소'를 먹으라고 강조하는 정부 캠페인이 국가적인 캐치프레이즈가 되었다. 프랑스 아이들도 때때로 햄버거를 먹지만, 내내 한 가지 음식만 먹는 걸 허락하는 경우는 본 적이 없다. 물론 프랑스 아이들이라고 해서 채소를 더 달라고 아우성을 치진 않는다. 당연히 아이들이 선호하는 음식이 있다. 입맛이 까다롭고 제한된 아이들도 많다. 하지만 그 이유가 질감이든 색이든 영양성분이든, 자기가 원하는 것만 먹을 수는 없다. 미국과 영국에서 보통으로 보는 까다로움조차 프랑스 부모들의 눈에는 위험한 섭식장애나 나쁜 습관으로 보인다.

이러한 차이는 중대한 결과를 만들어낸다. 프랑스 아동의 비만율은 겨우 3.1%다. 미국 2~5세 아이 중 10.4%가 비만인 것과는 대조적이다. 아이의 나이가 많아질수록 비만율 격차는 더 벌어진다. 나는 파리에 거주한 초창기부터 음식에 많은 의문을 품어왔다. 대체 프랑스 부모들은 어떻게 하는 걸까? 어떻게 아이들을 미식가로 키워낼까? 프랑스 아이들은 왜 살이 찌지 않는 걸까? 자발적인 걸까, 강제적인 걸까?

이 모든 게 아기 때부터 시작된다고 본다. 빈이 6개월이 되어 이유식을 시작할 때, 프랑스 슈퍼마켓에서는 쌀 간 것을 팔지 않는다는 걸 알았다. 우리 엄마를 비롯해 영어권 친구들은 모두 그걸로 이유식을 만들었다. 건강식품 매장을 다 돌아다닌 끝에, 나는 구석에 처박혀 있던 값비싼 독일산 유기농 쌀을 겨우 발견할 수 있었다.

알고 보니 프랑스 부모들은 쌀이나 보리 같은 곡물가루로 이유식을 만들지 않는다. 첫 이유식부터 채소를 준다. 대개 프랑스 아기들의 첫 이유식은 쪄서 으깬 녹색 콩류, 시금치, 당근, 껍질을 벗긴 호박, 부추 줄기 같은 것들이다.

물론 채소부터 먹는 미국 아기들도 있다. 하지만 비타민이 필요한 영양성분이라 해도 채소, 그것도 맛없는 채소를 아기에게 꼭 먹여야 한다고 여기는 부모는 드물다. 아기가 거부할 거라고 생각하고, 먹이려고 시도는 하지만 먹을 거라는 기대도 하지 않는다. 엄마를 위한 요리책에는 미트볼, 생선튀김, 치즈토핑 속에 채소를 몰래 숨겨 넣는 법이 나와있다. TV를 보느라 정신없는 아이들 입에 다진 채소를 요구르트로 버무려 마구 퍼 넣는 엄마도 본 적이 있다.

"이 방법으로 얼마나 오래 버틸 수 있을지는 잘 모르겠어." 한 친구는 한숨을 쉬며 말했다.

그러나 프랑스 부모들은 의도 면에서나 실천 면에서나 '채소'를 전혀 다르게 대한다. 아이들에게 각 채소의 맛을 설명해 주고 샐러리나 부추 같은 '먹기 힘든' 채소와 처음 만나는 순간부터 그게 평생 지속될 관계임을 알려준다.

"아이가 당근 본연의 맛을 알길 원해요. 그 다음엔 호박이죠." 내게 반라의 사진을 보여주었던 사미아는 말했다. 사미아는 다른 프랑스 엄마들처럼, 채소나 과일을 맛보게 하는 것이 음식교육의 첫 걸음이자 맛의 풍요로움을 소개하는 방법이라고 여긴다.

미국 육아서는 아기가 처음에는 좋아하지 않다가 점점 좋아하게 되는 맛이 있다고 인정한다. 그러니 아기가 특정 음식을 거부하면 반드시 강요하지 말고 며칠 기다렸다가 다시 주라고 조언한다. 나 역시 그런 조언을 따랐다. 하지만 몇 번 시도해도 효과가 없으면 빈은 아보카도, 고구마, 시금치를 싫어한다고 결론지었다.

아기가 거부하더라도 그 음식을 계속 주라는 조언은 프랑스에선 거의 '의무' 수준으로 격상된다. 아이가 설령 특정한 맛을 선호하더라도, 각각의 채소가 가진 풍성하고 흥미로운 맛의 세계를 받아들이게 된다. 그걸 받아들이게 만드는 것은 부모의 역할이다. 자는 법, 기다리는 법, 예의 바르게 인사하는 법을 '반드시' 가르쳐야 하듯이 먹는 법도 필수 교육이라고 생각한다. 하지만 이게 쉽다고 단언하지는 않는다. 정부가 배포한 무료 육아 소책자에는 모든 아이들이 다 다르다고 되어있다. "어떤 아기들은 새 음식을 발견하고 좋아한다. 어떤 아기들은 덜 열광하고 다양한 입맛을 기르는 데 시간이 더 걸린다." 그러나 덧붙인다. 새로운 음식을 소개하는 게 어렵고 아이가 서너 번 이상 그걸 거부해도 포기해서는 안 된다고.

프랑스 부모들은 무엇보다 서두르지 않는다. '일단 한 입 먹어보게 하고, 다음 과정으로 넘어가라'고 소책자는 조언한다. 아이가 특정 음식을 거부했다고 바로 다른 음식을 시도하는 식으로 밀어붙여서는 안 된다. 아이가 뭔가를 안 먹으려 하면 중립적인 반응을 보여야 한다. "아이가 특정 음식을 거부한다고 해서 부모가 과민하게 반응하면 아이는 정말로 포기하게 된다. 부모가 당황하지 않는 게 중요하다. 스스로 새 이유식을 잘 먹을 때까지 계속 우유를 줘도 좋다."

아이 때부터 미각을 키워줘야 한다는 발상은 로랑스 페르누Laurence Pernoud의 전설적인 양육서 《내 아이는 내가 키운다J'élève Mon Enfant》에도 그대로 녹아있다. 이유식을 설명한 챕터의 제목은 '아이가 모든 것을 먹도록 차근차근 배우는 방법'이다. "아이가 브로콜리를 먹지 않는다고요? 그러면 기다리세요. 며칠 뒤 다시 시도할 때는 감자 으깬 것에 브로콜리를 조금만 섞어주세요."

정부가 배포한 소책자에는 같은 재료를 다양한 방식으로 조리하라고 되어있다. "찌고 오븐에 굽고 양피지에 싸고 그릴에 굽고 간단하게 요리하고 소스와 양념을 첨가하는 등 여러 시도를 하라. 아이는 다른 색깔, 다른 질감, 다른 향을 발견하게 될 것이다."

소책자는 돌토가 주창한 말하기 기법을 제안하기도 한다. "새로운 음식에 대해 아이에게 말해주어 안심을 시키는 게 중요하다."

음식에 대한 대화는 '좋다', '싫다' 차원을 넘어서는 게 좋다. 예를 들어 채소를 보여주면서 아삭거릴까? 베어 물 때 소리가 날까? 무슨 맛이 날까? 입안에서 어떤 느낌이 들까? 등등 다양하게 묻는다. 또 각기 다른 종류의 사과를 주면서 어떤 것이 가장 달고 어떤 것이 가장 새콤할까 맞히는 '맛 게임'도 제안한다. 또 아이의 눈을 가리고 아이가 이미 먹어본 음식을 준 뒤 어떤 음식인지 알아맞히는 게임도 있다.

그동안 읽은 프랑스 양육서는 일관되게 '식사시간은 차분하고도 즐거워야 하며 아이가 단 한 입도 먹지 않더라도 식사 내내 자리를 지키도록 가르쳐야 한다'고 말한다. "강요하지는 마라. 그러나 포기하지도 마라. 서서히 음식에 익숙해져 갈 것이고 맛을 보게 될 것이다. 그리고 당연히 마침내 그 음식을 받아들이게 될 것이다."

프랑스 아이들이 왜 그렇게 잘 먹는지 더 자세히 알아보기 위해 파리시 식단위원회에 참석했다. 매주 월요일 빈의 크레쉬 게시판에 공고되던 정교한 메뉴들이 최종 허가를 받는 곳이다. 위원회는 파리의 크레쉬에서 향후 2개월간 무엇을 제공할지 결정한다.

나는 아마도 이 회의에 참관한 최초의 외국인일 것이다. 회의는 센 강변 정부청사 내 회의실에서 열렸다. 주관자는 파리 크레쉬의 수석 영양사 산드라 메를Sandra Merle이다. 그녀 휘하의 직원들과 크레쉬의 요리사 여섯 명이 함께 회의에 참석한다.

위원회는 '아이들과 음식에 관한 프랑스식 사고의 소우주'와도 같다. 그들의 첫 번째 신조는 이것이다. '어린이용 음식 따위는 없다!' 영양사 한 명이 네 가지 코스로 된 점심 메뉴 초안을 발표한다. 프렌치프라이, 치킨너깃, 피자, 케첩 같은 것은 어디에도 없다. 하루 메뉴를 뽑아 살펴보자. 잘게 썬 붉은 양배추와 프로마주 블랑 치즈 샐러드, 그 다음으로 딜소스를 곁들인 대구 찜과 영국풍 유기농 감자 요리가 나온다. 치즈는 부드러운 쿨로미에, 후식은 구운 유기농 사과다. 각 음식은 아이들 연령대에 따라 잘라주거나 으깨서 준다.

위원회의 두 번째 신조는 '다양성'이다. 누군가가 전 주 메뉴에 부추가 있었다고 지적하자, 부추수프를 그 주 메뉴에서 뺀다. 메를은 11월에 많이 나왔던 토마토 요리를 빼고 삶은 비트로 대체했다. 시각과 질감의 다양성 역시 중요한 부분이다. 비슷한 색의 요리가 나온 날은 크레쉬 담당자들이 불평을 늘어놓는다고 한다. 2~3세만 되어도 사이드 메뉴로 으깬 채소가 나왔다면 후식으로는 통과일을 주어야 한다는 식으로 세세한 당부를 아끼지 않는다.

어떤 요리사는 성공담을 자랑한다.

"정어리 무스에 크림을 약간 섞어 냈더니 아이들이 정말 좋아했어요. 빵에 발라 먹더라고요."

수프에 대한 칭찬도 많았다.

"아이들은 수프를 좋아해요. 콩이든 채소든 상관없죠."

누군가 '파고 드 아리코 베르fagots de haricots verts' 이야기를 꺼내자 다들 머쓱하게 웃었다. 지난 크리스마스에 모든 크레쉬에 제공했던 프랑스 전통 크리스마스 음식이다. 초록색 깍지콩을 데친 뒤 얇게 썬 훈제돼지고기 안에 넣고 둘둘 만 다음 꼬치에 꿰어 굽는 요리다. 미학을 중시하는 크레쉬 요리사들 눈에 이 요리는 너무 단조로웠다.

위원회가 엄격하게 준수하는 또 다른 신조는 '아이들이 설령 특정 음식을 낯설어하더라도 반드시 반복해서 시도해야 한다.'이다. 메를은 새 음식은 서서히 소개하되 그때마다 다른 방법으로 조리하라고 당부한다. 라즈베리 같은 경우도 처음엔 으깨서 주다가 그 다음엔 점점 조각 크기를 키우는 식으로 줄 수 있다. 시금치도 마찬가지다.

"우리 아이들은 시금치를 전혀 먹지 않아요. 다 쓰레기통으로 들어가요." 한 요리사가 불평했다. 메를은 시금치를 쌀과 섞어서 조금 더 구미가 당기게 만들어주라고 조언했다. 다들 이런 방식을 배워나갈 수 있도록 '기술지원서'를 배포할 생각이라고 했다.

"1년 내내 각기 다른 방식으로 시금치를 다시 주세요. 결국에는 좋아하게 될 겁니다."

한 아이가 일단 시금치를 먹기 시작하면 다른 아이들도 따라갈 것이라고도 했다.

"이게 영양교육의 원칙입니다."

채소는 위원회의 큰 관심사다. 한 조리사는 생크림이나 베샤멜소스를 듬뿍 발라줘야 아이들이 겨우 깍지콩을 먹는다고 말했다. 메를은 제안했다.

"균형을 잡는 게 중요해요. 어떨 땐 소스를 발라서 주고 어떨 땐 그냥 줘야 합니다."

형광등 아래서 2시간이 넘게 회의를 했더니 살짝 어지러웠다. 열정도 식어가고 얼른 집에 가서 저녁을 먹고 싶었다. 그러나 아직 크리스마스 메뉴 이야기도 다 하지 못했다.

"푸아그라 어때요?" 한 요리사가 전채 요리로 제안했다. 또 다른 요리사는 오리무스로 맞섰다. 둘 다 농담인 줄 알았는데 아무도 웃지 않는다. 그러더니 메인 요리로 연어를 낼 것인가 참치를 낼 것인가로 논쟁을 벌인다.

그렇다면 치즈 코스는? 메를이 허브를 곁들인 고트 치즈에 거부권을 행사했다. 아이들이 가을 소풍 때 이미 고트 치즈를 먹었다는 게 이유다. 결국 위원회는 생선과 브로콜리 무스와 두 종류의 암소 우유 치즈로 메뉴를 결정했다. 후식은 애플시나몬케이크와 당근을 넣은 요구르트케이크, 배와 초콜릿을 넣은 전통 크리스마스 케이크로 정했다. 그날 구테에는 무엇을 낼 것인가를 논의하던 중 메를은 '공장에서 생산된 초콜릿'으로 만든 무스로는 축제 분위기를 충분히 내지 못할 거라고 걱정했다. 결국 유리잔에 초콜릿무스 아이스크림을 담고 그 위에 휘핑크림을 얹은 쇼콜라 리에주아chocolat liégeois로 결정했다.

누구도 아이들 입맛에 너무 강하거나 복잡할 거라는 말은 하지 않았다. 메뉴 중에 지나치게 강한 음식은 전혀 없다. 허브를 많이 쓰기는 했지만 겨자나 피클, 올리브는 없다. 대신 버섯과 셀러리 등 채소가 풍부하다. 요점은 모든 아이들이 다 좋아할 음식을 주는 게 아니다. 아이들에게 각각의 음식을 골고루 먹을 기회를 주는 것이다.

식단위원회에 다녀온 지 얼마 후 한 친구가 미국 음식작가 제프리 슈타인가튼Jeffrey Steingarten의 《모든 것을 먹어본 남자The Man Who Ate Everything》를 선물해 주었다. 《보그》의 음식비평가로 명성을 날리던 그는 자신의 취향이 독자들에게 부당한 편견을 심어줄지도 모른다는 사실을 깨달았다.

"노란색을 혐오하는 미술평론가만큼이나 객관적이지 못할까 봐 두려웠다." 그는 자신이 경멸해 온 음식을 좋아하고자 시도하는 프로젝트를 시작했다.

그가 싫어한 대표적인 음식은 김치, 황새치, 안초비, 딜, 대합, 돼지기름, 인도식당 후식들이다. 그는 인도식당 후식에 대해서 '맛도 질감도 딱 화장품'이라고 말한 바 있다. 그러나 맛의 과학을 공부한 끝에, 새로운 음식에 대한 거부감의 상당 부분은 단지 낯설기 때문이라는 결론에 도달했다. 친근해지기만 해도 먹는 사람의 내재적 저항을 없앨 수 있다는 것이다.

슈타인가튼은 용기를 내 매일 싫어하는 음식 한 가지를 먹기로 했다. 대신 가장 훌륭한 형태를 시도했다. 예를 들어 안초비는 북부 이탈리아에 직접 가서 갈릭소스를 곁들여 먹고, 대합소스는 롱아일랜드의 식당에서 카펠리니에 뿌려 먹는 식으로 말이다. 재료를 갖고 다양한 타입의 돼지기름을 만들기도 했고, 김치의 경우는 열 곳의 한국식당에 방문해 먹었다.

6개월이 지났지만 인도의 후식은 여전히 좋아지질 않았다. 그는 이렇게 고백한다. "인도의 후식이라고 모두 화장품 맛과 질감이 나는 것은 아니다. 전혀 아니다. 어떤 건 맛과 질감이 테니스공 같다." 하지만 혐오했던 음식들 대부분을 좋아하게 되었고 심지어 어떤 것은 열망하게 되었다. 그는 "김치는 나의 주식 피클이 되었다."라고 썼다. 결국 그는 이렇게 결론지었다. "특정한 냄새나 맛에 태어날 때부터 반감을 갖는 건 아니다. 때론 학습한 것도 바뀔 수 있다."

이 실험은 '아이들과 음식'에 대한 프랑스식 접근방식을 요약해 보여준다. 한마디로 이것이다. '계속 시도하면 결국엔 좋아진다.' 내가 만난 평범한 프랑스 부모들은 믿는다. '이 세상에는 엄청나게 풍요로운 맛의 세계가 존재하며, 아이는 그 세계를 만끽할 수 있도록 일찍부터 잘 교육받아야 한다.'

크레쉬라는 통제된 환경이 있기에 가능한 이상향이 아니다. 가정을 방문해 보면, 거기서도 음식교육이 이루어지고 있음을 알 수 있다. 나는 파니의 집을 방문해서 그걸 깨달았다. 출판사에 다니는 파니는 보통 6시에 퇴근해서 6시 30분에 어린이집에서 데려온 딸아이에게 저녁을 차려주고, 그 사이 어린 아들은 젖병에 담긴 분유를 먹는다. 파니와 남편 빈센트는 평일엔 아이들을 재우고 나서 함께 저녁을 먹는다.

일과가 바쁘다 보니, 파니는 크레쉬에서 주는 것처럼 호화로운 음식을 만들어줄 순 없다. 대신 저녁식사가 음식교육의 연장이 되도록 신경 쓴다. 딸아이가 얼마나 많이 먹느냐는 크게 신경 쓰지 않는다. 하지만 접시에 있는 음식을 최소한 한 입씩은 먹어야 한다.

"모든 걸 한 번씩은 맛봐야 해요." 이 규칙은 거의 모든 엄마들에게 동일했다. 아이가 먹는 음식은 부모가 먹을 음식과 다르지 않다. 선택도 허락되지 않는다.

"뭐 먹고 싶으냐고 물어본 적은 없어요. 그냥 오늘은 이걸 먹을 거라고 말하죠. 다 먹지 않아도 괜찮아요. 하지만 식구들이 모두 같은 음식을 먹죠."

미국 부모들 눈에는 이런 모습이 부모의 독재처럼 비춰질 수도 있다. 하지만 파니는 그게 딸아이에게 오히려 권한을 주는 것이라고 생각한다.

"아이는 어른과 같은 양이 아니라 같은 음식을 먹을 때, 비로소 자기가 어른 대접을 받는다고 느끼죠." 먹을 시간이 되면 엄한 표정을 하고 손가락으로 가리키며 음식을 먹으라고 지시하지 않는다. 오히려 음식에 관한 대화를 나눈다. 가끔은 치즈 맛에 대해 토론을 벌이기도 한다. 딸아이는 식사 준비에도 동참하기 때문에 치즈가 어떻게 변신했는지 안다. 일종의 공모의식이 생기는 것이다. 요리가 실패작이어도 그 요리를 두고 다 함께 크게 한바탕 웃는다고 파니는 말한다.

분위기를 경쾌하게 해주는 한 가지 요인이 더 있는데, 그건 식사시간을 짧게 하는 것이다. 파니는 딸아이가 일단 모든 음식을 고루 맛보기만 하면 식탁에서 일어나도 좋다고 허락한다. 《당신의 아이》에도 어린아이의 식사시간은 30분을 넘기지 말라고 되어있다. 대신 커갈수록 식사시간을 조금씩 늘린다. 자는 시간도 늦어지면서 평일 저녁 부모와 함께 식사하는 시간이 늘어나는 것이다.

메뉴를 정하는 데도 균형을 중시한다. 엄마는 대략 머릿속에 하루의 식사리듬을 지도처럼 그린다. 아이가 점심시간에 단백질이 풍부한 음식을 먹었다면, 저녁엔 채소를 곁들인 파스타 같은 걸 준비하는 식이다.

주말은 거의 예외 없이 가족 모두가 함께 모여 식사를 한다. 토요일과 일요일 점심은 특히 그렇다. 그때 아이들도 요리와 상 차리기에 참여한다.

"주말마다 케이크를 굽고 요리를 해요. 아이들용 요리책도 있죠. 아이들만의 요리법이 따로 있거든요." 두 딸의 엄마인 드니스는 말한다. 준비과정이 끝나면 다 함께 둘러앉아 먹는다.

빈의 다섯 번째 생일파티가 생각난다. 아이들에게 케이크를 먹을 시간이라고 얘기했다. 그랬더니 소란스럽게 놀던 아이들이 갑자기 일렬로 줄을 서서 주방으로 들어와 조용히 식탁에 앉았다. 아이들은 순식간에 얌전해졌다. 빈이 식탁 머리에 앉아 접시, 숟가락, 냅킨을 나눠주었다. 촛불을 켜고 케이크를 들고 간 것 말고는 내가 한 일이 별로 없었다. 그 나이만 돼도 '식탁에 조용히 앉는' 것은 조건반사다. TV 앞이나 소파에 앉아서, 컴퓨터를 보면서 먹지 않는다.

가정에서 카드르가 만들어졌을 때의 좋은 점은, 그게 붕괴될 거란 걱정 없이도 가끔씩은 카드르 밖으로 나가는 걸 용인할 수 있다는 것이다. 드니스는 주 1회 정도는 두 딸에게 TV를 보면서 저녁을 먹도록 허락한다. 주말이나 휴가기간에는 먹는 것과 자는 것에 조금 더 유연해지기도 한다. 일상으로 돌아가면 다시 카드르가 찾아올 거라고 확신하기 때문이다. 잡지에도 개학 후 다시 일상으로 원활하게 돌아오는 법에 대한 다양한 기사가 실린다.

나는 여느 중산층 미국 부모들이 그렇듯, 내 아이에게 건강한 음식만 먹여야 하며 정크푸드나 설탕으로 범벅이 된 탄산음료, 싸구려 사탕이나 초콜릿을 먹여선 안 된다는 강박에 시달렸다. 빈을 처음 핼러윈 파티에 데려갔을 때 나는 내 죄책감의 실체를 보았다.

프랑스에선 핼러윈이 대중적인 행사는 아니다. 그래서 파리에 사는 영어권 엄마들은 매년 바스티유 근처의 스타벅스 매장 꼭대기층에 모여 핼러윈 파티를 연다. 그때 빈은 만 두 살쯤이었다. 빈은 그 파티가 뭘 하는 건지 이해하자마자 자기가 받은 사탕들을 먹기 시작했다. 몇 개로 끝나지 않았다. 손에 잡히는 대로 죄다 먹으려고 했다. 빈이 구석에 앉아서 분홍, 노랑, 초록의 끈적거리는 걸 마구 욱여넣는 모습을 발견하곤, 나는 달려들어 아이를 말려야 했다.

순간 그동안 단것에 잘못된 접근법을 써왔다는 생각이 들었다. 핼러윈 파티 전에는 빈에게 정제설탕을 먹인 적이 거의 없다. 젤리 영양제도 먹이지 않았다. 나는 그런 것이 세상에 존재하지 않는 것처럼 굴었다.

아이에게 단것을 주는 걸 극도로 괴로워하는 영어권 부모들을 많이 봐왔다. 절대로 쿠키를 못 먹게 한다는 엄마도 있었다. 다른 엄마는 18개월 된 아이에게 아이스 바를 줘야 하는지 고민한다. 네 살 아이에게 막대사탕을 주느냐 마느냐 하는 문제로 불안해하며 연거푸 회의를 하는 부부도 본 적이 있다. 둘은 합쳐서 박사학위가 세 개나 된다.

이 세상에 설탕은 분명 존재한다. 프랑스 부모들 역시 이를 알고 있다. 그래서 아이들 식단에서 단것을 모두 제거하려 들지 않는다. 오히려 카드르 안에 단것을 끼워 넣는다. 프랑스 아이들의 세상에서 사탕은 분명히 자기 자리가 있다. 단것이 삶의 정상적인 한 부분이라서, 사탕이 손에 들어오자마자 막 감옥에서 풀려난 죄수처럼 미친 듯이 입에 쑤셔 넣지 않는다. 주로 생일파티와 학교 행사, 가끔씩 특별한 경우에 사탕을 먹는다. 그리고 그때는 양껏 먹는다. 크레쉬의 크리스마스 파티에서 한 아이가 사탕과 초콜릿케이크를 너무나 많이 먹기에 말리려고 하자 교사가 나를 제지했다. 파티는 자유롭게 즐기도록 놔둬야 한다는 것이었다. 주중에는 먹는 것을 엄격하게 조심하고 주말에는 먹고 싶은 대로 먹는다는 비르지니가 떠올랐다. 체형을 유지하기 위해 절제와 자유가 공존해야 하듯, 아이들 역시 비정상적 식탐에 빠지지 않으려면 규칙과 일탈이 공존해야 한다. 그러나 그때가 언제인지는 부모가 결정한다.

초콜릿은 프랑스 아이들의 삶에서 더욱 일반적인 자리를 차지한다. 프랑스 부모들은 초콜릿 역시 적당히 먹어야 하지만 전혀 다른 음식군인 것처럼 말한다. 파니 역시 딸이 먹는 평일 메뉴에 약간의 쿠키나 케이크를 포함시킨다.

"언젠가는 아이도 분명히 초콜릿을 먹고 싶어 할 거예요."

엘렌은 추운 날이면 아이들에게 핫초코를 준다. 바게트와 함께 아침식사로 주기도 하고 쿠키와 함께 오후 간식으로 주기도 한다.

"학교에 가는 것에 대한 보상이죠. 아이들도 초콜릿을 먹고 활력을 얻을 거예요."

드니스 역시 매일 저녁 딸에게 식사를 만들어주지만, 아침에는 보통 빵과 과일, 초콜릿을 준다고 했다.

그렇다고 해서 그 양이 엄청난 것은 아니다. 초콜릿 작은 조각, 초콜릿음료, 초콜릿빵 한 조각 정도가 고작이다. 아이들은 그걸 행복하게 먹고, 더 먹을 거라고는 기대하지 않는다. 프랑스에서 초콜릿은 금지된 특별식이 아니라 영양상 필요한 음식이다. 언젠가 빈을 어린이집의 여름캠프에 보냈더니 돌아오는 길에 초콜릿 샌드위치를 갖고 왔다. 바게트 안에 초콜릿이 들어있었다. 깜짝 놀라 사진으로 찍어두기까지 했다. 나중에야 그게 초콜릿 샌드위치고 보통은 다크초콜릿으로 만들며 고전적인 프랑스의 구테라는 것을 알게 되었다.

단것에 대해서도 역시 카드르가 핵심이다. 프랑스 부모들은 설탕을 두려워하지 않는다. 보통 점심이나 구테로 설탕이 들어가는 케이크나 쿠키를 내놓는다. 그러나 저녁으로는 초콜릿이나 풍성한 후식을 주지 않는다.

"저녁에 먹는 음식은 평생 가거든요." 파니는 설명한다.

파니는 저녁식사 후에 보통 신선한 과일이나 과일 콤포트[7]를 준다. 슈퍼마켓에 콤포트만 따로 진열된 공간이 있을 정도로 프랑스

7 애플소스에 여러 과일을 으깨 섞은 것. (편집자)

에서 널리 먹는 음식이다. 플레인 요구르트에 잼을 섞어 주기도 한다.

대부분의 경우 프랑스 부모들은 식사시간에 아이들에게 견고한 경계를 정해주고 동시에 그 경계 안에서 자유를 허락한다.

"식탁에 둘러앉아 모든 것을 맛보게 하죠. 하지만 그릇을 비우라고 강요하지는 않아요. 다만 모든 음식을 적어도 한 번씩은 맛봐야 하고 부모와 함께 자리에 앉아있게 하는 거죠." 파니는 설명한다.

언제부터 내 아이들도 코스로 식사를 하게 되었는지는 정확히 기억나지 않는다. 그러나 지금은 매 끼니 그렇게 먹는다. 프랑스식을 따르는 데 성공한 경우다. 아침식사부터 시작했다. 아이들이 자리에 앉으면 일단 과일을 잘라놓은 접시를 내놓는다. 과일을 먹는 동안 토스트나 시리얼을 준비한다. 아침에는 주스를 먹을 수도 있지만 점심과 저녁에는 물만 마셔야 한다는 것을 아이들도 안다. 우리 집 노조 설립자조차 이에 대해 불평을 한 적이 없다. 깨끗한 물을 마시면 어떤 느낌이 드는지 이야기를 나누기도 한다.

점심과 저녁은 아이들이 가장 배가 고플 때 채소를 먼저 준다. 전채에 조금이라도 손을 대야 비로소 메인 요리로 넘어간다. 아이들은 보통 채소를 다 먹는다. 전혀 새로운 음식을 소개할 때가 아니면 일단 맛을 보라고 호소할 필요가 거의 없다. 레오 역시 처음 먹는 음식이라도 적어도 냄새를 맡고 한 입 갉아먹는 정도는 수긍한다.

빈은 가끔 호박 한 조각만 먹고 제 임무를 다했다고 우기는 식으로 식사규칙을 활용하기도 한다. 최근에는 초록색 상추 잎을 가리키는 '샐러드'만 빼고 모든 음식을 맛보겠다고 선언했다. 하지만 대부분의 경우 빈은 전채 요리를 두루 좋아한다. 얇게 썬 아보카도, 비네그레트소스를 뿌린 토마토, 간장을 약간 넣어 찐 브로콜리 등도 거기 포함된다.

아이들은 구테를 제외하고는 간식을 먹지 않기 때문에, 저녁식탁에 올 때는 이미 꽤 배가 고픈 상태다. 주위의 다른 아이들이 간식을 먹지 않는 것도 도움이 된다. 하지만 이 지점까지 끌고 오는 데도 강철 같은 의지가 필요했다. 식사시간 사이에 빵 한 조각이나 바나나 하나만 먹으면 안 되냐는 요구에도 굴복하지 않았다. 아이들은 커가면서 점점 그런 요구를 하지 않게 되었다. 행여 요구를 하더라도 "안 돼. 30분만 있으면 저녁을 먹을 거야."라고 말하면 알아듣는다. 아주 피곤한 날이 아니면 아이들은 보통 그 정도로 만족한다. 레오를 데리고 슈퍼마켓에 갔을 때 레오가 쿠키 상자를 가리키며 '구테'라고 말하면 뿌듯함이 몰려온다.

그렇다 해도 이 모든 원칙에 지나친 광신도가 되진 않으려고 노력한다. 사이먼의 표현대로 '프랑스 사람보다 더 프랑스 사람처럼' 굴지 않으려고. 요리를 할 때면 종종 아이들에게 미리 조금 맛을 보게 한다. 토마토 한 조각이나 병아리콩 조금을 집어주는 식이다. 잣처럼 새로운 식재료를 소개할 때는 요리하는 동안 조금씩 먹어보라고 주기도 한다. 파슬리 줄기를 줄 때도 있다. 물론 물은 원할 때마다 마신다.

때로는 음식에 관한 카드르를 유지하는 일이 수고롭게 느껴질 때가 있다. 특히 사이먼이 출장이라도 가면 전채를 건너뛰고 파스타 접시 하나씩 던져주고 저녁식사라고 우기고 싶은 유혹에 시달린다. 가끔 그러면 아이들은 무척이나 행복해하며 허겁지겁 먹는다. 샐러드와 채소를 달라는 아우성은 당연히 없다.

그러나 아이들에게는 선택권이 없다. 프랑스 엄마들처럼 나도 아이들에게 다양한 맛을 좋아하고 균형 잡힌 식사를 하도록 가르치는 것을 내 임무로 받아들인다. 우리 집에선 점심은 단백질이 풍부하고 푸짐하게, 저녁은 채소를 곁들인 탄수화물 위주로 가볍게 하는 프랑스식 식단을 고수한다. 아이들이 파스타를 좋아하다 보니 형태와 소스를 다양하게 만들려고 노력한다. 시간이 나면 저녁식사용으로 수프를 한 솥 가득 끓여 놓았다가 쌀밥이나 빵과 함께 내놓는다.

아이들이 신선한 재료로 만든 보기 좋은 음식에 더 구미가 당기는 것은 놀랄 일이 아니다. 나는 아이들의 식사에도 색깔의 균형을 고려한다. 가끔 저녁식사가 너무 단조로우면 아보카도나 토마토를 얇게 썰어 놓기도 한다. 집에 화려한 멜라민 접시 세트가 있지만 저녁식사를 차릴 때는 음식 색깔이 더욱 돋보이고 아이들 역시 어른으로 대우받는다는 느낌이 들도록 흰색 자기 접시를 사용한다.

식사 때는 실컷 먹게 놔두는 편이다. 쌍둥이가 아주 어렸을 때부터 파스타를 먹는 날에는 파르메산 치즈 그릇을 따로 놓고 각자 맘껏 뿌려 먹게 놔둔다. 핫초코와 요구르트를 먹을 때에도 가끔은 설탕 한 숟가락 정도 넣어서 먹을 수 있다. 빈은 식사 끝 무렵에 카망베르 치즈든 뭐든 집에 있는 아무 치즈나 한 조각 달라고 한다. 특별한 경우가 아니면 저녁에는 케이크나 아이스크림을 먹지 않는다. 초콜릿 샌드위치도 당연히 주지 않는다.

이 모든 것을 습관으로 만들기 위해 많은 시간이 걸렸다. 특히 쌍둥이가 먹는 것을 정말 좋아해서 큰 도움이 되었다. 쌍둥이가 다니는 크레쉬의 교사는 우리 애들을 '구르망gourmand(대식가)'이라고 부른다. 쌍둥이가 크레쉬에서 가장 좋아하는 말 역시 '앙코르encore(더)'라고 한다. 녀석들은 다 먹었다는 것을 보여주려고 식사를 마치면 꼭 접시를 머리 위로 들어 올리는 버릇을 배워왔다. 그러면 꼭 소스나 국물이 식탁 위에 떨어진다. 크레쉬에서라면 바게트로 남은 소스와 국물을 말끔히 닦아 먹은 후에 들어 올렸을 것이다.

단것도 우리 집에서는 더 이상 바람직하지 못한 존재가 아니다. 적당히 주기 때문에 빈도 이제는 사탕에 탐닉하지 않는다. 날씨가 쌀쌀해지면 아침에 핫초코를 만들어주기도 한다. 핫초코에 찍어 먹도록 전날 먹던 바게트를 전자레인지에 살짝 데워주고 사과 한 조각을 곁들인다. 그야말로 프랑스식 아침식사다.

프랑스 육아 용어 풀이

gourmand 구르망: 대식가. 너무 빨리, 한 가지를 너무 많이 혹은 모든 음식을 너무 많이 먹는 사람.

⚜ 13 ⚜

내가 대장

프랑스 부모는 소리치지 않고도
권위를 확립한다

13

쌍둥이 중에서도 가무잡잡한 레오는 모든 게 빠르다. 영재라는 뜻이 아니다. 보통 인간보다 두 배 빠른 속도로 움직인다. 만 두 살이 되자 어엿한 육상선수 폼으로 이 방에서 저 방으로 내달렸다. 심지어 말도 빨리 했다. 빈의 생일 즈음에는 꽥꽥거리는 새된 소리로 생일 축하곡을 전곡 다 부르는 데 몇 초밖에 걸리지 않았다.

이 어린 토네이도를 이기는 건 너무도 어렵다. 이미 녀석은 나보다 빨리 달린다. 녀석을 데리고 공원에 가면 나까지 끊임없이 움직여야 한다. 놀이터 정문만 보면 뛰어나가고 싶은 유혹에 빠지는 모양이다.

프랑스 양육에서도 가장 인상적이고 숙달되기 힘든 영역은 바로 '권위'다. 많은 프랑스 부모들이 자연스럽고 편안하고 차분한 권위를 보여준다. 아이들은 부모 말을 정말 잘 듣는다. 쉴 틈 없이 내달리지도 않고 말대꾸를 하지도 않고 질질 끌어대는 협상을 시도하지도 않는다. 대체 프랑스 부모들은 어떻게 이런 일을 해내고 있는 걸까? 나는 어떻게 해야 이 마법 같은 권위를 습득할 수 있을까?

어느 일요일 아침, 여느 때처럼 공원을 뛰어다니는 레오 뒤를 쫓아다니느라 진땀을 빼고 있던 나를 이웃 프레데리크가 보았다. 프레데리크는 40대 중반의 여행사 직원으로, 다소 신경질적인 목소리와 현실적이고 단호한 태도의 소유자다. 그녀는 몇 년간의 서류작업 끝에 러시아에서 세 살짜리 어여쁜 빨강 머리 티나를 입양했다. 공원에서 만난 그날은 엄마가 된 지 겨우 3개월 되던 무렵이었다.

그런 프레데리크가 내게 한 수 가르쳐주었다. 프랑스인으로서 그녀는 '해도 되는 일'과 '해선 안 되는 일'에 대한 명확한 기준을 갖고 있다.

그 차이는 모래놀이터에서 분명히 드러난다. 우리는 모래놀이터 경계턱 위에 앉아 이야기를 나누고 있었다. 하지만 레오가 계속 놀이터 정문 밖으로 뛰쳐나갔고 그때마다 나는 일어나 뒤쫓아 꾸짖고 끌고 오기를 반복했다. 짜증나고 피곤했다.

처음에 프레데리크는 가만히 지켜보기만 했다. 그러다가 어느 순간 차분하게 말했다. 결코 생색을 내거나 잘난 척하려는 기색 없이.

"그렇게 레오 뒤만 쫓아다니면 여기 앉아 조용히 대화를 나누는 소소한 즐거움을 단 몇 분도 누릴 수 없을 거예요."

나는 헝클어진 머리를 넘기며 대꾸했다.

"맞아요. 하지만 어떻게 해야 되죠?"

프레데리크는 레오에게 더 엄격하게 해야 한다고 했다. 그래야 아이도 놀이터를 벗어나면 안 된다는 걸 깨닫는다고 말이다.

"꽁무니를 쫓아다니며 말리기만 해선 아무런 효과가 없어요."

나는 설령 오후 내내 레오 뒤를 쫓아다녀야 한대도 어쩔 수 없다고 생각했다. 반면 프레데리크에게 그것은 '해서는 안 되는 일'이다. 하지만 그녀가 제시한 전략은 뜬구름 잡는 얘기처럼 들린다. 20분 넘게 레오를 꾸짖은 적도 있지만, 아무 효과가 없었기 때문이다. 그 말을 하자, 프레데리크는 빙그레 웃으며 말해주었다.

"'안 돼'라는 말을 더욱 강하게, 힘을 실어서 진심으로 믿으며 해야 해요."

레오가 또다시 정문 밖으로 뛰어나가려 했을 때, 이번에는 평소보다 더 날카롭게 "안 돼!"라고 말했다. 하지만 녀석은 비웃기라도 하듯 쪼르르 밖으로 나가버렸다. 나는 결국 뒤를 쫓아가 녀석을 붙잡아 왔다.

"보셨죠? 안 된다니까요." 내가 말했다.

프레데리크는 다시 웃으며 좀 더 설득력 있게 말하라고 했다. 소리만 지를 게 아니라 더욱 확신을 품고 말해야 한다는 것이다. 나는 아이를 윽박질렀다가 겁이라도 먹으면 어떡하느냐고 하소연했다.

"그런 건 걱정 말아요." 프레데리크가 말했다.

레오는 그다음에도 내 말을 듣지 않았다. 하지만 이번 '안 돼'는 아까보다는 훨씬 확신에 찬 것으로 들렸다. 목소리를 키운 게 아니었는데도 깊은 곳에 뭔가 확신이 깃들어있다. 전혀 다른 부모가 되어가는 기분이었다.

네 번째 시도에서 마침내 나는 완벽한 확신을 품고 말했고, 레오는 정문까지 뛰어갔다가 '기적적으로' 문을 열지 않았다. 녀석은 뒤를 돌아보더니 경계심을 품고 나를 쳐다봤다. 나는 눈을 부릅뜨고 절대 허락할 수 없다는 표정을 지어 보였다.

약 10분 후, 레오는 모래놀이터 탈출 시도를 완전히 중단했다. 언제 뛰어나갔냐는 듯 다른 아이들과 놀이터 안에서만 놀았다. 프레데리크와 나는 두 다리를 쭉 뻗고 맘 편히 수다를 떨었다.

어떻게 이렇듯 갑자기, 나는 레오에게 권위 있는 사람으로 비쳐졌을까?

"보세요. 목소리 톤이 중요해요." 프레데리크가 말했다. 거들먹대는 투가 아니다. 레오는 이 일로 상처받지도 않을 거라고 말해주었다. 그 순간, 처음으로 레오가 프랑스 아이처럼 보인다. 세 아이가 일순간 얌전해지자 긴장이 풀리며 어깨가 스르르 풀어지는 게 느껴졌다. 이전에는 그곳에서 한 번도 누려보지 못한 평화로움이다. 프랑스 엄마들은 늘 이런 느낌으로 사는 걸까?

마음이 놓이면서도 한편으로는 바보 같다는 생각이 들었다. 이렇게 쉬운 걸 나는 왜 몇 년 동안이나 하지 못한 거지? '안 돼'라고 말하는 게 무슨 첨단기술이라고? 새로운 게 있다면 프레데리크가 가르쳐준 대로 스스로 갈등하지 않고 확신을 품은 것뿐이다. 그녀 자신이 부모로부터 보고 배웠기 때문에 가능했던 조언이다. 그녀의 말은 상식처럼 들렸다.

프레데리크는 부모가 즐거워야 아이도 좋다고 했다. 맞는 말 같다. 레오는 30분 전보다 훨씬 더 편안해 보인다. 끊임없는 탈출과 재수감의 악순환에서 벗어나, 다른 아이들과 행복하게 놀고 있다.

나는 미국 엄마들 앞에 노점을 열고 이 새로운 기법을 병에 담아 팔고 싶은 심정이다. 하지만 프레데리크는 '부모가 권위를 갖는 데 마법의 특효약 따위는 없다'고 경고해 주었다. 언제나 진행형일 뿐이라는 것이다.

“규칙은 없어요. 상황에 따라 부모가 계속 바꿔나가야 해요.”

아쉽다. 그렇다면 프레데리크 같은 프랑스 부모들이 권위를 보여주는 수많은 장면들을 어떤 원칙으로 설명할 수 있단 말인가? 저녁 식탁, 모임, 놀이시간, 쇼핑의 각 상황에서 어떻게 매번 저토록 자연스러운 존중을 얻어낼 수 있단 말인가? 나는 저걸 조금이라도 얻을 수 있을까?

프랑스 동료가 자기 사촌 도미니크를 만나보라고 했다. 가수이기도 한 도미니크는 뉴욕에서 세 아이를 키우며 산 적이 있다. 그런 만큼 프랑스 부모와 미국 부모의 차이에 관한 한 누구보다 전문가다. 43세의 도미니크는 누벨바그 영화의 여주인공처럼 생겼다. 도미니크는 뉴욕에서 아이를 키우는 파리지앵이었고, 나는 파리에서 아이를 키우는 뉴요커다. 프랑스에 살면서 나는 부쩍 차분해지고 신경질도 줄었다. 도미니크는 맨해튼식 거품투성이 자아분석을 받아들였다. 그녀는 ‘음’, ‘오 마이 갓’을 섞은 프랑스 억양이 묻어나는 열정적인 영어를 구사했다.

도미니크는 스물두 살 학생 때 뉴욕에 갔다. 애초엔 어학연수만 할 생각이었지만, 곧 뉴욕이 집이 되어버렸다.

“뉴욕이 정말 좋았어요. 자극을 받았고 엄청난 활력이 생겼죠. 파리에 살 때는 오래도록 느끼지 못했던 감정이었어요.”

도미니크는 미국의 뮤지션과 결혼했고, 첫 임신 때부터 미국식 양육법에 매료됐다.

“프랑스엔 별로 없는 공동체의식이 상당했어요. 요가를 좋아한다면 임신부들의 요가 모임에 들어가면 되는 식이었죠.”

하루는 도미니크의 눈에 어린아이를 대하는 남다른 모습이 포착되었다. 시댁식구들과 추수감사절을 보낼 때의 일이다. 어린 친척 아이가 들어오자 식탁에 둘러앉아 있던 스무 명 남짓의 어른들이 일제히 대화를 중단하고 그 아이에게 집중하는 걸 보고 도미니크는 경탄했다.

"음…, 정말이지 믿을 수가 없었어요. 아이가 신이라도 되는 걸까요? 깜짝 놀랐어요. 미국인들이 자신감 넘치고 행복한 이유를 알 것 같았죠. 오! 그 관심. 프랑스 사람들은 좀 우울한 편이거든요."

하지만 시간이 흐르면서 도미니크는 그 관심의 다른 면을 볼 수 있었다. 어른들의 대화를 단숨에 중단시켰던 어린아이가 지나친 권한을 행사한다는 느낌이 들었다.

"그 앤 솔직히 짜증났어요. 자기가 왔으니까 다들 삶을 멈추고 집중하라는 식으로 굴었죠."

두 살, 여덟 살, 열한 살 아이를 키우던 도미니크는 어린이집에서 아이들이 선생님에게 말대꾸를 하는 걸 보고 의문이 더욱 커졌단다. 아이가 버릇없이 교사의 지시에 불응하며 "선생님이 무슨 대장이에요?"라고 응수했던 것이다.

"어린아이를 둔 미국 가정에 초대를 받으면 손님인 저는 뒷전일 때가 많았어요. 식사를 하다가도 아이를 재우러 자리를 뜨곤 했죠. 미국 부모들은 아이에게 단호하게 말하지 않더군요. '더는 안 돼. 이제 너에게 관심을 주지 않을 거야. 너는 잘 시간이고, 지금부턴 내 친구들과 보낼 어른의 시간이야. 너한텐 너의 시간이 있고, 우리에겐 우리 시간이 있어. 그러니까 어서 가서 자.' 미국 부모들은 이렇게 하지 않잖아요? 계속 아이들 시중을 드는 모습을 보면 좀 어이가 없어서 말문이 막혔어요."

도미니크는 여전히 뉴욕을 사랑한다. 그러나 양육에 관해서는 보다 뚜렷한 규칙과 경계를 지닌 프랑스식 습관 쪽으로 점점 되돌아왔다.

"프랑스식 양육은 때로 너무 혹독해요. 조금 더 부드럽고 다정하게 할 수도 있을 텐데 말이죠. 하지만 미국식은 마치 아이들이 세상의 지배자인 양, 지나치게 극단으로 치닫고 있어요."

도미니크가 묘사한 저녁초대의 장면이 너무도 선명하게 그려졌다. 우리는 '제한'에 이율배반적인 감정을 느낀다. 한편으론 아이에게 엄격할 필요가 있다고 하면서도, 현실에선 그걸 불편하게 여긴다. 한 친구는 자꾸만 자기를 무는 어린 아들에게 화를 낼 수가 없다고 고백했다. 혼내거나 소리를 지르면 아이가 울거나 놀랄까 봐 그냥 놔둔다는 것이다.

'엄격함이 아이의 창조적 영혼을 망가뜨릴 수 있다'는 게 우리 걱정의 요지다. 우리 집에 놀러 온 한 미국 엄마는 집에 설치된 놀이울타리를 보고 깜짝 놀랐다. 감옥처럼 보였을 게 분명하다. 하지만 파리에서는 놀이 울타리가 필수 물품이다.

오냐오냐 키워서 버릇이 나빠진 조카 얘기를 들려준 분도 있었다. 그 조카는 커서 유명 종합병원의 종양학과장이 되었다고 한다.

"머리는 좋은데 엄격하게 훈육받지 못한 아이는 미운 짓을 많이 하죠. 하지만 다 큰 그 애를 보니까 남보다 창조성이 덜 억눌려 있다는 생각이 들어요."

어디까지가 올바른 제한인지 알기란 매우 어렵다. 레오를 놀이터 안에서 얌전히 놀게 제한하면, 그 아이가 암 치료의 선구자가 될 길을 막는 걸까? 자유로운 의사표현과 적절치 못한 나쁜 행동의 경계는 어디일까? 맨홀 뚜껑마다 멈춰 서서 관찰하는 아이를 그러도록 놔두면 그 아이는 자신의 행복추구권을 향유하는 걸까 아니면 버릇없는 아이가 되어가는 걸까?

많은 부모들이 어색한 중간지대에 있다. 우리는 지배자인 동시에 수호자가 되고 싶어 한다. 그 결과 끊임없는 협상이 이어진다. 우리 집엔 하루 TV 시청시간을 45분으로 제한하는 새 규칙이 생겼다. 어느 날 빈이 조금만 더 보고 싶다고 졸랐다.

"안 돼. 오늘은 이걸로 다 봤어." 나는 단호하게 말했다. 빈은 협상을 시도했다.

"하지만 내가 아기였을 때는 아예 안 봤잖아. 그러니까……."

이럴 때 아이들은 정말이지 영악하다. 영어권 부모라 해도 대부분 얼마간은 제한을 두게 마련이다. 하지만 모든 종류의 권위에 반대하는 부모도 있다. 나는 그런 사람을 미국에서 만난 적이 있다.

30대 중반의 그래픽디자이너 리즈는 다섯 살 딸 루비를 키우고 있다. 리즈는 자신의 양육에 영향을 끼친 사람들을 열거했다. 소아과 의사 윌리엄 시어스William Sears, 작가 알피 콘Alfie Kohn, 행동심리학자 B.F. 스키너B.F. Skinner가 그들이다. 루비가 지나친 행동을 하면 리즈 부부는 설득하려 노력한다.

"권위를 무작정 내세우지 않고도 행동을 교정하고 싶어요. 신체적으로 억누른다면 내가 아이보다 크고 힘이 세니까 얼마든 가능하겠죠. 하지만 그런 방법을 쓰지 않으려 해요."

아이가 물건을 사달라고 떼를 쓸 때도 비슷한 방법을 쓴다고 했다. '나는 돈을 가진 사람, 너는 없는 사람' 하는 식의 권력 우위를 이용하지 않는다는 것이다. 대신 '너는 이 물건을 가질 수도 있고 안 가질 수도 있다'는 식으로 도덕적 근거를 대며 설득한다. 나는 리즈의 노력에 감화를 받았다. 리즈는 누군가가 알려준 원칙을 바로 적용하는 대신, 세심하게 여러 사상가들의 연구 업적을 흡수해서 자신만의 방법을 만들어냈다. 리즈는 자기가 자랄 때 배운 대로 아이를 키우지 않는다.

그러나 거기엔 희생이 따랐다. 리즈는 자기 방식이 옳다고 믿었고 주변의 조언과 우려를 잘라냈으며, 그 결과 이웃, 동료, 심지어 자기 부모와도 단절했다. 부모님은 루비를 기르는 방식이 못마땅했고, 그들은 아이 얘기를 일절 나누지 않는다. 루비를 데리고 고향집에 가기라도 하면, 분위기는 더 험악해진다. 루비도 아이인지라 말썽을 피우게 마련이고, 그때마다 왜 아이를 그렇게 너그럽게 대하냐는 부모님의 성화에 스트레스를 받았다.

그럼에도 여전히 리즈 부부는 권위를 내세울 생각이 없었다. 한번은 루비가 엄마 아빠를 모두 때린 일이 있었다. 부부는 루비를 자리에 앉혀 놓고 왜 사람을 때리면 안 되는지 대화를 나눴다. 하지만 그 선의의 추론은 행동교정에는 별 도움이 되지 않았다.

"루비는 아직도 우리를 때려요." 리즈는 한탄하듯 말한다.

이에 비하면 프랑스는 전혀 다른 행성처럼 느껴진다. 아무리 자유주의자인 부모라도 자기가 엄격하며, 무엇보다 가족 위계의 최상위에 있다는 것을 공공연히 자랑한다. 혁명을 존중하는 나라지만, 가족의 저녁식탁에선 무정부주의 따위가 용납되지 않는다.

"알아요. 모순이죠." 세 아이 엄마인 주디스는 말한다. 주디스는 정치에선 권위주의를 반대하지만, 양육에선 부모인 자신이 '대장'이라고 말한다.

"부모 다음이 아이들이에요. 프랑스에서는 아이들과 권력을 나눠 가지는 부모는 없어요."

프랑스 언론에 의하면, 이러한 프랑스에도 '왕 아이' 증후군이 서서히 침입해 들어오고 있다고 한다. 하지만 파리 부모들과 이야기를 나눠보면 한결같이 "결정은 내가 한다."는 말을 한다. 좀 더 전투적으로 "명령은 내가 한다."고 하는 이들도 있다. 서로에게 누가 '대장'인지를 분명히 한다는 것이다.

미국에서 이런 위계질서는 독재로 비칠 수 있다. 로빈은 프랑스인 남편과 함께 두 아이를 키우는 미국인이다. 어느 날 함께 저녁을 먹는데, 둘째 아이를 소아과에 데려간 이야기를 들려주었다. 아이가 체중계 위에 올라가지 않으려고 칭얼대서 로빈은 옆에 무릎을 꿇고 앉아 아이를 설득했다. 그때 의사가 끼어들었다.

"아이에게 이유를 설명하지 마세요. 그냥 해야 할 일이니 '저울에 올라가라.' 이 한마디면 됩니다. 의논 같은 건 없다고 말하세요."

로빈은 충격을 받았다. 결국 그 소아과가 너무 혹독하다고 생각해 병원을 바꿔버렸단다.

그때 로빈의 남편 마르크가 반론을 제기했다.

"아냐, 아냐. 의사가 그렇게 말하지는 않았어."

마르크는 파리 태생의 골프선수다. 별 노력도 없이 권위를 가진 듯 보이는 프랑스 부모 중 하나이기도 하다. 그가 말할 때면 아이들은 주의 깊게 듣고 즉시 대답한다. 마르크는 의사가 터무니없이 지시한 건 아니라고 했다. 오히려 교육에 꼭 필요한 조언을 한 것이었단다. 마르크는 그날 일을 완전히 다르게 기억하고 있었다.

"의사는 부모가 자신감을 갖고 아이를 체중계 위로 올라가게 해야 한다고 말했어요. 아이에게 선택권을 너무 많이 주면 오히려 아이가 불안해한다고요. 그냥 이렇게 하는 거다, 좋고 나쁜 게 아니라 그냥 그렇게 하는 거라고 아이에게 보여줘야 한다고 했어요. 간단한 행동이지만 모든 일의 시작이기도 하죠." 마르크는 덧붙였다. "설명이 필요 없는 확실한 일들이 있잖아요. 아이 몸무게를 재야 하면 체중계에 올라가야 하는 거예요. 그걸로 끝! 끝이라고요."

그는 아이가 왜 칭얼댔는지, 거기서도 배울 게 있다고 했다. "살다보면 하고 싶지 않은 일을 해야 할 때가 있잖아요. 늘 좋아하는 일, 하고 싶은 일만 하고 살지는 않지요. 그걸 아이가 깨닫게 해야 해요."

마르크에게 어떻게 부모로서의 권위를 갖게 되었냐고 물었다. 저절로 생긴 것은 아닌 게 분명하다. 그는 아이들과의 관계를 구축하기 위해 엄청난 노력을 기울여왔다. 권위는 그가 우선시하는 요소다. 부모가 자신감이 있어야 아이가 안심한다는 믿음에서 출발한다고 그는 설명했다.

"길을 안내하는 사람, 즉 리더가 있는 편이 더 좋아요. 아이는 엄마나 아빠가 통제해 준다는 느낌이 들어야 해요. 프랑스에 이런 속담이 있어요. '나사는 조이는 것보다 푸는 게 더 쉽다.' 그만큼 엄격해야 한다는 뜻이죠. 너무 조이면 풀어주면 되죠. 하지만 너무 풀어주면 나중에는 조이려 해도 어떻게 하는지 잊어버리고 말아요." 마르크는 프랑스 부모들이 아이의 어린 시절 내내 구축하는 카드르에 대해 설명했다. 때로는 "그냥 체중계 위에 올라가." 하는 식의 부모의 권리가 카드르의 기준이 되어준다.

나는 공원에서 아이 꽁무니를 쫓아다니고 저녁초대 때도 아이를 재우러 가야 한다고 미리 예견해 버린다. 짜증나긴 하지만, 정상적이라고 여긴다. 하지만 프랑스 부모들은 그렇듯 '왕 아이'를 모시고 사는 게 균형이 어그러진 일이며 가족 전체에 바람직하지 않다고 생각한다. 부모도 아이도 기쁨을 빼앗긴다. 카드르를 만드는 건 힘들지만, 다른 방도는 없다. 카드르를 만들거나 아니면 잠을 재우려고 몇 시간이고 아이와 씨름하거나 둘 중 하나다. 다른 길은 없다.

"미국 사람들은 아이가 생기면 부모의 시간 따윈 허락되지 않는다고 생각하는 것 같아요. 하지만 아이들은 자기가 모든 관심의 중심이 아니라는 걸 이해해야 해요. 세상이 자기를 중심으로 돌아가지 않는다는 것을요." 마르크는 말했다.

그렇다면 이 카드르는 어떻게 만드는가? 카드르를 만드는 과정은 때로 매우 혹독해 보인다. 모든 일에 '안 돼'를 연발하고 '결정은 내가 한다'고 윽박지른들 카드르가 생기지는 않는다. 프랑스 부모들이나 교육자들이 카드르를 만드는 중요한 방식은 우선 많은 이야기를 나누는 것이다. 많은 시간을 들여 아이와 함께 '어떤 일은 허용되고 또 어떤 일은 안 되는지' 대화한다. 팬터마임으로 투명한 벽이 정말로 있는 것처럼 믿게 만들듯, 카드르를 계속 강조함으로써 그게 물리적으로도 존재하는 것처럼 느껴지게 한다.

카드르에 관한 대화는 꽤 예의를 갖춰 진행된다. 부모는 아주 어린 아기에게조차 '해주세요'라는 존칭을 쓴다. 아기들도 다 이해한다고 생각한다. 아이에게 제한을 둘 때도 종종 권리라는 말을 빌려 호소한다. "때리지 마."라고 하기보다 "너는 때릴 권리가 없어."라고 말한다. 단지 언어 차이만 있는 게 아니다. 이런 식으로 말하면 느낌 자체가 다르다. 아이들에게도 어른들에게도 적용되는 명백한 권리체계가 있다는 걸 암시한다. 아이 역시 스스로 다르게 행동할 권리가 있다는 걸 확실히 규정해 준다.

그러다보니 아이들도 자기들끼리 그 말을 사용한다. 운동장에서 놀 때 부르는 노래 중에 이런 구절이 있다. "울랄라 우리는 그렇게 할 권리가 없어요."

어른들이 아이들에게 많이 쓰는 말 중에 "나는 동의하지 않아." 도 있다.

"네가 바닥에 완두콩을 던지는 행동에 엄마는 동의하지 않아."

이는 단순한 '안 돼' 이상의 의미를 지닌다. 이 말을 통해 아이는 '어른도 자신이 반드시 고려해야 할 이성을 지닌 사람'으로 바라보게 된다. '아이 역시 완두콩에 나름의 견해가 있는 사람'이라는 전제도 깔려 있다. 완두콩을 집어던진 행위도 아이가 이성적으로 결정한 일이므로, 반대되는 행동도 아이가 결정할 수 있다고 믿는 것이다.

이는 프랑스의 식사시간이 왜 그토록 조용한가도 설명해 준다. 프랑스 양육자들은 커다란 위기를 기다렸다가 극적인 처벌을 내리는 대신, 제대로 세운 규칙을 바탕으로 예의에 관한 소소하고 예방적인 조정을 여러 차례 이루어나가는 데 중점을 둔다.

이런 모습을 크레쉬에서도 목격했다. 이른바 전설적인 코스 식사를 참관하기 위해 18개월짜리 아이들과 함께한 자리였다. 안느마리 선생님이 음식을 점검하는 동안, 어린아이 여섯이 분홍색 턱받이를 하고 직사각 식탁에 둘러앉았다. 분위기는 극도로 차분했다.

선생님이 코스별 음식에 대해 설명해 주고 다음으로 무엇이 나올지 알려주었다. 그 와중에도 선생님은 아이들이 뭘 하고 있는지 세밀하게 지켜보고, 사소한 위반행위를 지적한다. 대신 목소리를 높이지 않고 차분히 말이다.

“두스망(가만히). 숟가락으로 그러면 안 돼요.” 남자아이 하나가 숟가락으로 식탁을 두드리기 시작하자 선생님이 말한다.

“아니, 아니, 아니. 치즈는 손대지 않아요. 나중에 먹을 거예요.” 또 다른 아이에게 말한다. 선생님은 아이와 늘 눈을 마주치며 말한다.

모든 순간에 그토록 세세한 관리와 조정을 하는 건 아니다. 유독 식사시간에 그러는 경향이 있다. 아마도 식사시간은 작은 몸짓과 규칙이 많아 한번 어긋나면 걷잡을 수 없는 혼란으로 이어지기 때문인 듯하다. 선생님은 30분간의 식사시간 내내 대화와 교정의 화음을 맞춘다. 식사시간이 끝날 무렵 아이들의 얼굴에는 음식이 잔뜩 묻어 있다. 그러나 바닥에 떨어진 부스러기는 얼마 되지 않는다.

내가 만난 프랑스 부모와 양육자들은 독재자처럼 보이지 않으면서도 분명한 권위를 갖고 있다. 이들의 목적은 복종하는 로봇을 키우는 게 아니다. 오히려 늘 아이 말에 귀를 기울이고 대화를 나눈다. 실제로 권위 있는 어른들일수록 아이에게 마치 종 부리듯 말하지 않고 오히려 서로 평등한 관계인 것처럼 말했다.

“어떤 일을 금지할 때는 항상 그 이유를 설명해 주어야 합니다.” 안느마리는 말한다.

프랑스 부모들에게 자녀에게 가장 바라는 바가 뭐냐고 물어보면 ‘스스로를 편안하게 생각하기’나 ‘세상에서 자신의 길을 찾아내기’ 같은 것을 꼽는다. 아이가 자신만의 취향과 견해를 길러나가기를 바란다. 프랑스 부모들은 오히려 아이가 지나치게 유순할까 걱정한다. 아이다운 성격을 제대로 발현하길 원한다. 그러나 그 바탕으로 경계를 존중하고 자제력을 갖추는 게 필수적이라고 생각한다. 개성과 카드르가 공존해야 한다는 말이다.

이토록 말 잘 듣는 아이들과 이토록 높은 기대치를 가진 부모들 곁에서 이방인으로 살아가기란 보통 힘든 게 아니다. 쌍둥이가 아파트 앞 광장을 지나갈 때마다 큰소리로 고함을 지르거나 울며 떼를 쓰기 시작하자 몹시 당황스러웠다. 수십 명의 주민들이 이렇게 외치는 것 같았다.

"저기, 미국사람이야!"

초대를 받아 빈의 어린이집 친구네에 간 적이 있다. 크리스마스 휴가 기간이었고 오후 구테였다. 아이들은 핫초코와 쿠키를 대접받았다. 다 같이 식탁에 둘러앉았는데 빈이 약간의 '베티즈'를 하기 좋은 시간이라고 생각했는지 제 몫의 핫초코를 들이켰다가 다시 컵에 뱉는 짓을 하기 시작했다.

너무도 창피했다. 식탁 밑으로 빈의 다리를 걷어차고 싶은 심정이었다. 작은 소리로 그만하라고 종용했다. 큰소리를 내서 분위기를 망치고 싶지는 않았다. 그 사이 집주인의 세 딸은 얌전히 앉아서 제 몫의 쿠키를 먹고 있었다. 레오와 공원에서 겪었던 일에서 힘을 받아, 아이들에게 단호함을 보이려고 노력했다. 그러나 늘 효과가 있는 건 아니다. 대체 언제 나사를 조이고 언제 풀어야 하는 것인가? 프랑스 사람들은 어떻게 카드르를 만들고 그것을 벗어나는 아이의 행동을 어떻게 제지하는가? 궁금증이 꼬리를 물고 생겨났다.

결국 지도를 받기 위해 로빈이 소개해준 프랑스 보모 마들렌과 점심을 먹기로 했다. 마들렌은 프랑스 서부의 소도시에서 살다가 지금은 파리에 살면서 아기를 맡아 돌보고 있다. 예순셋인 마들렌은 세 아들의 어머니이기도 하다. 희끗희끗한 짧은 갈색머리에 따뜻한 미소가 연륜을 보여준다. 마들렌 역시 자신의 양육기법에 대해 확신을 품고 있다.

“버릇없는 아이는 불행할 따름이에요.” 자리에 앉자마자 마들렌이 말했다. 그렇다면 비결은 무엇일까?

“레 그로지외 les gros yeux.” 마들렌은 한마디로 말한다. ‘크게 부릅뜬 눈’이라는 뜻이다. 마들렌은 직접 시연을 해주었다. 인자한 할머니가 순식간에 무서운 부엉이로 변신했다. 단지 시연인데도 마구 양심의 가책이 느껴질 정도다.

나도 ‘부릅뜬 눈’을 배우고 싶었다. 처음에는 얼굴을 찡그리지 않고 부엉이 얼굴을 만드는 게 쉽지 않았다. 하지만 공원에서 프레데리크와 연습했을 때처럼 결국 나 자신도 차이를 느낄 만큼 진정한 확신의 경지에 이르렀다. 그러자 웃음기가 싹 사라졌다.

마들렌은 아이를 겁줘서 복종을 이끌어내는 게 목적이 아니라고 했다. 오히려 아이와 진정한 유대관계를 맺을 때, 그리고 상호존중의 상태일 때 ‘부릅뜬 눈’이 가장 효과적이라고 한다. 마들렌은 자기 직업에 가장 큰 만족감을 느낄 때가 바로 아이와 ‘콤플리시테 complicité (공모의식)’를 형성할 때라고 한다. 아이들과 같은 시선으로 세상을 바라보고 있는 듯, 아이가 무슨 행동을 하려는지 알아맞힐 수 있는 상태다. 이 경지에 이르려면 우선 아이를 세심하게 관찰하고 대화를 나누며 어느 정도의 자유와 신뢰를 주어야 한다.

부릅뜬 눈이 효과를 볼 수 있을 정도로 관계를 구축하려면 엄격함만이 아니라 자율과 선택을 주는 융통성도 반드시 필요하다고 마들렌은 말한다.

"아이에게 약간의 자유를 주어야 합니다. 그래야 아이의 성격이 보이거든요."

마들렌은 아이와 강력한 상호존중의 관계를 맺는 것과 엄격하고 단호한 자세를 유지하는 것 사이에 갈등을 느껴본 적이 없다고 한다. 마들렌의 권위는 아이와의 상하관계에서가 아니라 상호관계 안에서 나오는 것 같다. 즉 공모의식과 권위 사이의 균형을 잘 이루어온 것이다.

"아이의 말에 귀를 기울여야 하지만 제한을 정해주는 것은 부모입니다."

'부릅뜬 눈'은 프랑스에서 유명한 표현이다. 빈은 크레쉬 선생님이 부릅뜬 눈으로 쳐다보는 걸 무서워한다. 어른들 중에도 이 부릅뜬 눈을 기억하는 사람이 많다.

"바로 이 표정이에요." 작가 클로틸드 뒤술리에는 자기 부모를 떠올리며 말했다.

"내가 선을 넘어갔다고 느낀 순간, 갑자기 목소리가 변했죠. 단호하고 화가 났으며 전혀 흡족하지 않다는 표정으로 바뀌었어요. 말도 건네죠. '안 돼! 그런 말은 하는 게 아니다.' 정말로 꾸중을 듣고 있다는 느낌, 약간 수치스러운 느낌이 들어요." 흥미롭게도 클로틸드가 기억하는 부릅뜬 눈과 카드르는 불쾌한 게 아니었다.

"부모님은 어떤 건 해도 되고 어떤 건 안 되는지 언제나 매우 분명했어요. 목소리를 높이지 않으면서도 애정과 권위를 모두 갖추고 계셨죠."

목소리 얘기가 나왔으니 말인데, 나도 한 목청 한다. 고함을 지르면 가끔씩 양치질이나 식사 전 손 씻기기에 성공을 거둘 수 있다. 하지만 진이 빠진다. 게다가 분위기도 끔찍해진다. 고함소리가 커질수록 기분은 더 나빠지고 더 피곤해진다.

프랑스 부모들도 아이들에게 날카로운 목소리로 말한다. 끊임없는 융단폭격보다 단번의 국부타격을 선호한다. 그러나 고함은 정말 중요한 순간을 위해 아껴둔다. 그런 사람들 앞에서 내가 고함을 지르면, 아이들이 무슨 엄청난 잘못을 했나 의아해하며 쳐다볼 정도다. 나는 다른 미국 부모들처럼 권위를 훈육과 벌의 관점으로 바라본다. 프랑스 부모는 다르다. 훈육보다 '교육'이라 말한다. 말 자체가 암시하듯, 그들이 사용하는 방법은 '어떤 것은 용납이 되고 어떤 것은 그렇지 않은지' 아이들에게 서서히 가르쳐주는 쪽이다.

부모는 경찰이 아니라 가르치는 사람이라는 생각이 분위기를 한결 부드럽게 만들어준다. 레오가 저녁식사 때 포크를 쓰지 않으려고 했을 때, 나는 알파벳을 가르치듯이 포크 사용법을 가르치자고 생각했다. 그러자 내 입장에서도 참을성을 발휘하고 차분한 태도를 유지하기가 훨씬 쉬워졌다. 아이가 곧장 내 말을 따르지 않더라도 아이가 내 말을 무시한다고 생각되지 않았고 화가 나지도 않았다. 상황에 대한 스트레스가 줄어드니 아이 역시 기분 좋게 한 번 더 시도를 하게 되었다. 결국 나는 고함을 지르지 않았고 저녁식사 분위기는 한결 편안해졌다.

프랑스 부모와 미국 부모가 '엄격함'이라는 말을 꽤 다르게 사용한다는 것을 깨닫는 데도 시간이 걸렸다. 미국에서는 누군가를 엄격하다고 하면 그 사람이 모두를 아우르는 권위를 지니고 있다는 뜻이다. 준엄하고 재미라곤 모르는 학교 선생님이 떠오른다. 그래서 이 단어를 들어 자신을 묘사하는 미국 부모를 본 적이 없다. 그러나 내가 아는 프랑스 부모들은 거의 모두가 자신이 '엄격'하다고 말한다.

그러나 프랑스 부모들이 말하는 '엄격'은 그 의미가 다르다. 몇 가지 영역에는 매우 엄하지만 그 밖의 것에는 매우 너그럽다는 뜻이다. 즉 굳건한 틀 안에서 많은 자유를 허락한다는 카드르의 모델이다. "아이들에게 쓸데없는 무익한 규칙을 강제하지 말고 가능한 자유롭게 놔둬야 한다." 《아동기의 주요 단계》에서 프랑수아 돌토는 말한다. "아이의 안전을 위해 반드시 필요한 카드르만 유지해야 한다. 아이들은 카드르를 뛰어넘으려는 경험을 통해 오히려 카드르가 필수적이며 부모가 아이를 귀찮게 하려고 세운 게 아니라는 것을 깨닫게 된다."

다시 말해 몇 가지 중요한 일에만 엄격해야 부모가 더욱 합리적으로 보이고 그만큼 아이들도 부모의 말에 더 잘 따르게 된다는 듯이다. 돌토의 정신에 맞게 파리의 부모들은 보통 소소한 베티즈에는 나서지 않는다. 그 정도 행동은 어린아이로서 당연하다고 생각한다.

"잘못된 행동 하나하나 엄격하게 반응하고 취급한다면 아이들이 어떤 게 더 중요한지 알 수 없죠." 친구 에스테는 말한다.

그러나 곧바로 나서는 행위도 있다. 프랑스 부모들이 절대 참아주지 않는 영역은 다양하다. 그러나 거의 모든 부모들이 입을 모아 '절대 협상 불가'라고 말하는 영역은 주로 '타인 존중'과 관련돼 있다. 봉주르, 오르부아, 메르시를 써야 하고, 부모나 다른 어른들에게 공손한 태도로 말해야 한다.

물리적인 공격성 역시 '절대 금지' 영역이다. 미국 아이들은 그래서는 안 된다는 것을 알면서도 부모를 때리고 적당히 넘어갈 때가 많다. 그러나 내가 아는 프랑스 어른들은 이를 절대로 참아주지 않는다. 언젠가 빈이 우리 이웃의 방랑자 스타일 50대 독신남 파스칼 앞에서 나를 때린 적이 있다. 매사 태평한 듯 보이던 파스칼은 즉시 나서서 '사람이 그래서는 안 되는 법'이라며 엄격한 설교를 늘어놓기 시작했다. 그의 갑작스런 심판에 기가 눌렸다. 빈도 역시 기가 팍 죽은 것 같았다.

취침시간을 둘러싸고도 몇 가지는 매우 엄격하고 나머지는 매우 느긋하다. 어떤 부모들은 취침시간에 아이들이 제 방에 머물러 있기만 하면 거기서 뭘 하든 놔둔다.

나도 빈에게 이 개념을 도입해 보았는데 빈은 정말로 좋아했다. 빈은 방에 갇혀 있다는 사실은 아랑곳하지 않고 "나는 뭐든 맘대로 할 수 있어."라며 신나게 떠들어댔다. 보통은 잠시 놀거나 책을 읽다가 알아서 잠든다.

쌍둥이가 두 살쯤 되어 아기침대 대신 일반침대에서 자기 시작했을 때에도 이 개념을 도입했다. 하지만 녀석들은 둘이 한 방을 쓰기 때문에 분위기가 조금 더 떠들썩해지는 경향이 있다. 특히 레고 부서지는 소리가 많이 들려왔다. 하지만 위험한 소리가 들리지만 않으면 잘 자라고 인사를 건넨 뒤로는 쌍둥이 방에 들어가는 일을 피했다. 시간이 너무 늦어지거나 아이들이 점점 시끄러워지면 가끔 들어가 이제 그만 잘 시간이니 불을 끄라고 말해준다. 아이들도 이 정도를 원칙 위반이라고 생각하지는 않는다. 그때쯤 되면 보통은 지쳐 나가떨어져서 침대로 기어 올라간다.

권위에 대한 흑백논리에서 벗어나 좀 더 이야기를 진전시켜 보려고 다니엘 마르셀리Daniel Marcelli를 찾아갔다. 마르셀리는 푸아티에의 대형병원 소아정신과장으로 《순종은 허용된다It Is Permissible to Obey》를 비롯해 열두 권 이상의 저서를 낸 작가다. 마르셀리는 철학자 한나 아렌트Hannah Arendt의 말을 인용해 역설을 즐기며 기나긴 해설로 자신의 주장을 펼쳐나간다. 그가 좋아하는 역설은 부모가 권위를 가지려면 '돼'를 더 많이 말해야 한다는 것이다.

"언제나 안 된다고 금지만 한다면 권위주의죠." 마르셀리는 커피와 초콜릿을 먹으며 말했다. 부모 권위의 요점은 아이가 뭔가를 못하도록 막는 게 아니라 뭔가를 할 수 있게 권한을 주고 인정하는 것이라고 한다.

마르셀리는 오렌지주스가 먹고 싶거나 컴퓨터를 하고 싶어 하는 아이의 예를 들었다. 현재 프랑스 교육은 아이가 그런 행동을 하기 전에 반드시 묻도록 가르친다. 마르셀리도 거기에는 동의하지만, 이때 부모가 거의 언제나 허락으로 반응해야 한다고 말한다.

"부모는 어쩌다 한 번만 금지를 해야 합니다. 금지를 통한 순종은 깨지기 쉽고 위험하기 때문입니다. 대신 뭔가를 할 때마다 물어보도록 가르치기만 하면 됩니다."

마르셀리는 이 방법론에 장기적인 목표가 숨어있다고 말한다.

"아이가 어떤 것에 대해서는 이제 더 이상 묻지 않아도 된다고 스스로 판단하기 시작하면 비로소 순종 교육은 완성됩니다. 즉 아이가 때때로 순종하지 않을 자유를 행사하기 시작할 때까지 순종을 가르치는 것입니다. 어떠한 질서에 순종하는 법을 배우지 않고서 어떻게 순종하지 않는 법을 배울 수 있겠어요?"

프랑스 고등학교에서 철학을 배웠다면, 권위에 관한 마르셀리의 주장을 훨씬 더 잘 이해할 수 있었을 것이다. 나는 이렇게 이해했다. 아이에게 단호한 카드르를 세우는 목적 중 일부는 설령 아이가 카드르 밖으로 벗어나도 다시 돌아올 수 있게 하기 위함이다.

마르셀리는 프랑스에서 익히 들어온 여러 요점을 반복적으로 들려주었다. '제한이 없으면 아이들은 스스로의 욕망에 소모되고 만다. 프랑스의 부모들이 카드르를 강조하는 이유는 경계가 없으면 아이들이 자기 욕구에 제압당해 버린다는 것을 잘 알기 때문이다. 카드르는 내면의 소용돌이를 억누르고 차분하게 가라앉히는 데 도움을 준다.'

왜 파리의 공원에서 울며 떼를 쓰는 유일한 아이들이 내 아이들인지도 설명이 된다. 자기 욕구에 제압당했는데 그걸 스스로 멈출 줄 모를 때, 바로 떼쓰기가 나온다. 다른 아이들은 '안 돼'를 받아들이는 데 익숙하지만 내 아이들은 아니다. 나의 '안 돼'는 간헐적이고 나약하고 변덕스럽다. 원하고 원하는 욕구의 사슬을 끊기에는 단호하지 못하다.

"카드르가 있는 아이는 어김없이 창조적이고 '일깨워져' 있습니다. 프랑스 부모들 중 소수는 오직 일깨우기만 중시하고 카드르를 세워주지 않지요. 그런 부모의 아이들은 성공할 수 없을뿐더러 모든 면에서 가망이 없습니다." 마르셀리는 단호했다.

마르셀리의 견해는 꽤나 매혹적이다. 나는 이제부터 권위는 갖되 권위주의에 빠지지는 않겠다고 결심했다. 어느 날 저녁 빈을 재우면서 '때로는 너에게 베티즈가 필요하다는 걸 엄마도 잘 안다'고 말해 주었다. 빈은 꽤 안도하는 것 같다. 공모의식이 발생하는 순간이다.

"아빠한테도 그렇게 좀 말해줘." 빈이 말했다.

프랑스 교육기관에서 하루 종일 지내는 빈은 훈육에 대해 나보다 더 잘 알고 있었다. 어느 날 아침 아파트 1층 현관에서 있었던 일이다. 사이먼은 마침 출장 중이었고 나 혼자 아이들을 데려다주어야 했다. 시간이 촉박해서 빈과 쌍둥이를 차례로 데려다주려면, 쌍둥이를 유아차에 태워야 했다. 그런데 쌍둥이가 타지 않겠다고 고집을 부렸다. 둘은 걷고 싶어 했는데 그러면 시간이 훨씬 오래 걸린다. 아파트 현관이라 지나가는 이웃들이 이 소란을 다 보고 들을까 신경 쓰였다. 나는 내 안의 모든 권위를 다 쥐어짜 유아차에 타라고 지시했다. 그러나 아무런 효과가 없었다.

빈이 나를 지켜보았다. 빈은 내가 어린 두 남동생을 설득해야 한다고 굳게 믿었다.

"엄마, 그냥 하나 둘 셋을 세." 빈이 상당히 짜증 섞인 목소리로 말했다. 어린이집에서 비협조적인 아이들에게 쓰는 방법이 틀림없다.

'하나 둘 셋 세기'의 원리는 매우 프랑스적이다.

"아이에게 약간의 시간을 주고 아이를 존중해 주는 것입니다." 마르셀리는 말한다. 아이는 순종 장면에서 주인공이어야 하는데, '하나 둘 셋 세기'는 그럴 태세를 갖출 시간을 주는 것이다.

《순종은 허용된다》에서 마르셀리는 날카로운 칼을 손에 쥔 어린 아이의 예를 든다. "아이 엄마는 아이를 보고 표정은 냉정하게, 목소리는 단호하되 중립적으로, 눈썹은 살짝 찌푸린 채 '그거 내려놔!'라고 말한다. 아이는 엄마를 보지만 움직이지는 않는다. 15초

후 엄마는 더욱 단호한 목소리로 '당장 내려놓도록 해.'라고 말한다. 다시 10초 후에 '무슨 말인지 알겠지?'라고 말한다. 어린 소녀은 식탁 위에 칼을 내려놓는다. 엄마는 표정을 펴고 더욱 다정한 목소리로 아이에게 '잘했어.'라고 말해준다. 그러고 나서 칼은 위험하며 손을 벨 수도 있다고 설명해 준다."

마르셀리는 아이가 순종했지만 거기에 적극적인 자기 역할이 있었다고 말한다. 엄마와 아이 사이에 상호존중이 일어났다. "아이는 순종했고 엄마는 넘치지 않게 고마워했으며 아이는 엄마의 권위를 인정했다. 이런 일이 일어나려면 말과 시간과 인내와 상호인정이 있어야 한다. 엄마가 달려들어 아이 손에서 칼을 낚아챘다면 아이는 많은 것을 이해할 기회마저 빼앗겼을 것이다."

대장 노릇을 하면서 동시에 아이 말을 들어주고 존중해 주는 일은 쉽지 않다. 어느 날 오후 집으로 돌아가려고 크레쉬 탈의실에서 조이의 옷을 갈아입히는데 아이가 갑자기 주저앉으며 울음을 터뜨렸다. 당시 나는 '결정은 내가 한다'에 흠뻑 빠져 있었다. 이 상황이 아이를 병원 체중계에 올라가게 하는 경우와 비슷하다고 판단했다. 기어이 조이의 옷을 갈아입히고 말 테다!

그때 파티마 선생님이 울음소리를 듣고 탈의실로 들어왔다. 파티마 선생님은 나와 정반대의 태도를 취했다. 조이는 집에서는 늘 떼를 썼지만 크레쉬에서 그런 적은 거의 없었다. 선생님이 조이에게 다가가 녀석의 이마를 쓰다듬기 시작했다.

"왜 그러니?" 선생님은 다정하게 물었다. 조이의 떼쓰기를 끔찍한 어린애의 변덕으로 보지 않고, 작고 이성적인 존재의 의사소통 방식으로 바라보았다. 1~2분이 지나자 조이가 울음을 그치더니 말과 몸짓을 동원해 사물함에 있는 제 모자를 쓰고 싶다고 설명했다. 모자가 이 모든 소동의 원인이었던 것이다. 파티마 선생님은 조이를 탁자 아래로 내려주고 조이가 사물함으로 걸어가 문을 열고 모자를 꺼내는 동안 그 모습을 지켜보았다. 아이는 다시 얌전해졌고 집으로 돌아갈 준비를 했다.

파티마 선생님은 평소 호락호락한 성격이 아니다. 아이들 사이에서 많은 권위를 지니고 있었다. 그러나 참을성 있게 조이의 말에 귀를 기울여준 것 자체를 아이의 고집에 굴복했다고 생각하지 않았다. 다만 아이를 진정시키고 나서 아이가 원하는 것을 스스로 표현할 기회를 주었다.

안타깝게도 이런 시나리오는 끝이 없고 이 모든 경우에 어떤 식으로 대응해야 할지 누구도 똑 부러지게 말할 수는 없다. 프랑스에는 모순이 가득한 원칙만 있을 뿐 불변의 법칙 따위는 거의 없다. 어떤 때는 아이 말에 세심하게 귀를 기울이라고 하고, 어떤 때는 그냥 체중계에 올라서게 하라고 한다. 제한을 두면서도 아이를 세심하게 관찰하고 공모의식을 쌓아가며 상황의 필요에 적응해가는 일련의 과정이다.

어떤 부모는 이 모든 일을 몸에 밴 듯 자연스럽게 해낸다. 하지만 나로선 그런 균형을 찾을 수 있을지 의문일 따름이다. 어른이 된 후에야 처음 살사댄스를 배운 사람과 어렸을 때부터 자연스럽게 가족들과 살사를 추며 자란 사람의 차이처럼 느껴진다. 나는 아직도 속으로 스텝을 세어야 하고 걸핏하면 남의 발이나 밟는다.

미국 가정에서는 식사 도중에 그만두고 아이를 방으로 들여보내는 식의 벌이 흔하다. 하지만 프랑스에선 이런 벌이 매우 큰일로 받아들여진다. 물론 종종 구석에 세워두는 식으로 벌을 주는 사람들도 있다. 심한 경우 때리기도 한다. 요즘은 보기 힘들지만 말이다. 아이들과 〈금발머리와 곰 세 마리〉라는 연극을 보는데, 엄마 곰 역을 맡은 배우가 관객석을 향해 물었다.

"말도 안 듣고 까불기만 하는 아기 곰을 어떻게 하면 좋을까요?"

그러자 어린이 관객이 일제히 대답한다. "때려줘요!"

한 조사에 따르면 프랑스 부모의 19%가 자녀를 '가끔 때린다'고 답했고 46%가 '거의 때리지 않는다', 2%가 '종종 때린다'고 답했다. 33%는 '전혀 때리지 않는다'고 했다. 과거에 체벌은 프랑스에서 아이를 키우고 어른의 권위를 강제하는 데 큰 역할을 담당하기도 했다. 그러나 시류가 변했다. 어떤 양육서도 체벌을 반대한다. 체벌보다는 '안 돼'라는 말이 힘을 가져야 한다고 권고한다. 효과가 있으려면 이 '안 돼'도 아껴 써야 한다. 쓰려면 결정적일 때 분명하게.

이 주장은 전혀 새로운 게 아니다. 루소는 《에밀》에 이렇게 썼다. "기꺼이 주고 마지못해 반대하라. 그러나 거절은 취소할 수 없도록 결정적으로 하라. 어떠한 애원에도 움직이지 마라. '안 돼'를 한 번 내뱉었으면 아이가 대여섯 번 힘을 쏟더라도 철의 장벽처럼 버텨라. 결국에는 아이도 더 이상 뒤집으려는 시도를 하지 않을 것이다. 그렇게, 원하는 모든 것을 얻을 수 없어도 참을성 있게, 한결같이, 차분하게, 체념하게 될 것이다."

레오는 날쌘 동작에 '거꾸로 유전자'까지 갖고 태어났다.

"물 먹고 싶어." 어느 날 저녁식탁에서 레오가 말했다.

"어떻게 말해야 하더라?" 내가 다정하게 물었다.

"물!" 레오는 능글맞게 웃으며 말한다.

카드르를 세워주기란 정말로 힘든 일이다. 초기 몇 년 동안에는 수많은 반복과 주의가 필요하다. 그러나 일단 자리를 잡으면 한결 쉽고 차분해진다. 절박한 순간이 오면 나는 아이들에게 프랑스어로 "결정은 내가 해C'est moi qui décide!"라고 말한다. 이 문장을 입 밖에 내기만 해도 이상하게 힘이 난다. 말할 때면 등도 반듯이 펴진다.

통제권이 내게 있다고 믿으면 세 아이를 관리하기가 한결 수월해지기도 한다. 어느 봄 주말에 사이먼이 출장을 가고 없었다. 나는 카펫과 담요를 베란다에 내놓고 모로코 라운지처럼 바닥에 둘러앉아 음식을 먹게 해주었다. 핫초코를 갖다 주자 아이들은 그걸 마시며 앉아 놀았다.

나중에 사이먼에게 말했더니 곧장 물었다.

"스트레스 안 받았어?"

몇 주 전이었다면 아마 그랬을 것이다. 아이들 때문에 정신이 없다고 느꼈을 것이고 이런저런 걱정을 하느라 즐기지도 못했을 것이다. 아이들에게 고함도 질렀을 것이고 베란다 밖 광장을 지나가던 이웃들이 그 소리를 다 들었을 것이다.

그러나 내가 결정권자라고 생각하니 아이 셋을 베란다에 내놓고 핫초코를 먹게 해도 감당할 만하다는 생각이 들었다. 심지어 나도 함께 앉아 커피를 마셨다.

어느 날 아침 레오만 데리고 크레쉬에 가던 중이었다. 엘리베이터를 타고 내려가는데 갑자기 겁이 덜컥 났다. 광장에서 고함을 질러서는 안 된다고 레오에게 단단히 말하기로 결심했다. 이 새 규칙을 원래 당연한 것처럼 말했다. 레오의 눈을 들여다보며 단호하게 설명했다. 이해했냐고 묻고 잠시 멈추며 아이에게 대답할 기회를 주었다. 신중한 순간이 흐르고 레오가 '알겠다'고 대답했다.

유리문이 열리고 광장으로 내려섰는데도 조용하다. 누구도 고함을 지르거나 떼를 쓰지 않는다. 그냥 내 손을 잡아 끄는 몹시 빠른 어린 남자아이가 있을 뿐이다.

프랑스 육아 용어 풀이

complicité 콤플리시테: 공모. 프랑스 부모와 양육자들이 출생의 순간부터 아이와 개발하고자 하는 상호이해의 마음. 어린 아기도 이성적인 존재이며 어른들과 상호존중의 관계를 맺을 수 있다는 뜻을 내포한다.

les gros yeux 레 그로지외: '부릅뜬 눈'. 프랑스 어른들이 아이들에게 보내는 경고의 표정으로 그만하라는 신호다.

⚜ 14 ⚜

네 길을 가라

4세부터 부모와 떨어져
여행 가는 아이들

빈의 어린이집에 공고가 붙었다. 부모가 원하면 4~11세 아이에 한해 '오트 보주Hautes-Vosges(여름여행)'를 신청하라는 내용이다. 파리에서 자동차로 5시간 정도 걸리는 시골로, 부모는 동반하지 않는 8일간의 여행이다.

다섯 살밖에 안 된 빈을 8일이나 여행 보낸다는 건 상상조차 할 수 없다. 빈은 심지어 외가에서도 하룻밤 이상 혼자 지낸 적이 없다. 나 역시 처음으로 집을 떠나 외박을 했던 게 고등학교 2학년 학교여행 때의 일이다.

설령 내가 프랑스어 가정법을 완벽히 구사하고 아이들에게 카드르를 만들어준다 해도, 결코 프랑스 사람이 될 수 없다는 것을 이 일로 똑똑히 깨달았다. 프랑스 사람이라면 쿨하게 말할 수 있어야 한다. "아깝다, 다른 계획 잡아놨는데." 프랑스 부모라면 네다섯 살 아이를 집단여행에 보내는 걸 전혀 놀라워하지 않는다.

얼마 후 이건 시작에 불과하다는 것을 깨달았다. 프랑스에는 4세부터 참여하는 캠프 '콜로니 드 바캉스colonies de vacances(방학촌)'가 수백 곳이나 있다. 아이들은 7~8일씩 시골에 가서 조랑말도 타고 염소 먹이도 주고 노래도 배우며 자연을 '발견'한다. 크면서 연극캠프, 카약캠프, 천문캠프 등 좀 더 전문적인 방학촌으로 간다.

독립을 허용하고 내면의 회복탄력성과 자립을 강조하는 것은 프랑스 양육에서 큰 부분이다. 프랑스에선 이걸 '오토노미autonomie(자율)'라고 한다. 아이들이 감당할 수 있는 최대의 자율을 주고자 하는 것이다. 거기엔 단체여행 같은 물리적인 자율도 있고, 부모나 어른의 칭찬 없이도 자존감을 키우는 정서적인 분리도 포함된다.

프랑스 양육은 많은 면에서 존경할 만하다. 식사, 부모의 권위, 아이들 스스로 즐겁게 노는 것 등 많은 것을 흡수하려고 노력했다. 아기에게도 말을 걸고, 뭔가를 배우라고 등을 떠미는 대신 아이 스스로 '발견'하도록 허락했다. 위기와 혼란의 순간이 찾아오면 나도 모르게 물었다. '이럴 때 프랑스 엄마라면 어떻게 할까?'

하지만 이런 자율은 받아들이기 힘들다. 물론 나도 아이들이 너무 내게만 의존하기를 바라진 않는다. 하지만 꼭 이렇게 서둘러야 하나? 어린 나이부터 자율적이 되라고 압력을 넣어야 하나? 프랑스 사람들이 좀 과한 것 아닌가? 아이를 자립시키고 싶은 욕구와 안전하고 쾌적하게 지켜주고 싶은 욕구가 충돌한다.

미국 부모들이 심어주고자 하는 독립심은 이것과는 다르다. 유럽에서 자란 사이먼과 결혼하고 나서, 나는 내가 어린 시절 생존기술을 배우는 데 많은 시간을 할애했다는 걸 깨달았다. 겉모습만 보면 잘 모른다. 하지만 나는 활도 쏠 줄 알고 뒤집어진 카누를 돌려놓을 수도 있으며 누군가의 배 위에 불을 지필 수도 있고 헤엄을 치면서 청바지를 벗어 구명조끼를 만들 수도 있다. 하지만 사이먼은 이런 생존기술을 배운 적이 없다. 텐트 치는 법이나 카약 타는 법도 배운 적이 없다. 심지어 침낭 어느 쪽으로 기어들어가야 하는지도 모른다. 그는 아마 야생에서 15분도 못 살 것이다. 그나마 책이 있으면 모를까. 모순 같지만 내가 이런 생존기술을 터득한 여름캠프에 참가할 때마다, 부모님은 학교 측의 책임과 부모의 위임 내역이 적힌 각서에 서명을 해야 했다. 당시에는 교실에 CCTV가 설치되지도 않았고, 극단적 채식주의자를 위한 견과류를 뺀 생일케이크가 나오지도 않았다.

스카우트 문화에도 불구하고 대개의 미국 중산층 자녀들은 철저한 보호 아래 살아간다. 가능한 한 부모가 아이 곁에 붙어있어야 하고 해악으로부터 보호해 주어야 하며, 아이를 위해 부모의 감정적 돌풍 따위는 잠재워야 한다고 여긴다. 사이먼과 나 역시 나중에 빈이 어느 대학에 가든 따라갈 거라고 농담을 했다. 실제 미국 대학 중에는 신입생 학부모를 위한 '이별의식'을 따로 개최하는 곳도 있다.

반면 프랑스 부모들은 통제에 관한 환상은 품고 있지 않은 듯 보인다. 그들도 자녀를 보호하고자 하지만, 먼 만일의 사태에까지 집착하지는 않는다. 나처럼 출장 중에 남편에게 몇 번이나 이메일을 보내서, '현관 문을 잠가라, 아이가 빠지지 않게 변기뚜껑을 모두 내려라' 일일이 당부하지 않는다. 오히려 프랑스에서는 정반대의 사회적 압력이 가해진다. 지나치게 아이 곁을 맴돌며 일일이 관리하려는 부모가 있으면, 주변 사람들이 만류한다.

자율을 강조하는 프랑스식 풍토는 프랑수아 돌토로부터 왔다. 돌토는 《아동기의 주요 단계》에서 이렇게 말한다. "가장 중요한 것은 아이가 안전한 상태에서 되도록 일찍부터 자율이 주어지는 것이다. 아이는 자신이 어떤 모습이든 그 모습 그대로 사랑받는다고 느낄 필요가 있다. 공간 안에서 자기 자신을 확신하고 매일매일 자신만의 탐험 속에서, 개인적인 경험 속에서, 또래와의 관계 속에서 보다 자유를 허락받을 필요가 있다."

돌토는 아이 스스로 사물을 이해할 수 있게, 안전한 상태에서 혼자 남겨질 필요가 있다고 말한다. 이는 도전에 대응할 수 있는 개별적인 존재로 아이를 존중한다는 뜻이기도 하다. 돌토의 시각으로 보면 아이가 여섯 살만 되어도 집안이나 사회에서 자신을 위해 필요한 모든 일을 직접 할 수 있어야 한다. 그러나 미국인들조차 이런 관점은 받아들이기가 쉽지 않다. 프랑스에서 20년 넘게 살고 있는 앤디는 큰아들이 학교에서 단체 여행을 떠날 예정이라는 소식을 들었다. 아이 나이는 겨우 여섯 살이다.

"다들 4월에 '클라스 베르트classe verte(녹색 수업)'가 있으니 얼마나 좋으냐고 말하는 거예요. 저 혼자 생각했죠. 그게 뭐지? 오, 현장학습을 말하는 거구나. 그런데 일주일이라고? 일주일이나 간단 말이야?"

그 학교는 녹색 수업에 1학년까지는 선택으로 참여하게 되어있고, 그 후로는 전원이 의무적으로 참가하게 되어있었다. 앤디는 특별히 아이에게 집착하는 엄마가 아니다. 그러나 이 녹색 수업은 영 편안하게 생각되지 않았다. 게다가 행선지는 프랑스 서부 해안의 늪지다. 아이는 이전까지 집 밖에서 자고 오는 여행을 가본 적이 없다. 매일 밤이면 샤워를 하라고 등을 떠밀어야 간신히 시늉이라도 하는 아이다. 이불도 여며주지 않고 아이 혼자 잠자리에 들게 하는 것은 상상도 할 수 없다. 선생님을 신뢰했지만, 동반하는 다른 어른들은 모르는 사람들이 아닌가. 한 사람은 선생님의 조카, 한 사람은 운동장 관리인, 또 한 사람은 그냥 '선생님의 지인'이다.

미국에 사는 자매들에게 그 이야기를 했더니 다들 완전히 흥분했다. 이구동성으로 보내지 말라고 했다. 변호사인 자매 하나는 다급하게 물었다.

"무슨 각서 같은 것에 서명했어?" 그들이 주로 걱정한 것은 소아성애자다.

여행 전 오리엔테이션에서 학급의 또 다른 미국인 엄마가 물었다. '만약 전선이 우연히 물웅덩이에 떨어졌는데 아이가 거길 밟고 지나가기라도 하면 어떻게 할 거냐'고 말이다. 그때 다른 프랑스 부모들이 동시에 킥킥거렸다. 누가 보아도 '신경과민'임에 분명했기 때문이다.

앤디는 아이가 여행 중에 집 생각이 나서 울적해지거나 슬퍼지면 어떡하냐고 걱정했다.

"집이라면 제가 어떻게든 해주겠죠. 아이가 울기 시작하는데 자신도 그 이유를 모를 때는 제가 가만히 물어보거든요. '무서워서 그래? 짜증이 나? 아니면 화가 나?' 그게 제가 하는 일이에요. 아이가 말을 하면 '좋아, 우리 함께 이 일을 헤쳐나가자.' 하고 용기를 줍니다."

프랑스의 자율 강조는 학교 단체여행에만 국한되는 게 아니다. 동네를 걷다가 프랑스 부모들이 보도에서 아이가 앞서 내달리게 놔두는 모습을 보면 내 심장이 쿵 내려앉을 때가 많다. 그들은 아이들이 모퉁이에 다다르면 달리기를 멈추고 부모를 기다릴 거라고 믿는다.

내 경우는? 나는 늘 최악의 시나리오를 생각한다. 거리에서 엘렌을 만나 잠시 서서 수다라도 떨 때면, 그녀는 딸들이 보도 가장자리까지 돌아다니도록 가만 놔둔다. 아이가 갑자기 도로로 뛰어들지 않는다는 걸 믿는다. 빈도 아마 그러지는 않을 것이다. 그런데도 나는 늘 빈의 손을 꼭 붙잡고 내 옆에 서있게 한다. 사이먼은 축구를 하는 동안에 빈을 스탠드에 앉아있지 못하게 한다. 빈은 불만이 많지만, 나도 행여 공에 맞을까 봐 걱정이 된다.

나는 도와줘야 한다고 생각하는데도, 프랑스에선 아이 혼자 해결해야 할 소소한 일들이 꽤 많다. 쌍둥이가 다니는 크레쉬 선생님들이 아이들을 데리고 점심에 먹을 바게트를 사러 거리로 나서는 모습을 보았다. 공식적인 외출은 아니고 그냥 몇몇 아이들을 데리고 산책 삼아 나온 것이다. 빈의 어린이집에서 동물원이나 변두리 공원으로 나들이를 다녀왔는데 그걸 몇 주가 지나서야 우연히 알게 되는 경우가 종종 있다. 하지만 프랑스에선 각서에 서명하라는 요구는 거의 없다. 부모들 역시 나쁜 일이 생길 거라는 걱정을 거의 하지 않는 것 같다.

빈이 무용 수업에서 발표회를 하는데, 엄마들은 무대 뒤로 들어오지 못하게 했다. 유일한 전달사항은 흰색 레깅스를 입히라는 것뿐이다. 심지어 무용 선생님과 대화를 나눠본 적도 없다. 선생님은 늘 내가 아니라 빈과 의사소통을 했다. 극장에 도착해서 빈을 보조교사에게 인계하니 그걸로 끝이다.

몇 주 동안이나 빈이 "나는 마리오네트 하기 싫어."라고 말할 때는 무슨 뜻이었는지 몰랐는데, 무대 막이 걷히고 확실히 알 수 있었다. 빈은 의상과 메이크업을 완전히 갖추고 다른 열두 명의 여자아이들과 함께 무대에 올랐다. 아이들은 음악에 맞춰 팔과 다리를 침착하게 유유히 흔드는 동작을 했다. 그러나 현실은 '유유히'가 아니었다. 아이들 동작이 하나도 맞지 않았다. 코냑을 많이 마시고 도망 나온 마리오네트 같았다.

하지만 빈은 10분짜리 무용동작을 완벽하게 기억하고 있었다. 빈이 공연을 마치고 무대 뒤에서 나오자마자 나는 '너무도 잘했다'며 마구 칭찬을 쏟아부었다. 그러나 빈은 실망스러운 표정이었다.

"진짜 사람처럼 하면 안 된다는 걸 까먹었어."

프랑스 아이들은 과외활동에서만 독립적인 게 아니다. 서로를 대하는 것도 자율적이다. 놀이터에서 싸움이 벌어졌을 때나 형제 간 다툼이 벌어졌을 때, 프랑스 부모들은 아이들 스스로 상황을 해결할 거라고 기대하고 뒤늦게 개입한다. 프랑스 운동장은 교사가 옆에 서서 지켜보기만 할 뿐 완전히 자유롭게 놀게 놔두는 것으로 유명하다.

어느 날 오후, 어린이집에 빈을 데리러 갔더니 뺨에 붉게 베인 상처가 있었다. 깊지는 않았지만 피가 조금 배어 나왔다. 하지만 빈은 무슨 일이 있었는지 말하지 않았다. 신경을 쓰는 것 같지도 않았고 아파하지도 않았다. 선생님도 무슨 일이 있었는지 모른다고 했다. 어린이집 원장을 찾아가 물어볼 때쯤에는 눈물까지 나왔지만, 원장도 무슨 일인지 모르기는 마찬가지였다. 오히려 다들 내가 이토록 소란을 피우고 있다는 사실에 놀란 것 같았다. 마침 엄마도 파리에 와 있었는데 이런 식의 무심함에 아연실색했다. 만약 미국에서 이런 일이 생겼다면 즉시 원에서 공식 조사가 이루어졌을 것이고 책임자가 집에 전화를 걸어 긴 해명을 해줬을 것이다.

프랑스 부모들도 이런 사건을 언짢게 생각하지만, 셰익스피어 비극처럼 대하지는 않는다.

"프랑스에서는 아이들이 약간 떠들썩하게 굴고 다투는 걸 좋아해요. 약간은 프랑스적이고 약간은 지중해다운 부분이죠. 우리는 아이들이 제 영토를 지킬 줄 알고 다른 아이들과 조금은 싸울 줄 알기를 원해요. 아이들 사이에 약간의 폭력은 크게 신경 쓰지 않아요." 기자인 오드리는 말한다.

왜 상처가 났는지 빈이 말하려고 하지 않았던 것도 자율의 또 다른 측면을 반영하는 것이다. 이들은 프랑스어로 '라포르테rapporter(고자질)'를 몹시 나쁘게 여긴다. 제2차 세계대전 중에 자행되었던 이웃끼리의 치병적인 밀고 때문에 이런 분위기가 형성되었다고 한다. 우리 아파트에도 전쟁을 경험한 주민들이 많다. 매년 열리는 아파트 주민회에서 '현관에 놓은 우리 집 유아차를 누가 뒤집어놨는지 아느냐'고 물어본 적이 있다.

"우린 밀고하지 않아요." 한 노부인이 말하자 다들 웃었다.

미국인이라고 고자질을 좋아할리 없다. 하지만 프랑스에서는 심지어 어린아이들조차 설령 자기가 상처 입어도 입을 꾹 다문다. 이는 일종의 삶의 기술로 보인다. 가족 안에서도 비밀을 유지할 권한이 있다.

"아들이 엄마한테도 말할 수 없는 것은 저도 비밀로 해주죠." 골프선수 마르크는 말한다. 프랑스 영화에 유명한 경제학자가 절도와 마리화나 소지 혐의로 구속된 10대 딸을 경찰서에서 꺼내오는 장면이 나왔다. 집으로 돌아오는 길에 딸은 친구를 밀고하는 일은 없을 거라고 버텼다.

고자질하지 않는 문화는 아이들에게 일종의 자립감을 만들어낸다. 아이들은 부모나 선생님에게 달려가 도움을 요청하기보다 서로에게 그리고 자신에게 의존하는 법을 배운다. 희생을 감수하더라도 진실을 존중해야 한다는 가치관과는 다르다. 마르크와 미국인 아내 로빈은 아들의 이야기를 들려주었다. 아들이 학교에서 어떤 학생이 폭죽을 터뜨리는 것을 보았단다. 대대적인 조사가 이루어졌다. 로빈은 아들에게 선생님을 찾아가 목격한 걸 말하라고 부추겼다. 하지만 마르크는 신중했다. 폭죽을 터뜨린 아이가 인기가 높고 아들에게 보복할 수도 있다는 걸 고려해야 한다고 조언했다.

"위험을 계산해야죠. 만약 아무 일도 하지 않는 게 더 이롭다면 아무 일도 하지 말아야 해요. 내 아들이 상황을 분석할 줄 알기를 바랍니다." 마르크는 말했다.

아이들 스스로 교훈을 배워야 한다는 이 프랑스식 사고방식을 나는 아파트 리모델링을 할 때도 목격했다. 다른 미국 부모들이 그렇듯, 나 역시 아이들의 안전을 위해서라면 무슨 일이든 한다. 나는 아이들이 젖은 타일 위에서 미끄러지지 않게 욕실바닥에 고무를 깔아달라고 했다. 또 모든 가전제품에 아이들이 열지 못하게 잠금장치를 달고 오븐 문도 뜨거워지지 않는 재질로 바꿔달라고 했다.

부르고뉴 출신의 순박하고 짓궂은 공사 책임자 레지는 내가 미쳤다고 생각했다. 아이들이 설령 오븐에 손을 대더라도 뜨겁다는 걸 알고 나면 다시는 손을 대지 않을 거라고 했다. 또 보기 흉하다는 이유로 욕실바닥에 고무를 까는 것에 반대했다. 아파트를 되팔 때 가격이 떨어질 거라는 말을 듣고서야 나는 그의 말에 동의했다. 그러나 오븐에 대해서는 양보하지 않았다.

빈의 마테르넬에 영어책을 읽어주러 가는 날이면, 선생님이 미리 짧게 영어 수업을 한다. 선생님이 팬을 가리키며 영어로 색깔을 말해 보라고 했다. 네 살 아이가 대답으로 신발 이야기를 꺼냈다.

"그건 질문과 전혀 상관이 없어요." 선생님은 단호하게 말했다.

나는 선생님의 반응에 깜짝 놀랐다. 아이의 대답이 아무리 주제와 거리가 멀어도 뭔가 긍정적인 말을 들려줄 거라고 생각했기 때문이다. 사회학자 아네트 라로Annette Lareau의 표현대로 '모든 아이의 생각이 특별한 도움이 된 것처럼 대하는' 미국식 전통에서 온 기대이다. 아무리 타당하지 않더라도 아이의 체면을 세워주면서 자신감을 심어주고 아이가 자존감을 갖게 해주어야 한다.

하지만 프랑스에선 그렇게 하지 않는다. 아이들을 데리고 루브르 옆 튈트리 공원에 트램펄린을 태워주러 갔을 때의 일이다. 출입문이 달린 구역 안에서 아이들이 각자 트램펄린을 차지하고 뛰는 사이 부모들은 벤치에 앉아 지켜보고 있었다. 그런데 한 엄마가 벤치를 출입문 안까지 끌고 들어가 자기 아들이 노는 트램펄린 바로 앞에 앉았다. 게다가 아들이 뛸 때마다 "워워!" 하고 응원을 보냈다. 가까이 가서 보지 않아도 영어권 엄마임에 틀림없다.

나 역시 아이들이 미끄럼틀을 타고 내려올 때마다 "와!" 하고 외쳐주고 싶은 마음이 굴뚝같기 때문에 잘 안다. '나는 너를 지켜보고 있어! 나는 너를 인정해! 너는 대단히 훌륭해!'의 축약형이다. 심지어 최악의 그림과 미술작품을 보고도 칭찬을 늘어놓는다. 아이들의 자존감을 드높이기 위해서는 그렇게 해야 한다고 생각한다.

프랑스 부모들도 아이가 자존감을 갖길 바란다. 하지만 전혀 다른 전략을 쓴다. 칭찬이 항상 좋은 것은 아니라고 생각하기 때문이다. 아이 스스로 뭔가를 해냈을 때, 그걸 잘해 냈을 때 아이 스스로 자신감을 느낀다. 부모가 칭찬해 줘서가 아니라. 아이들이 말을 시작한 뒤로는 뭐든 말을 내뱉었다는 이유로 칭찬하는 일은 없다. 재미있는 말을 했을 때나 말을 잘했을 때만 칭찬한다.

사회학자 레이몽드 캐롤Raymonde Carroll은 프랑스 부모들이 자녀에게 '언어로 자신을 잘 방어할 수 있는 능력'이 있기를 바란다고 말한다. "프랑스에서는 아이가 뭔가 할 말이 있을 때 잘 들어준다. 하지만 아이라고 해서 너무 많은 시간을 뺏거나 상대방을 계속 붙들어놓을 순 없다. 말이 장황해지면 가족이 말을 끊는다. 그래서 아이는 말하기 전에 자기 생각을 잘 가다듬는 습관을 들인다. 아이들은 빨리, 그리고 흥미롭게 말하는 법을 배운다."

프랑스 아이들이 재미있는 말을 하거나 정답을 말해도 어른들은 호들갑을 떨며 반응하지 않는다. 모든 걸 '장하다'고 부풀리지 않는다. 건강검진을 받으려고 빈을 무료보건소에 데려갔더니 소아과 의사가 빈에게 나무퍼즐을 맞춰보라고 했다. 빈은 퍼즐을 맞췄다. 의사가 완성된 퍼즐을 보더니 믿을 수 없는 행동을 했다. 아무 반응도 보이지 않은 것이다. 희미하게 '좋아요'라고 중얼거릴 뿐이었다. '좋아요'보다 '다음으로 넘어가세요'를 더 많이 했다. 건강검진은 그렇게 계속됐다.

프랑스 교사들은 아이 앞에서 대놓고 칭찬하지도 않을뿐더러 부모한테도 아이 칭찬을 하지 않는다. 빈의 첫 선생님이 다소 부루퉁한 표정으로 대할 때는 그저 선생님의 괴팍함이라고 여겼다. 이듬해 빈의 선생님이 두 번 바뀌었다. 한 분은 열정적이면서도 온화한 성품으로, 빈은 유독 그분을 잘 따랐다. 그런데 선생님에게 빈의 어린이집 생활이 어떠냐고 물었더니 '트레 콩페탕트tres compétente'라고 했다. 나는 그 말이 어마어마하게 영리하다는 다른 뜻이 있나 하고 집에 와서 인터넷으로 찾아보았다. 그 말은 그냥 '유능하다'는 뜻이었다.

사이먼과 함께 그 다음 선생님을 만났을 때는 기대치가 낮아진 게 도움이 되었다. 아네스 선생님 역시 사랑스럽고 세심했다. 그러나 빈에 대한 평가나 언급은 자제했다. 그냥 "다 좋아요."라고 했다. 대신 우리에게 수십 장의 학습지를 꺼내 보여주었다. 빈이 다 마치지 못한 학습지였다. 결국 또래 아이들에 비해 빈의 성적이 어느 정도인지는 전혀 알지 못한 채 상담을 마쳤다.

상담을 마치고 아네스 선생님이 빈을 전혀 칭찬하지 않았다고 분개했더니 사이먼이 그게 프랑스 교사들의 본분이라고 말했다. 아네스 선생님의 역할은 '문제'를 발견하는 것이다. 아이가 힘들어하면 부모에게 알린다. 반면 아이가 적응을 잘해 나가면 더 이상의 말은 필요 없다.

긍정적인 강화를 통해 아이의 사기를 높여주려 하기보다, 부정적인 면에 초점을 맞추는 것은 프랑스 학교의 악명 높은 특징이다. 고등학교 막바지에 치르는 수학능력평가 바칼로레아에서 만점은 거의 불가능하다. 14/20(20점 만점에 14점) 정도도 훌륭한 것이고 16/20이면 거의 완벽한 점수에 가깝다.

친구들의 소개로 두 아이의 아버지이자 프랑스 명문대학의 교수인 브누아를 만났다. 브누아는 고등학생 아들이 우등생인데도 성적표의 교사평가란에 적힌 최상의 평가가 '데 퀄리트des qualités(자질이 있음)'였다고 했다. 프랑스 교사들은 상대평가를 하지 않고, 현실적으로 누구도 충족시킬 수 없는 이상에 비추어 평가한단다. 탁월한 논문에도 '정확하고 그리 나쁘지 않지만 이 점과 이 점과 이 점은 틀렸다'고 평가하는 나라가 프랑스다.

고등학생만 되어도 학생들이 자기 감정과 의견을 표현하는 것에 별로 가치를 두지 않는다.

"만약 '이 시는 제가 가진 어떤 경험을 떠올려 줘서 좋습니다.'라고 말하면 완전히 잘못한 겁니다. 고등학교에서 배우는 것은 추론입니다. 창의성을 요구하는 게 아니에요. 논리를 요합니다."

브누아는 미국 프린스턴 대학교에 교환교수로 갔을 때, 미국 학생들이 점수를 너무 짜게 준다고 불평하는 것을 보고 깜짝 놀랐다.

"최악의 리포트에 대해서조차 뭔가 긍정적인 말을 해줘야 한다는 것을 배웠죠." 그는 회상한다. 어느 날은 한 학생에게 왜 D학점을 주었는지 합당한 이유를 대야 했다. 거꾸로 프랑스의 고등학교에서 근무했던 한 미국인 교사는 18/20과 20/20을 줬다고 학부모로부터 불만을 샀다고 한다. 부모들은 그의 수업이 지나치게 쉽고 점수는 '가짜'라고 생각했다.

이러한 비난은 양쪽 모두 아이들에게 해로울 수 있다. 프랑스에 살다가 고등학교 때 시카고로 이사 간 한 친구는 미국 학생들이 수업시간에 당당하게 발표하는 모습을 보고 충격을 받았다고 한다. 오답을 말하거나 어리석은 질문을 던져도 프랑스 학교에서처럼 비판받지 않는 모습이 놀라웠다. 파리에 사는 한 프랑스 친구는 미국인 여성이 가르치는 요가 수업을 새로 듣게 되었다.

"선생님은 내가 얼마나 잘하고 있고 아름다운지 계속 이야기해

줘요!"

그녀는 프랑스에서 학교를 다닌 오랜 시간 동안 그토록 많은 칭찬을 한꺼번에 받아본 적이 없다.

일반적으로 프랑스 부모들은 교사들보다는 훨씬 더 아이들을 지지해 준다. 아이들을 진심으로 칭찬하고 긍정적 강화를 주도록 노력한다. 하지만 칭찬을 남발하지는 않는다. '칭찬을 덜 하는 게 옳은 걸까?' 하는 생각이 들기 시작했다. 이들은 '잘했다'는 칭찬이 너무 잦으면 아이가 긍정적인 평가에 중독되어 버릴 수도 있다는 걸 아는지도 모른다. 그런 상태가 지속되면 아이들은 만족감을 얻기 위해 타인의 인정을 갈구하게 될 것이다. 또 뭘 하든 칭찬이 돌아온다면 굳이 노력할 필요도 없어질 것이다. 어떻게 해도 칭찬은 받을 테니 말이다.

미국인인 나는 과학적인 연구 결과를 신봉한다. 프랑스 부모들은 전통과 직관에 따라 칭찬을 간헐적으로만 활용하지만, 이는 과학으로도 입증된 결과인 듯하다. 포 브론슨Po Bronson과 애슐리 메리먼Ashley Merryman이 발표한 《양육쇼크NurtureShock》는 '칭찬과 자존감/수행정도는 정비례한다'는 오랜 선입견을 뒤엎고 다음과 같은 결론을 내린다. "지나친 칭찬은 아이의 동기를 왜곡한다. 아이들은 본질적인 즐거움을 보지 못하고 오로지 칭찬을 받기 위해 뭔가를 하기 시작한다."

저자는 칭찬을 많이 받은 학생이 대학에 가면 '모험을 꺼리고 자율의식이 부족해진다'는 연구결과를 알려준다. "좋지도 나쁘지도 않은 평범한 점수를 받느니 차라리 수강을 취소하고 전공을 선택하는 것도 어려워한다. 성공하지 못할까 봐 뭔가에 헌신하는 것을 두려워한다." 책은 아이가 뭔가에 실패하더라도 부모가 긍정적인 평가로 충격을 완화해 주어야 한다는 미국식 사고방식에 이의를 제기한다. 오히려 무엇이 잘못되었는지 가만히 알아보고 아이에게 자신감과 개선책을 제시하는 게 더 나은 방법이라고 말한다.

프랑스 학교들은 학년이 올라갈수록 더욱 혹독해진다. 그러나 이는 프랑스 교사들의 의무이자 프랑스 부모들의 신념에 부합하는 일이다. 프랑스 사람들은 무엇이 효과적이고 무엇이 효과적이지 않은지 알아보기 위해, 과학적인 방법론을 이용해 양육을 진행해 간다. 그리고 이들이 내린 결론은 '칭찬은 이롭지만 칭찬을 너무 많이 하면 아이 스스로 자신의 삶을 살아갈 수 없게 된다'는 것이다.

겨울방학에 빈을 데리고 미국에 갔다. 가족 모임에서 빈은 원맨쇼를 시작했다. 주로 선생님 흉내를 내면서 그 자리에 모인 어른들에게 지시를 내렸다. 귀엽기는 했지만 솔직히 뛰어난 쇼는 아니었다. 그런데 방 안의 모든 어른들이 하던 일을 멈추고 빈에게 집중하더니 칭찬을 늘어놓았다. 쇼가 끝날 무렵 빈은 온갖 칭찬세례에 흠뻑 젖어 환하게 웃고 있었다. 빈에게는 미국 방문의 하이라이트였을 것이다. 나 역시 환하게 웃었다. 빈에 대한 칭찬을 나를 향한 칭찬으로 해석했다. 프랑스에서 칭찬에 굶주려 있었기 때문이다. 우리 두 사람은 저녁식사 내내 쇼가 얼마나 멋졌는지 칭송하는 말을 들었다.

휴가 경험으론 좋은 일이었다. 아니, 빈이 앞으로도 그런 무조건적인 칭찬을 들으며 살기를 바라는 건지도 모른다. 그러나 기분은 좋을지언정 부작용이 따를 것이다. 자기가 중요하다는 생각으로 가득 찬 아이는 끊임없이 어른들의 대화에 끼어들지 모른다. 무엇이 정말 즐겁고 무엇이 가식인지 내면의 판단기준이 망가질 수도 있다.

나 역시 아이들에게 칭찬을 아끼기 시작했다. 그러나 자율을 우선시하는 프랑스 방식에 적응하는 건 여전히 어렵다. 내가 아이들의 일거수일투족을 따라다닐 수 없으며, 결국 앞으로 경험할 모든 거절과 실망으로부터 지켜줄 수는 없단 걸 나도 잘 안다. 그럼에도 아이에게는 아이의 삶이 있고 내게는 내 삶이 있다는 데 정서적으로 동의하기가 힘들다. 나는 그냥 어쩔 수 없는 미국 사람이다.

그러나 아이들이 스스로 뭔가를 할 수 있다고 내가 믿어줄 때 가장 행복해 보인다는 것을 인정한다. 그렇다고 아이들에게 칼을 쥐여주고 수박을 자르게 하지는 않는다. 아이들도 어떤 건 자기 능력 밖임을 안다. 하지만 저녁식탁에 깨질 수도 있는 접시를 나르게 하는 정도에 불과할지라도 아이들에게 약간의 도구를 허락한다. 작은 성취 후에 아이들은 한결 차분해지고 더욱 행복해한다. 자율은 아이의 아주 기본적인 요구 중 하나라는 돌토의 말은 분명히 옳다.

돌토가 말한 6세 무렵이 분기점이라는 것 역시 옳다. 어느 날 밤 독감에 걸려 계속 기침을 하느라 자꾸만 사이먼의 잠을 깨웠다. 결국 한밤중에 소파로 나왔다. 아침 7시 반쯤 아이들이 거실로 나왔을 때 나는 거의 움직일 수조차 없었다. 아침식사를 준비하는 평소의 일상은 엄두도 내지 못했다.

결국 빈이 아침을 준비했다. 나는 여전히 안대를 한 채 소파에 누워있었다. 빈이 서랍을 열고 식탁을 차리고 우유와 시리얼을 따르는 소리가 들려왔다. 빈은 겨우 다섯 살 반이었다. 그런 빈이 내 일을 대신하고 있었다. 심지어 조이에게도 일부 일을 떼어줘 식탁에 포크를 놓으라고 시켰다.

몇 분 후 빈이 소파로 다가왔다. "아침 다 차렸어. 하지만 커피는 엄마가 만들어야 해."

빈은 몹시 차분했고 흡족해하고 있었다. 자율이 얼마나 빈을 행복하게 했는지 놀라웠다. 빈은 스스로 새로운 일을 해냈고 그걸 내가 목격했다는 사실을 몹시 기분 좋게 생각하고 있었다.

아이들을 믿어야 한다는, 그리고 그 믿음과 존중 덕분에 아이들 역시 나를 믿고 존중할 것이라는 돌토의 생각은 매우 호소력이 있다. 사실, 안심이 된다. 종종 미국의 부모를 묶어주는 것처럼 보이는 상호의존과 걱정의 결합은 불가피한 듯하지만 결코 좋은 느낌은 아니다. 최선의 양육을 위한 기본원칙으로 보이지도 않는다.

아이들이 '자신의 삶을 살도록' 하는 것은 거친 세상에 풀어놓거나 등을 떠밀라는 게 아니다. 다만 아이는 부모의 야심을 위한 도구가 아니며 부모가 완수해야 할 프로젝트도 아님을 인정하는 것이다. 아이들은 자신의 취향과 즐거움, 삶의 경험을 지닌 개별적이고 유능한 존재다. 심지어 자신만의 비밀도 갖고 있다.

친구 앤디는 결국 큰아들을 늪지대로 가는 여행에 보냈다. 아이는 무척 좋아했다고 한다. 이제 매일 밤 이불을 여며줄 필요가 없는 것 같았다. 사실 포근하게 이불을 덮어야 할 사람은 앤디 자신이었다. 시간이 흘러 둘째 아들이 또 단체여행을 떠날 때가 왔을 때는 그냥 보내주었다고 한다.

아직 빈을 그런 여행에 보내겠다고 서명한 적은 없지만, 어쩌면 나도 곧 그런 여행에 익숙해질 것이다. 친구 에스테는 이듬해 여름 우리 딸들이 여섯 살이 되면 함께 '콜로니 드 바캉스'를 보내자고 제안했다. 나로선 아직 상상하기 힘들다. 나도 아이들이 자립하고 회복탄력성을 갖추고 행복하기를 바란다.

아직은 그냥 아이들의 손을 놓고 싶지 않을 뿐이다.

프랑스 육아 용어 풀이

autonomie 오토노미: 자율. 독립과 자립의 혼합으로 프랑스 부모들이 어린 나이부터 자녀에게 격려하는 덕목이다.

classe verte 클라스 베르트: 녹색 수업. 대략 1학년 때 시작하며 학생들이 일주일 남짓한 기간을 자연 속에서 보내는 연례 체험여행이다.

colonie de vacances 콜로니 드 바캉스: 방학촌. 4세 정도 어린아이들을 위한 수백 곳의 집단휴가지 중 하나로 보통 시골지역에서 부모 없이 지낸다.

rapporter 라포르테: 다른 사람에 대해 말하다. 고자질하다. 프랑스 아이들과 어른들은 고자질을 몹시 나쁜 일로 여긴다.

프랑스에서의 내일

잠재적 성공보다 현재의 행복을 만끽하는 사람들

엄마는 마침내 우리가 바다 건너 살고 있음을 인정했다. 심지어 프랑스어도 공부한다. 물론 원하는 만큼 늘지는 않는다. 파나마에 살면서도 스페인어를 조금밖에 못하는 엄마 친구가 한 가지 요령을 제안했다. 모든 문장을 현재형으로 말하고, 그 다음에 원하는 시제를 붙이는 방법이다.

"나는 가게에 간다… 파사도pasado!" 과거형이다.

"나는 가게에 간다… 푸투로futuro!" 미래형이다.

엄마가 파리에 왔을 때 나는 말렸다. 놀랍지만 이제 내게는 지켜야 할 품위라는 게 있다. 지역 교육기관에 다니는 세 아이가 있고 동네 생선장수, 재단사, 카페 주인과 예의 바른 관계를 맺고 있다. 마침내 파리는 '내가 여기 산다는 것'에 신경 쓰고 있다.

여전히 이 도시는 황홀하지 않다. 공들인 봉주르의 교환이 피곤하고 동료와 친한 사람을 제외하고 모든 사람에게 깍듯하게 '당신vous'을 붙여야 하는 게 번거롭다. 프랑스에 사는 게 약간은 지나치게 형식적으로 느껴지고 나의 자유분방한 면모와 맞지 않는 것 같다. 어느 날 아침 지하철에서 유일하게 빈자리가 났는데 옆자리 남자가 비정상이라는 느낌에 본능적으로 뒷걸음질을 치는 내 모습에 참 많이 변했구나 싶었다. 그 남자가 제정신이 아니라고 생각한 유일한 이유는 반바지를 입었기 때문이다.

그런데도 이제 파리가 집처럼 느껴진다. 프랑스 사람들의 표현대로 드디어 '내 자리를 찾았다'. 훌륭한 친구들을 만난 덕분이다. 냉정한 겉모습 뒤 파리 여성들도 거울과 유대감을 필요로 한다는 것을 깨달았다. 심지어 약간의 셀룰라이트도 감추고 있다. 이들의 우정 덕분에 진짜 프랑스어 구사자가 될 수 있었다. 대화 중에 종종 내 입에서 나온 분명한 프랑스어 문장을 듣고 깜짝 놀라기도 한다. 내 아이들이 2개 국어를 구사하는 모습을 지켜보는 일 역시 흐뭇하다.

어느 날 아침 옷을 입고 있는데 레오가 내 브래지어를 가리키며 물었다.

"그거 뭐야?"

"브라야." 내가 말했다.

레오는 즉시 자기 팔을 가리켰다. 처음에는 무슨 뜻인지 이해가 되지 않았다. 프랑스어로 브라bras는 팔을 뜻한다. 아마 크레쉬에서 배웠을 것이다. 물어보니 신체의 다른 부분을 가리키는 프랑스어도 거의 다 알고 있다.

그러나 나를 진정으로 프랑스와 연결해 주는 것은 바로 프랑스 양육의 지혜를 발견할 때다. 나는 아이들도 자립할 수 있고 주의 깊게 행동할 수 있다는 걸 배웠다. 미국 부모로서 상상조차 안 해본 일이다. 지금은 그 사실을 모르던 시절로 돌아갈 수가 없다. 혹여 다른 곳에 살게 되더라도 말이다.

물론 프랑스의 원칙 중에는 실제로 프랑스여서 더 쉬운 것도 있다. 다른 아이들이 놀이터에서 놀다가 간식을 먹지 않기 때문에 내 아이에게 간식을 주지 않는 게 더 쉽다. 주변의 모든 사람들이 카드르를 만들고 강제한다면 내 아이의 행동에 대해서도 카드르를 강제하기가 쉬워진다.

그러나 '프랑스식' 양육의 많은 부분은 어디에 사는지와 무관하며 특정 종류의 치즈를 구할 수 있는지와도 관계가 없다. 칸에 살든 동경에 살든 가능하다. 핵심은 부모가 아이와의 관계를 어떻게 생각하는지, 아이에게 무엇을 기대하는지를 바꾸는 것이다.

친구들은 가끔 내게 아이들을 프랑스인으로 기르는지 미국인으로 기르는지 묻는다. 아이들과 공공장소에 있을 때는 아이들이 둘 사이 어디쯤에 있는 것처럼 느껴진다. 내가 아는 프랑스 아이들과 비교하면 어수선하고 미국 아이들과 비교하면 꽤 행동거지가 바르다.

아이들이 늘 봉주르와 오르부아를 하는 건 아니다. 하지만 해야 한다는 것은 알고 있다. 진짜 프랑스 엄마처럼 나는 '언제나 인사를 해야 한다'고 일깨워준다. 이렇게 하는 게 프랑스 사람들이 '에뒤카시옹(교육)'이라고 부르는 지속적인 과정의 일부임을 믿는다. 그 안에서 아이들은 다른 사람을 존중하고 기다리는 법을 배워나갈 것이다. 점점 몸에 배는 느낌이다.

아직도 프랑스의 이상향, 즉 진심으로 아이들 말에 귀를 기울이되 거기 굴복하지 않도록 노력한다. 여전히 위기의 순간에는 '결정은 내가 한다'고 선언하며 모두에게 내가 대장임을 상기시킨다. 아이들이 자신의 욕망에 소모당하지 않게 막는 게 나의 일이라고 생각한다. 그러나 가능한 한 자주 허락의 말을 하려고 노력한다.

사이먼과 나는 프랑스에 계속 살지 논의하기를 그만두었다. 계속 살게 된다면 아이들이 점점 커갈수록 무슨 일이 닥칠지 잘 모르겠다. 아이들이 여기서 10대를 맞는다면 꽤 많은 자유를 주고 아이들에게도 프라이버시와 성생활이 있다는 걸 인정해야 할 것이다. 그로 인해 반항할 이유가 줄어들지도 모른다.

프랑스의 10대는 부모에게도 프라이버시가 있다는 걸 당연하게 받아들인다. 부모들 스스로 언제나 그렇게 행동한다. 그들은 아이들 곁을 서성이며 살아가지 않는다. 아이들도 언젠가는 부모 집을 떠날 계획을 세운다. 그러나 혹여 20대 남자가 부모와 함께 산다 해도 미국에서처럼 유별난 일로 취급하지는 않는다. 그저 각자 자신의 삶을 살아갈 뿐이다.

빈의 유치원 입학을 앞둔 여름방학에 비로소 프랑스식 양육이 깊이 스며들었음을 깨달았다. 빈의 프랑스 친구들은 여름방학 중 몇 주를 조부모와 함께 보낸다. 우리도 빈을 마이애미의 외가에 보내기로 했다. 엄마가 프랑스에 왔다가 빈을 데려가면 되는 것이다.

사이먼은 반대했다. 만약 빈이 미치도록 집을 그리워하면 어떻게 할 거냐고 물었다. 나는 매일 수영을 가르쳐주는 주간캠프 하나를 찾아냈다. 시간 때문에 빈은 도중에 캠프에 합류해야 했다. 사이먼은 빈이 친구를 사귀는 데 어려움을 겪을 거라고 주장했다. 그래서 조금 더 클 때까지 1년만 기다리자고 했다.

하지만 빈은 여행을 반겼다. 엄마 아빠 없이 할머니하고만 지내는 것도 좋고 캠프도 무척 기대된다고 했다. 결국 사이먼도 마지못해 승낙했다. 아마 속으로는 카페에서 더 많은 여유시간을 누릴 수 있다고 계산기를 두드렸을지도 모른다. 휴가가 끝나면 내가 마이애미로 가서 빈을 데려오기로 했다.

나는 엄마에게 몇 가지만 당부했다. 돼지고기를 먹이지 말 것, 선크림을 듬뿍 발라줄 것. 빈과 나는 비행기에 휴대할 수 있는 가방에 뭘 쌀지 일주일을 고민했다. 매일 전화하겠다고 약속할 때는 순간 울컥하기도 했다.

빈은 정말 전화를 걸어주었다. 하지만 자기만의 모험에 푹 빠져서 수화기를 1~2분 이상 붙잡고 있지 않았다. 결국 엄마한테 대신 보고를 들어야 했다. 엄마 친구 한 분이 이메일을 보내주셨다. "오늘 저녁 빈이 우리랑 같이 초밥을 먹었다. 우리에게 프랑스어도 가르쳐주었고 어린이집 친구들의 절박한 문제에 대해 들려주었고 웃으며 잠자리에 들었단다."

며칠 후 빈의 영어는 거의 완벽한 미국식으로 변했다. '카car' 발음도 완전히 '카-알'이 되었다. 그러나 외국인으로서의 자기 지위를 확실히 이용하고 있었다. 엄마가 자동차에서 프랑스어 회화를 듣고 있는데 빈이 큰소리로 외쳤다.

"이 남자, 프랑스어를 못해!"

빈은 자신이 떠나 있는 사이 파리의 소식을 알고 싶어 했다.

"아빠는 뚱뚱해? 엄마는 늙었어?"

일주일 후 빈은 물었다. 차근차근 설명해 주자 내가 언제 마이애미에 도착하는지, 그 후엔 얼마나 더 머물 건지, 그 다음에는 어디로 갈 건지 사람들에게 말하고 다녔다. 돌토가 말했듯, 빈은 독립과 세상에 대한 이성적인 이해를 모두 필요로 했다.

친구들에게 빈의 미국 여행에 대해 말했더니 나라별로 반응이 갈렸다. 미국 친구들은 빈이 용감하다고 했고 엄마와 떨어져 있는 걸 어떻게 대처하느냐고 물었다. 누구도 그 나이 또래 아이를 열흘씩 떼어둔 적이 없었다. 더군다나 바다 건너라니. 반면 프랑스 친구들은 모두를 위해 좋은 선택이라고 말했다. 빈이 재미있게 지내고 있을 것이고 나 역시 그 사이 충분히 휴식을 즐길 자격이 있다고 했다.

아이들이 점점 독립적이 된다면 사이먼과 나도 점점 사이가 좋아질 것이다. 그는 여전히 짜증을 잘 내고 나는 여전히 그를 짜증나게 만든다. 그러나 그는 때때로 쾌활해도 괜찮다고 생각하게 되었고 나와 함께 있는 게 즐겁다고 인정하게 되었다. 가끔은 내 농담에 웃기도 한다. 이상하게도 그는 빈의 유머를 정말로 재미있어 한다.

"아빠는 네가 태어났을 때 원숭이인 줄 알았어." 어느 날 아침 사이먼이 빈에게 장난스럽게 말했다.

"나는 아빠가 태어났을 때 똥인 줄 알았어." 빈이 대답했다.

사이먼은 이 대목에서 박장대소했다. 눈물까지 찔끔 흘렸다. 그의 유머코드가 이런 쪽일 줄은 몰랐다. 배설물을 동원한 초현실주의 유머라니.

나는 화장실 농담에 동참하지는 않았지만 대신 다른 것을 양보했다. 이제 사이먼을 덜 세세하게 통제한다. 사이먼이 아침에 아이들에게 오렌지주스 병을 흔들지 않고 그대로 따라주고 있을 때조차도. 아이들처럼 사이먼도 몹시 자율을 갈망하고 있음을 알았다. 비록 그게 오렌지 과육덩어리가 내 컵에 왈칵 쏟아지는 것을 의미할지라도. 더 이상 사이먼에게 무슨 생각을 하고 있냐고 묻지 않는다. 우리 결혼생활에 약간의 신비주의를 도입하기로 했다.

지난여름, 모든 프랑스 아이들이 식당에서 행복하게 식사하는 모습을 처음 목격했던 그 바닷가 마을을 다시 찾았다. 이번에는 하나가 아니라 세 아이를 데리고. 그리고 호텔에서 구차하게 보내느니 현명하게 주방 딸린 집을 빌렸다.

어느 날 오후 항구 근처의 식당에 점심을 먹으러 갔다. 목가적인 프랑스의 여름날이었다. 하얗게 바랜 건물들이 한낮의 태양 아래 빛나고 있었다. 신기하게도 우리 다섯 명 모두 풍경을 즐기고 있었다. 우리는 차분히, 그리고 코스별로 음식을 주문했다. 아이들은 자기 의자에 앉아있었고 생선과 채소까지 포함해 제 몫의 음식을 즐겼다. 바닥에 떨어지는 것은 아무것도 없었다. 약간 부드러운 코치는 해야 했다. 사이먼과 단둘이 먹는 저녁식사처럼 느긋하지는 않았지만, 정말로 휴가라는 느낌이 들었다. 심지어 식사 후에 커피도 마셨다.

《프랑스 아이처럼》 개정판 기념 특별 인터뷰

프랑스에서 온 로빈, 메간, 엘로디에게 전해 듣는 프랑스식 육아의 실제!

일반 독자였을 때도 그랬지만, 편집을 하다 보니 한층 더 궁금해지는 프랑스 부모와 아이의 모습. 프랑스에 직접 가지 않아도 생생하게 들어볼 수 있었습니다. 한국어로 진짜 프랑스식 육아와 교육 이야기를 들려주실 수 있는 분들이 한국에 계시니까요! 지금은 멋진 어른이 되어 부모님 곁을 떠나 살고 있지만, 프랑스 아이였던 메간, 엘로디, 로빈 님이 어린 시절 부모님께 받은 교육을 회상하며 (메간 님은 인터뷰를 위해 어머니와 통화도 하셨다고 합니다!) 소중한 추억을 나눠주셨어요. 책을 읽으며 궁금했던 프랑스 가족의 실제 모습, 지금부터 함께 보시죠.*

* 인터뷰 내용은 세 분의 입말체를 적절히 반영하여 옮깁니다.

⚜

Bonjour! 엘로디 님, 로빈 님, 메간 님 인터뷰에 응해주셔서 다시 한번 감사드립니다. 먼저 세 분, 간단하게 자기소개 부탁드려요.

*이하 세 분의 답변은 한글 이름 표기의 가나다 순서로 싣습니다.

로빈

안녕하세요. 프랑스 부르고뉴 출신, 로빈 데이아나라고 합니다. 부르고뉴는 조용하고, 아주 자유롭고 여유 있는 지역이라서 제 어린 시절에도 이런 분위기가 영향을 끼친 것 같습니다. 형이 둘이고 집안의 막내여서 '위'에 항상 형들이 있었기 때문에 저는 형제보다 조금 더 자유로운 교육을 받았던 것 같아요. 이제 한국에 산 지 11년이 됐습니다.

메간

프랑스에서 온 메간입니다! 고등학교를 졸업하고 열아홉 살에 한국에 와서 한국어학당부터 시작해 공부를 하고, 지금까지 한국에 살고 있습니다. 현재는 모델과 연기자로 활동하며 드라마, 영화를 찍고 프리랜서 O튜버라고 해야 되나요? 개인 채널은 운영하지 않고, 다른 분들의 채널에 출연하고 있습니다. 반갑습니다!

엘로디

안녕하세요. 저는 파리 외곽에서 태어나 아홉 살 때부터 카리브해에 있는 과들루프라는 프랑스 섬에 살았어요. 열일곱 살에 독립해서 프랑스 남쪽 뉴스에서 살기 시작했습니다. 2009년부터 한국 문화를 배우면서 프랑스와 한국을 오갔고요. 2016년부터 방송인으로 일 시작하면서 서울에 거주하고 있어요. 학부에서 연극을 전공하고 석사는 프랑스 민족학과 민속예술학으로 졸업했습니다. 2013년에 어머니와 함께 《Kizuna》라는 시집을 내며 공식 작가로 데뷔했습니다.

와! 우리말을 잘하시는 세 분 덕분에 프랑스어를 몰라도 프랑스 부모님의 말씀을 들어볼 수 있다니, 감격스럽습니다. 그럼 바로, 여러분의 어린 시절로 돌아가 보기로 해요. 《프랑스 아이처럼》 전체에, '카드르cadre'라는 개념이 자주 등장하죠? 프랑스에서는 아이를 양육할 때 카드르를 세우는 걸 대단히 중요하게 여기더군요. 어린 시절 부모님께서 강조하신 '이것만은 반드시 지켜야 한다'는 카드르는 무엇이 있었나요? 그리고 여러분은 그걸 어떻게 느끼고 받아들이셨는지요?

로빈

어렸을 때 꼭 지켜야 했던 걸 생각하면 일단, '반드시 엄마 말은 따라야 한다'라는 생각이 곧바로 떠오릅니다. 우리 어머니는 큰형 출산한 뒤에 일을 그만두셨고 전업주부로 우리 삼형제를 키우셨어요. 그래서 매일 생활하면서 거의 항상 같이 지냈고 집에서 일어나는 대부분 일들을 어머니가 담당하셨습니다. 특히 음식 같은 것에 아주 엄격하셨고, 그 외에 기본적으로는 어떤 스포츠를 하고 싶은지, 방학에 어디서 놀고 싶은지 등등 우리와 대화 많이 했지만 결국 선택하는 사람은 어머니셨어요.

어머니 결정이 곧 카드르였던 거네요. 결국 선택하는 사람은 어머니였다는 말씀이 13장 '내가 대장'의 내용과 똑같아요.

로빈

네, 그리고 아버지는 매일 출퇴근하셨으니까 '바깥 세상'이 어떤지 알려주는 역할을 하셨습니다. 예를 들어, 어린 나이부터 우리한테 왜 출퇴근을 하는지, 직업, 사회 생활이 왜 중요한지 강조를 많이 하셨어요. 그런데 만약에 사춘기 때처럼 우리 형제가 말을 잘 안 듣고 생활에 문제 생기거나 하면, 그때는 결정적으로 아버지가 어머니보다 더 엄격하게, 쎈 역할을 맡으셨습니다. 이렇게 그때그때 상황에 따라 엄격한 역할을 해주신 게 카드르였던 것 같아요. 그런데 아까 말한 대로 우리 어머니께서 대화와 소통으로 우리 의견을 많이 물어봐 주셔서 그런지 사춘기 빼고는 크게 반항을 안 했던 것 같네요. 어렸을 때 항상 느꼈던 감정은 우리 집이 많이 부유하진 않아도 부족함 없이 행복하다는 거였어요.

메간

저는 우선, 책을 읽으면서 부모님 생각하면서 눈물도 났습니다. 어릴 때 기억이 가물가물하기도 해서 책 읽으면서 이미 우리 어머니께 전화해서 질문을 했어요. 분명히 카드르가 있었다고 하시더라고요. 대신에 제 생각엔 우리 집에서는 그 카드르를 너무 엄격하게 하기보다는 아빠랑 아주 부드럽게 만드셨던 것 같아요. 제가 봤을 때는 제가 아주 어릴 때부터 부모님께서 저랑 의사소통을 굉장히 많이 하셨는데요, 제가 뭘 잘못했을 때마다 그게 왜 안 좋은지, 이유를 최대한 제가 알아들을 수 있는 말로 자세히 설명해 주셨어요. 소리를 지르시는 법이 없었고, 항상 차분하게 하나하나 다 설명해 주는 부모님이셨어요. 카드르 중에서도 제일 기억에 남은 것은 인사예요. 이 내용은 다다음 질문에 나오니까 일단 여기까지 이야기하겠습니다.

메간 님 부모님의 양육방식을 들으니, 저도 잠시 후 질문에 다시 언급하겠지만 아주 어린 아기도 어른의 말을 이해할 수 있으니 제대로, 충분히 대화하라고 한 프랑수아 돌토Françoise Dolto 박사의 말이 떠오릅니다. 엘로디 님 댁은 어땠나요?

엘로디

저희 집의 카드르는 한 마디로 말하자면 바로 '존중'입니다. Respect. 자아 존중과 남을 존중해야 한다는 가치를 어렸을 때부터 배웠습니다. 이런 면에서 부모님한테 혼날 때도 절대로 목소리를 높이지 않는다. 또한 아무리 억울해도 부모님한테 화내지 않는다는 규칙이 있었고, 아무리 화가 나거나 슬프더라도 인사말은 무조건 해야 했어요. 아침과 저녁 인사 다요.

인간 존중은 프랑스식 교육법의 근간을 이루는 가장 중요한 개념이라고 할 수 있는데, 이것이 엘로디 님 가족의 카드르였다니 첫 질문만으로도 프랑스 교육의 현장을 생생히 경험하는 느낌입니다.

엘로디

한 가지 예로, 부모님한테 혼나서 방문을 큰 소리로 닫은 것이 기억이 납니다. 그때마다 엄마나 아빠가 다시 불러서 문 작은 소리로 닫으라고 하셨어요. 그게 한 세 번, 네 번 반복되더라도 작은 소리로 닫을 때까지 했어요. 그래서 우리 집에서는 큰 소리로 문 닫는 게 바람밖에 없었어요.

큰 소리로 문 닫는 건 바람뿐…. 엘로디님, 시집을 내신 작가셔서 그런지 한국어 표현도 시 같아요. 아직 질문이 많이 남아있으니 계속 이어가 보겠습니다.

⚜ 식사 교육, 식습관 ⚜

두 번째 드리는 질문은 우리 책 12장, '한 입만 먹으면 돼'에서 다루는 주제죠. 빼놓을 수 없는 '식사 교육'이에요. 미식의 국가 답게 프랑스의 식사 교육도 대단히 인상적입니다. 저는 O튜브에서 여러분이 한국 빵집 투어 하신 것도 재미있게 보았는데요, 어린 시절부터 식사시간의 태도나 음식에 대해 부모님께서 특별히 강조하신 부분이 있다면 어떤 것이 있나요?

로빈

우리 부모님은 이 부분이 제일 엄격하셨지 않나 싶습니다. 첫째로, 저는 어렸을 때 음식에 진짜 많이 까다로웠어요. 웬만한 채소 다 안 먹었고, 빵, 디저트, 고기만 먹고 싶어 했어요. 그래서 어머니께서 엄청 고생했던 것 같습니다. 요리 엄청 잘하시고, 자부심 느끼고 계신데 항상 먹고 싶지 않다고 얘기하니까 분명히 상처받으셨을 거예요. 제 입맛을 바꾸려고 수많은 노력을 하셨는데, 처음에는 "채소 먹으면 건강해지니까, 이거 먹으면 이따가 엄마가 만든 케이크 먹을 수 있어." 이런 식으로 시도하시고 채소 양도 줄여주셨어요. 하지만 이렇게 하셔도 제가 안 먹으면 그때부턴 아주 엄격하게 변했습니다. 우리 집에서 어머니 말은 결국 따라야 하니까, 그래서 채소 다 안 먹으면 아예 식탁에서 못 일어나게 하셨어요. 프랑스 사람들이 오래 식사한다는 이미지가 있잖아요? 어렸을 때 저도 식사 시간이 성인만큼 오래 걸렸어요.
두 번째는 어렸을 때부터 패스트푸드 반대하신 거예요. 저희는 외식도 사실 많이 안 했습니다. 항상 집에서 먹었고, 바캉스 갈 때나 가족 모임 있을 때처럼 특별한 날에만 식당에서 먹었어요. 제 인생에 첫 패스트푸드가 열일곱 살, 거의 성인 되었을 때 먹은 맥도OO였어요. 그날도 어머니가 왜 그거 먹었냐고 뭐라고 하셨죠.

메간

아주 아기 때는 어땠는지 모르니까 이 부분도 제가 다시 엄마에게 물어봤는데요, 한 4개월 동안 모유를 주셨고, 그 다음에는 제가 수유기로 주는 우유를 먹기 싫어해서 바로 이유식으로, 고기와 여러 채소를 소개해 주셨대요. 그렇지만 제가 이 면에서 조금 어려운 아이였습니다. 처음에는 다 골고루 잘 먹는 것 같더니 점점 먹는 것들을 고르기 시작했고 마음대로 먹으려고 했대요. 동시에 음식을 잘 씹지 않으면서 먹기 시작해서 걱정을 많이 끼치는 아이였습니다. 우리 부모님이 이런 상황을 그냥 두고 보지 않으셨어요. "여기는 집이고, 식당이라면 먹고 싶은 걸 주문해서 마음대로 먹을 수 있지만, 집에서는 메뉴가 정해져 있고, 네가 주문할 수 없어."라고 하시면서 식탁에 있는 음식을 먹게 하셨습니다. 우리 부모님이 자주 이야기하셨던 말이고, 추가로 "엄마가 메뉴 여러 개 준비해야 되면 너무 힘들어서 안 돼."라고도 이야기하셨어요. 엄마의 시간도 소중하니까요.

엘로디

우리 집에서 식사는 무조건 가족끼리, 다 같이 하는 것이었습니다. 아이들끼리만 아침밥을 먹어야 할 때도 남매 셋이 항상 같이 먹어야 했어요. 제가 안 먹었던 채소들이 많았는데, 그래서 오빠가 대신 먹어준 것도 좀 있어요. 저는 깍지콩이랑 완두콩 제일 싫어했는데, 다행히 오빠가 많이 먹어줬어요. 채소를 계속 안 먹었을 때는… "이거 안 먹으면 디저트 못 먹는다."라는 말이 저한테 마법의 말이었어요. 어쨌든, 한 명이 아직 다 먹지 않았으면 이미 다 먹은 오빠와 남동생도 식탁에서 일어날 수가 없었죠. 항상 남은 한 명 기다리고 일어나는 게 규칙이었어요.
그리고 별로 안 좋아하는 음식도 일단 먹어야 하는 규칙도 있었습니다.

이때, 식습관 통해서 자기 취향을 표현하는 걸 같이 배웠어요. On ne dit pas que quelque-chose n'est pas bon, on dit que l'on aime pas quelque-chose(뭐가 '맛없다'고 말하는 대신에 그걸 '별로 좋아하지 않는다'고 표현하는 거예요). 한 다섯 살쯤에 제가 "퓌레 먹으면 토할 거 같아요."라고 말한 적이 있었는데, 제 의사를 존중해 주셔서 그때부터 엄마가 퓌레는 만들지 않으셨어요.

저희는 식사시간에 절대 TV를 보지 않았습니다. 식사시간은 대화하기 위한 시간이라고 하셨어요. 먹으면서 장난감을 가지고 놀거나 책을 보는 것도 안 됐고요. 식사가 끝나면 항상 부모님의 허락을 받고 일어났어요.

12장 내용에 더해 세 분 말씀을 들으니 세 가족의 식탁 풍경이 고스란히 재현되는 것 같습니다. 여러분 부모님의 식습관 교육방침이나 하신 말씀들이 책 곳곳에 실린 내용과 흡사하다는 게 정말 신기하네요.

⚜ 예절, 인사, 마법의 말 ⚜

이번엔 9장, '똥 덩어리'에 나오는 마법의 말 이야기를 나눠보겠습니다. 프랑스에선 'S'il vous plait(해주세요), Merci(고맙습니다), Bonjour(안녕하세요), Au revoir(안녕히 가세요)' 이렇게 네 가지 마법의 말이 필수로, 아주 엄격하게 교육시킨다는 내용이 나오잖아요? 이와 관련한 여러분의 어린 시절 경험이 있다면요? 여러분도 'Bonjour'에는 단순한 인사 이상의 특별한 의미가 있다고 생각하시나요?

로빈

프랑스의 표어는 자유, 평등, 박애입니다. 자유가 물론 중요하지만 평등, 박애도 그만큼 중요하다는 뜻이죠. 평등이 중요하다는 인식을 제일 쉽게 알려주려고 어렸을 때부터 예의를 집중적으로 교육하는 것 같습니다. 모든 사람들이 지위나 나이 상관없이 "Bonjour.", "Merci.", "S'il vous plait." 하니까요. 이런 예의 바른 행동이 개인적으로 저는 아이한테 사회라는 걸 알려주는 첫걸음이라고 생각합니다. 예의 바르지 않으면 싸움 일어날 수 있고, 남한테 존경을 받지도 못하니까요. 또한 부모님도 아이한테 똑같은 마법의 말을 쓰니까 이건 어른이 아이를 존중한다는 뜻도 됩니다. 우리 가족은 어렸을 때부터 서로 마법의 말을 했고, 상대방이 말하고 있으면 말을 끊으면 안 된다, 노인한테 높임말을 써야 한다, 말하기 전에는 손을 들어야 한다 등등 다양한 말하기 규칙들을 배웠고, 규칙을 잘 따를 때 칭찬을 받고 못 할 때는 그게 왜 잘못인지 설명을 반복적으로 들었어요.

메간

카드르 이야기할 때 잠깐 말했지만, 이 마법의 말이 우리 부모님이 저에게 제일 강하게 가르쳐주신 부분인 것 같습니다. 하지만 아주 무섭게 알려주신 게 아니고 저한테 항상 이렇게 설명해 주셨어요. "사람들한테 친절하게 하면 사람들도 너한테 친절할 거야.", "사람들한테 인사하면 아주 행복할 거야." 이런 식으로 말씀을 많이 해주셨어요. 그래서, 저는 작은 마을에서 자랐는데, 길을 다닐 때마다 걸어오시는 분들에게 전부 다 빠짐없이 "Bonjour!"로 인사했습니다. 제가 이렇게 과할 정도로 그 규칙을 지키고 다니니까, 마을 분들이 우리 부모님을 만나면 "와! 메간이 정말 예의가 바르네요."라고 자주 칭찬해 주셨어요.

엘로디

네 가지 다 마법의 말이지요. "S'il vous plait."를 가르치는 건 뭘 원한다면 그게 무엇이든 먼저 예의를 갖추라는 의미예요. 인사는 결코 단순하지 않다고 생각해요. 인사란 상대방한테 말하는 첫 한 마디이기 때문입니다. 그 한 마디 말투로 상대방의 기분이 바뀔 수 있고 나의 기분까지 전달하는 거니까요. 우리 부모님은 싸우실 때도 항상 서로한테 인사를 하셨어요. 부부의 인사는 뽀뽀였고 지금 일흔이 넘어서도 똑같이 인사를 하십니다. 저희 남매도 먼저 방에 들어간 부모님 찾아가서 밤 인사를 했고, 학교 시간 때문에 먼저 일어날 때도 부모님을 찾아가서 아침 인사를 꼬박 했어요. 학교에서 돌아올 때도 인사하고요. 학교에서도 그렇고 가게든 어딜 가든 항상 인사하면서 들어가는 게 예의라고 배웠습니다. 어렸을 때는 부끄러우니까 인사하는 게 싫을 때도 많았어요. 그래도 가족 모임에 나가면 이모, 삼촌, 고모나 큰아버지, 작은아버지 등등 자리에 오신 모든 가족들한테 인사해야 했어요. 다섯 명이든 열다섯 명이든 상관없이 하나하나 전부요.

⚜ 아이의 존재를 존중한다, 셰어런팅* ⚜

프랑스에 여행 가면 꼭 "Bonjour!"를 열심히 해야겠다… 생각하면서, 이제부터는 최근 이슈를 조금 다뤄보겠습니다. 저는 편집 작업하면서 특히 5장 '작고 어린 인간'이 전하는 메시지와 아기라는 존재에 대한 돌토 박사의 견해가 무척 인상적이었습니다. 프랑스에서는 아이의 존재를 바라보는 시각이 한국 또는 미국과 확실히 다른 것 같아요. 더불어 14장, '네 길을 가라'의 내용을 보아도 아이의 자율성과 독립심을 매우 중요시하는 것 같고요. 이와 관련해 'SNS에 자녀 사진을 공유하는 것, 셰어런팅 Sharenting'이라고 하죠. 여러분은 이걸 어떻게 생각하시나요?

로빈

저는 이 이슈를 많이 생각하게 된 일이 있었어요. 몇 년 전에 프랑스에 갔다 왔는데, 큰형이 아빠 되고 나서 첫 프랑스 여행이었고 처음으로 조카를 만나게 됐습니다. 너무 귀엽고 활발하게 노는 조카의 사진이랑 영상을 엄청 많이 찍었어요. 한국에 들어온 뒤 인☆그램에 조카 사진 올렸더니 반응도 장난 아니었어요. 그런데 며칠 뒤에 큰형한테 연락이 왔습니다. "SNS에 아들 사진 안 올렸으면 좋겠다."며 저한테 더 이상 조카 사진 올리지 말라고 부탁하더라고요. 처음엔 정말 어이없었어요. 한국에서는 너무 흔한 일이고 심지어 인기 있는 육아 프로그램도 엄청 많잖아요? 나중에 이 일로 어머니랑 통화하면서 형이랑도 풀었는데, 그때 제 입장이 좀 바뀐 것 같습니다. 어머니께서 "세 살 아기가 SNS도 뭔지 모르고, 너한테 거기에 사진 올리는 걸 허락하지 않았다."고 하시는 말씀 듣고 흔들렸어요. '내가 너무 단순하게 생각했구나.' 아무리 부모, 가족이라도 아기는 내 소유물이 아니다, 나중에 자기 의견을 말할 수 있을 때 그때

* 공유(share)와 육아(parenting)를 합친 용어로, 부모가 자녀의 사진을 SNS에 공유하는 일

올려도 된다는 생각을 많이 했습니다. 물론 아기 사진 올리는 부모님들이 나쁘다는 이야기는 아니고, 인터넷에 올린 자료나 과거 영상 완전히 없앨 수 없는 시대에, 좀 더 신중하게 사진 올리면 더 낫지 않겠나…라는 의견입니다.

메간

저는 이 점에서 조금 보수적인 편인 것 같습니다. 물론 모든 부모들이 각자 생각하시는 대로 해도 되지만… 자녀의 허락을 받든 안 받든 아이 사진은 SNS에 올리지 않는 게 좋다고 생각합니다. 첫 번째 이유는 로빈 님도 말씀하셨지만 인터넷에서 사진 공유했을 때 그게 평생 인터넷에 남을 수도 있습니다. 삭제해도 아카이브라는 것이 있어서 어디에 어떻게 저장될지 몰라요. 두 번째 이유는 사진을 올렸을 때 누가 그 사진들을 볼지 몰라서 어린이 사진은 특히 위험할 수 있기 때문입니다. 대부분 가족과 친구들이 사진을 보겠지만… 소아성애자 같은 사람들도 보게 될 수 있습니다. 그런 사람들이 아이 사진을 어떻게 쓸 지는… 아무도 모르는 일이에요.

셰어런팅 문제도 그렇지만, 조금 다른 얘기로 또 한 가지, 저는 웬만하면 어린 자녀들이 SNS 사용을 멀리하게 해야 한다고 생각합니다. SNS에는 리얼하지 않은 세상이 보여지는 일이 많아서 아직 판단력이 부족한 아이들이 여기에 빠지면 현실을 놓치게 될 수도 있기 때문이에요.

엘로디

기본적으로 부모는 아이 사진을 올리면서 그게 위험할 수 있다는 걸 인지하고, 무엇보다 부모라면 가장 먼저 아이 입장에서 생각하고 행동한다고 보기 때문에 타인이 아이 사진을 함부로 올리는 거랑은 다를 거예요. 다만 자기들의 의견 표현할 수 있을 때부터는 의사를 존중해야 한다고 봅니다. 자기 아이를 웃음거리로 만들거나, 아이가 올리는 게 싫다고 하는데도 부모가 귀엽다고 생각해서 올리는 건 아니라고 생각합니다. 좋은 가르침을 보여주려면 아이에게 허락을 받고 올리는 게 최고의 선택 아닐까요? 서로 물어보고 충분히 소통하는 가족이라면 아이도 부모님의 자랑하고 싶은 마음을 이해하고 부모도 자녀의 마음을 이해할 거예요. 프랑스에서 자녀 사진을 함부로 올리면 자녀가 부모를 고소할 수 있다고 하는데 그런 사건들은 대부분 존중과 소통 없는 가족에서 일어나는 일이라고 봅니다.

5장 제목인 '작고 어린 인간'이라는 표현에 대해 생각할 때 아무리 어려도 독립적인 아이의 존재를 인정할 수밖에 없어요. 저도 어렸을 때부터 혼자 할 수 있는 건 뭐든지 다 했죠. 독립과 책임을 배우면서요. 한 네다섯 살 때부터 자기가 아침밥으로 먹은 시리얼 볼을 혼자 설거지했고요, 장 보러 갔다 오면 정리도 했어요. 식기세척기를 비우고 정리할 수 있는 그릇이나 잔들 정리했죠. 어렸을 때부터 베이킹 배워서 간단한 케이크 만드는 건 기본이었어요. 더 크고 나선 다림질까지 배웠습니다. 작은 손수건이랑 행주 대고 다림질하고, 중학교 때부터는 티셔츠들도 다렸어요. 아이들에게 이런 작은 역할을 주면 확실히 자신의 존재감 인정하게 되고, 어른 입장에서는 아무리 어린아이라도 존중한다는 걸 보여주는 방법 중 하나이지 않을까 싶어요. 이런 면에서 어린아이라도 셰어런팅에 대해 자기 의견을 표현할 수 있으면 그 의견을 존중해 줘야 한다고 생각합니다.

⚜ 한국의 육아와 교육 ⚜

마지막으로 여러분이 느끼신 한국의 요즘 출산율 문제나 육아와 교육 관련 이야기를 들어보고 싶어요. 아이를 낳아 키우는 일에 대한 생각에서 한국과 프랑스의 젊은 세대가 어떻게 다르다고 느끼시는지, 혹은 한국에 살면서 만나보신 한국 아이들과 프랑스의 아이들에 어떤 공통점이나 차이점이 있다고 생각하셨는지요?

로빈

저는 어느새 한국에서 10년 넘게 살면서 한국 아이들 볼 때 안타까운 생각이 들었어요. 당연히 저는 아빠도 아니고, 매일같이 아이들이랑 생활하지 않는 입장이어서 잘 모를 수 있지만, 멀리서 볼 때 느끼는 건 부모님의 지나친 욕심(?) 때문인지 몰라도 아이들만의 존재감이 없어 보일 때가 있다는 거예요. '학원 전쟁' 같은 건 프랑스 사람이 볼 때 전혀 이해 가지 않는 부분인데, 한국 드라마나 영화에서 그런 장면 많이 나오는 데는 분명 이유가 있는 거잖아요? 저는 책에 나오는 내용처럼, '발견'하면서 배우는 시기가 바로 어렸을 때라고 생각해요. 프랑스 사람들은 '이 학원 등록하면 나중에 도움이 되겠다'라는 생각은 전혀 안 하고, 빨리 '자기를 발견'하면 자기정체성을 찾는 데 도움이 된다는 생각으로 교육하는 것 같아요. 앞으로 한국에서도 아이들에게 자기를 찾는 '자유'를 좀 더 주면 어떨까라는 생각을 여러 번 했던 것 같습니다.

메간

짧게 짧게 몇 가지를 이야기하자면, 우선 출산율은 어디나 요새 사회와 환경의 상황 때문에 아이 낳는 것이 매우 어려운 거 같아요. 부모님 입장에서 아이들 미래가 걱정이 될 수밖에 없잖아요. 앞으로 몇십년 후에 우리 아이들이 어떤 세상에 살고 있을까…? 그 생각을 하면 꼭 한국만이 아니라 어디에서든 아이를 낳아 키우는 일에 고민을 하게 되는 것 같습니다.

제가 보기에 한국과 프랑스 아이들은 좋은 면에서 공통점이 분명히 아주 많습니다! 하지만 아무래도 서로 다른 점이 쉽게 떠오르니까요…. 한 가지 생각했던 게, 한국에서는 부모님과 아이 사이가 조금 떨어져 있는 느낌이라고 할까요? 의사소통이 조금 부족한 경우가 있는 것 같아요. 부모님도 아이들도 많이 바빠서 그렇지 않나 싶습니다. 그리고 한국에 처음 와서 놀랐던 게 있는데, 밤늦게까지 아이들을 볼 수 있다는 것입니다! 저는 중학교 때까지 아무리 늦어도 밤 열 시면 잠 잤거든요. 그래서 저한테는 굉장히 놀라운 일이었습니다.

엘로디

한국에서 지금 출산율이 큰 문제인데, 원인이 여러 가지 있겠지만 일단 한국은 출산하기 위해서는 먼저 결혼해야 하는 사회입니다. 이 점이 프랑스 사회와 달라요. 프랑스에서는 결혼 없이도 원하는 걸 꿈꿀 수 있어요. 아이를 낳아 기르고 싶으면 결혼하지 않아도 그게 되는 나라지만 한국에서 이건 아직 먼 꿈 같아 보입니다. 그런데 젊은 세대만 놓고 보면 프랑스에서도 요즘 아이 안 낳겠다는 의견 강하게 표현하는 여성들이 많아지고 있어요. 한 여성의 삶의 목표가 아이 낳아 키우는 것만은 아니라고 생각하기 때문입니다. 이런 생각은 한국도 마찬가지겠죠? 아이 안 낳아도 행복할 수 있고 한 인간으로서 충분히 독립적으로 살 수 있으니까, 어떻게 살고 싶은지는 개인의 선택일 거예요. 또한 결혼은 해도 아이는 원하지 않는 커플도 있고요. 프랑스에서도 당연히 그렇게 생각하는 사람들 많아요. 그런데 통계자료 같은 것을 봐도 프랑스는 아직까지 출산율 문제 생길 만큼은 아닙니다. 아무래도 서로 다른 사회 구조 때문에 이런 차이가 생기는 거 같아요.

세 분 모두 한국에 오랜 기간 계시면서 다양하게 보고 느낀 부분 공유해 주신 것, 절로 고개가 끄덕여집니다. 무엇보다 책에 등장하는 아이들의 말과 행동이 떠오르는 로빈 님, 메간 님, 엘로디 님의 어린 시절과 프랑스 가정의 모습이 그려지는 다양한 에피소드 흥미롭게 잘 들었습니다. 귀한 시간 내어 인터뷰에 응해주셔서 정말 고맙습니다! Merci beaucoup!

⚜ 인터뷰 후기 ⚜

처음 인터뷰를 의뢰드릴 땐 절대로 할 수 없을 것 같았던 "Bonjour!"를 수줍고 수줍은 편집자도 어느새 쓰고 있더라는 뒷이야기를 전하며…, 세 분의 답변 곳곳에 책에서 이야기하는 프랑스식 교육법의 실제가 공통적으로 녹아있는 것을 발견하고, "프랑스에서는 아이를 낳고 기르는 다양한 육아법들 간에 충돌이 별로 없다."고 한 저자의 말에 다시금 동의하게 되었습니다.

또한 인터뷰를 마치고 나서 원고를 정리하는 중에 정부가 '셰어런팅'에 관한 개인정보 보호 수칙 교육 과정을 개설해 운영한다는 소식을 접했습니다. 구체적인 내용은 '개인정보 포털' 누리집(www.privacy.go.kr)에서 확인해 보시기 바랍니다. 사생활 보호가 철저한 프랑스에서는 올해 '셰어런팅 제한법'의 법안이 발의되어 상임위원회를 만장일치로 통과한 상태라고 합니다. 귀여운 건 언제나 옳습니다만, 디지털 범죄가 날로 늘어가고 생성형 AI 등의 정보 수집 범위나 능력이 놀라운 속도로 발전하는 세상에서, 셰어런팅에 다소 열려 있는 우리나라도 관련 교육과 사회적 논의가 더욱 활발히 이루어져야 하지 않을까 생각합니다.

이 책은 미국인 저자가 이방인의 시선으로 프랑스의 양육과 교육 방식을 관찰하기 시작하면서 세상에 나왔습니다. 저자가 기존에 자신에게 익숙한 방식을 재고하고 새로운 가치를 발견하며 세 아이의 교육에 변화를 꾀한 것처럼, 프랑스에서 오신 세 분이 짧게나마 들려주신 한국의 양육과 교육 모습을 곱씹고 돌아보며 우리도 변화를 맞이할 준비를 해나가야 할 때임을 느낍니다.

매우 늦은 시각에 불면증 고백(?)과 함께 보내드린 원고에 카모마일을 추천해 주신 메간 님, 축구 훈련과 경기로 바쁘신 중에도 의견과 생각을 풍부하게 공유해 주신 엘로디 님, 조카 사진을 SNS에 올린 후 가족과 겪은 일을 생생하게 들려주신 로빈 님께 다시 한번 감사 말씀 드립니다.

프랑스 아이처럼

초 판 1쇄 발행 2013년 3월 20일
개정판 2쇄 발행 2023년 7월 25일

저 자 파멜라 드러커맨
역 자 이주혜
발행처 북하이브
발행인 이길호
총 괄 이재용
편집인 이현은
편 집 이호정
디자인 하남선
마케팅 이태훈 · 황주희 · 김미성
제작·물류 최현철 · 김진식 · 김진현 · 이난영 · 심재희

북하이브는 ㈜타임교육C&P의 단행본 출판 브랜드입니다.
출판등록 2020년 7월 14일 제2020-000187호
주 소 서울시 강남구 봉은사로 442 75th Avenue빌딩 7층
전 화 02-590-6997
팩 스 02-395-0251
이메일 timebooks@t-ime.com

ISBN 979-11-92769-33-2(03590)